"十四五"职业教育国家规划教材

 "十三五"职业教育国家规划教材

1+X职业技能等级证书培训考核配套教材

数控设备维护与维修（初级）

北京机床研究所有限公司
北京发那科机电有限公司　组编

主　编　梁　云　黄祖广

副主编　王存雷　邵泽强　莫秉华　陈　伟

参　编　邢建伟　沈　洁　沈丁琦　王亚辰
　　　　张子威

主　审　周　兰

机械工业出版社

本书是"十三五"和"十四五"职业教育国家规划教材。

北京机床研究所有限公司作为职业教育培训评价组织与北京发那科机电有限公司共同组织行业企业专家、职业院校教师编写了本书。本书是1+X 数控设备维护与维修职业技能等级证书（初级）培训及考核配套用书。

本书遵循专业设置与产业需求对接、课程内容与职业标准对接、教学过程与生产过程对接的要求编写。本书通过对 1+X 数控设备维护与维修职业技能等级证书（初级）标准进行解构，提取了技能要求中蕴含的知识点、技能点及素养点，并引入企业数控设备维护与维修案例，融入了新技术、新工艺、新规范，以配置 FANUC 0i-F Plus 的数控机床作为技能实训载体，共设计了 9 个项目，35 个教学任务。每个教学任务都基于工作过程，分别从任务描述、任务学习、任务实施、问题探究等方面，进行知识讲解和实操技能强化训练。

本书可供中、高职院校及应用型本科院校开展书证融通、进行模块化教学及考核评价使用，也可供社会从业人员开展技术技能培训及考核评价使用。

图书在版编目（CIP）数据

数控设备维护与维修：初级/梁云，黄祖广主编. —北京：机械工业出版社，2020.8（2025.1重印）

1+X 职业技能等级证书培训考核配套教材

ISBN 978-7-111-66228-0

Ⅰ.①数… Ⅱ.①梁… ②黄… Ⅲ.①数控机床-维修-职业技能-鉴定-教材 Ⅳ.①TG659.027

中国版本图书馆 CIP 数据核字（2020）第 137247 号

机械工业出版社（北京市百万庄大街 22 号 邮政编码 100037）

策划编辑：王英杰 责任编辑：王英杰

责任校对：刘雅娜 封面设计：鞠 杨

责任印制：常天培

北京机工印刷厂有限公司印刷

2025 年 1 月第 1 版第 10 次印刷

184mm×260mm·18.5 印张·454 千字

标准书号：ISBN 978-7-111-66228-0

定价：55.90 元

电话服务 网络服务

客服电话：010-88361066 机 工 官 网：www.cmpbook.com

010-88379833 机 工 官 博：weibo.com/cmp1952

010-68326294 金 书 网：www.golden-book.com

封底无防伪标均为盗版 机工教育服务网：www.cmpedu.com

关于"十四五"职业教育
国家规划教材的出版说明

为贯彻落实《中共中央关于认真学习宣传贯彻党的二十大精神的决定》《习近平新时代中国特色社会主义思想进课程教材指南》《职业院校教材管理办法》等文件精神，机械工业出版社与教材编写团队一道，认真执行思政内容进教材、进课堂、进头脑要求，尊重教育规律，遵循学科特点，对教材内容进行了更新，着力落实以下要求：

1. 提升教材铸魂育人功能，培育、践行社会主义核心价值观，教育引导学生树立共产主义远大理想和中国特色社会主义共同理想，坚定"四个自信"，厚植爱国主义情怀，把爱国情、强国志、报国行自觉融入建设社会主义现代化强国、实现中华民族伟大复兴的奋斗之中。同时，弘扬中华优秀传统文化，深入开展宪法法治教育。

2. 注重科学思维方法训练和科学伦理教育，培养学生探索未知、追求真理、勇攀科学高峰的责任感和使命感；强化学生工程伦理教育，培养学生精益求精的大国工匠精神，激发学生科技报国的家国情怀和使命担当。加快构建中国特色哲学社会科学学科体系、学术体系、话语体系。帮助学生了解相关专业和行业领域的国家战略、法律法规和相关政策，引导学生深入社会实践、关注现实问题，培育学生经世济民、诚信服务、德法兼修的职业素养。

3. 教育引导学生深刻理解并自觉实践各行业的职业精神、职业规范，增强职业责任感，培养遵纪守法、爱岗敬业、无私奉献、诚实守信、公道办事、开拓创新的职业品格和行为习惯。

在此基础上，及时更新教材知识内容，体现产业发展的新技术、新工艺、新规范、新标准。加强教材数字化建设，丰富配套资源，形成可听、可视、可练、可互动的融媒体教材。

教材建设需要各方的共同努力，也欢迎相关教材使用院校的师生及时反馈意见和建议，我们将认真组织力量进行研究，在后续重印及再版时吸纳改进，不断推动高质量教材出版。

机械工业出版社

前 言
FOREWORD

为落实 2019 年国务院印发的《国家职业教育改革实施方案》，把学历证书与职业技能等级证书结合起来，探索实施 1+X 证书制度，教育部等四部门联合印发了《关于在院校实施"学历证书+若干职业技能等级证书"制度试点方案》，部署启动了"学历证书+若干职业技能等级证书"制度试点工作。

北京机床研究所有限公司作为数控设备维护与维修职业技能等级证书及标准的建设主体，主要负责标准开发、教材和学习资源开发等工作，并协助试点院校实施证书培训。

基于 1+X 试点工作的要求，北京机床研究所有限公司组织行业企业技术专家、职业院校骨干教师共同开发了相关课程教材及教学资源。

编写本书的目的是希望学习者通过本书及配套资源的学习，能达到以下技能要求：能进行数控设备、数控系统的基本操作，能进行简单零件程序的编制；能进行数控设备的日常维护保养；能对数控设备的数据进行备份与恢复；能描述数控设备的故障现象及报警；能对数控设备的电气元件及部件进行连接与更换；能对数控设备进行验收。

本书的编写遵循"项目导向、任务驱动、做学合一"的原则，依据 1+X 数控设备维护与维修职业技能等级标准（初级），围绕典型工作任务及技能要求提取知识点、技能点及素养点，基于数控设备维护与维修相关岗位工作过程，通过融入企业真实案例，按照新形态一体化教材编写要求，开发了微课、习题、案例等多样化资源，以实现线上与线下混合式学习。

本书既可以作为职业院校开展 1+X 书证融通和模块化教学的教材，也可以作为 1+X 证书考核强化培训教材。

本书编写分工为：柳州职业技术学院梁云编写项目 3 及项目 9，北京机床研究所有限公司黄祖广编写项目 4，天津机电职业技术学院王存雷编写项目 1，无锡机电高等职业技术学校邵泽强、沈洁、沈丁琦编写项目 6 及项目 7，广东机电职业技术学院莫秉华编写项目 2 及项目 8，北京发那科机电有限公司陈伟、邢建伟、王亚辰、张子威编写项目 5。在本书的编写过程中，还得到了陕西法士特汽车传动集团有限责任公司张超高级技师，沈阳机床股份有限公司培训部杨天宇高级讲师、关百军高级讲师的支持，编者在此表示感谢。

由于编者水平有限，书中难免存在不当之处，恳请读者予以批评指正。

编 者

二维码清单

一、技术视频（由企业工程师讲解）

名称	图形	名称	图形
01. 维修中 CNC 位置画面分析		08. 定时器参数设定相关的知识	
02. 存储卡在线编辑的操作方法		09. 计数器参数设定相关的知识	
03. 数控系统参数设定的方法		10. 保持型继电器参数的相关设定	
04. 数控装置与伺服单元规格的查询		11. 数据表参数设定	
05. 数控装置与伺服单元保险的更换		12. IO 模块的更换步骤	
06. 伺服驱动器的更换		z1. FANUC 系统操作面板的功能及使用方法	
07. 伺服电机与主轴电机运行状态的监控		z2. 选择主程序运行加工程序	

（续）

名称	图形	名称	图形
z3. 工件坐标系建立方法		z7. 0i—F 系统电池和放大器电池的更换	
z4. 使用 CF 卡进行 DNC 加工		z8. 风扇报警处理方法	
z5. 系统报警历史画面		z9. BOOT 备份（SRAM 文件和 PMC）	
z6. 如何设定机床软限位-MP4		z10. CNC 硬件连接	

二、拓展资源

名称	图形	名称	图形
拓展资源1：艰苦奋斗，中国数控机床的起步		拓展资源6：蛟龙号载人潜水器，创造世界第一	
拓展资源2：改革开放，中国数控机床的发展		拓展资源7："蛟龙号"上的"两丝"钳工顾秋亮	
拓展资源3：厚积薄发：中国机床的突破		拓展资源8：中国盾构机，打破国外垄断	
拓展资源4：中国民营火箭，追逐星辰大海		拓展资源9：盾构机电气高级技师李刚	
拓展资源5：火箭"心脏"焊接人高凤林			

目 录
CONTENTS

项目1 数控机床的基本操作

项目教学导航

教学目标	1. 了解数控机床操作的安全注意事项 2. 熟悉机床手动与自动的基本操作方式 3. 掌握零件加工前的对刀与工件坐标系的设定操作 4. 掌握简单零件程序的手动编程方法 5. 掌握数控系统参数的设定及报警的查看方法
职业素养目标	1. 严格按照安全操作规程进行设备操作 2. 爱岗敬业，树立良好工作心态 3. 积极与人沟通 4. 善于学习，适应变化 5. 有责任心，对企业忠诚
知识重点	1. 数控机床操作的安全注意事项 2. 数控机床手动与自动的基本操作方式 3. 数控机床对刀与坐标系设定 4. 简单零件数控编程 5. 系统参数设定及报警查看
知识难点	1. 数控机床手动与自动的基本操作方式 2. 数控机床对刀与坐标系设定 3. 简单零件数控编程 4. 系统参数设定及报警查看
拓展资源 1	艰苦奋斗，中国数控机床的起步
教学方法	线上+线下（理论+实操）相结合的混合式教学法
建议学时	22 学时
实训任务	任务 1　数控机床的安全操作 任务 2　数控机床的手动与自动操作 任务 3　数控机床位置的监控与预置 任务 4　对刀与工件坐标系的设定操作 任务 5　零件加工程序的编制和运行 任务 6　系统信息和诊断页面的查看 任务 7　系统基本参数的设定
项目学习任务综合评价	详见课本后附录项目学习任务综合评价表，教师根据教学内容自行调整表格内容

项目引入

　　数控机床的基本操作技能是数控设备维护与维修人员必备的一项基本技能。本项目从数控机床的安全操作注意事项、数控机床的手动与自动基本操作、数控机床基本编程、系统报警查看以及系统参数设定等方面介绍数控机床基本操作技能。本项目采用理论介绍与实践操作相结合的方式，从任务学习和任务实施两个模块开展教学，使读者在了解基本原理之后，重点掌握数控机床的实际操作技能。

知识图谱

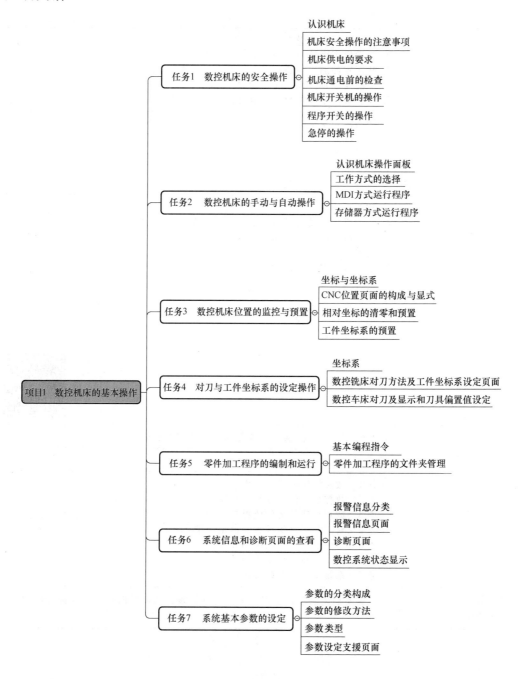

任务1 数控机床的安全操作

任务描述

数控机床具有高效率的加工功能，实现了零件加工的批量化生产，但在实际操作中由于违规、违章、非常规操作等不良行为造成了许多生产事故，使个人和企业的经济损失严重，所以每一位操作者务必牢记数控机床各项安全操作和生产流程。

学前准备

1. 准备数控机床安全指导书及操作说明书。
2. 了解数控机床种类及安全操作事项。

学习目标

1. 熟悉机床安全操作要求。
2. 熟悉机床开关机操作步骤。
3. 学会使用机床急停按钮。

实训设备、工量具、耗材清单

序号	设备名称	规格型号	数量
1	数控铣床	具有 X/Y/Z 三轴数控机床，配置 FANUC 0i -MF Plus 数控系统、横配式 10.4in 显示单元	1台
2	资料	数控机床安全指导书及操作说明书	1套
3	清洁用品	棉纱布、毛刷	若干

任务学习

一、认识机床

数控机床主要由机床主体、数控系统、驱动装置和辅助装置 4 部分组成，如图 1-1-1 所示。

（1）机床主体 机床主体是数控机床的机械部件，包括床身、底座、立柱、横梁、滑座、工作台、主轴与进给机构等。

（2）数控系统 数控系统是控制数控机床的控制核心，一般一台机床专用一台控制计算机，还包括机床控制电路、屏幕显示器、键盘、驱动电路等。输入到数控系统的程序指令记录在信息载体上由程序读入装置接收，或直接由数控系统的键盘手动输入。

图 1-1-1 数控机床

（3）驱动装置　驱动装置是数控机床执行机构的驱动部件，包括主轴电动机、进给伺服电动机等。

（4）辅助装置　辅助装置是指数控机床的一些配套部件，包括液压系统、气动装置、冷却系统、排屑装置与防护设备等。

二、机床安全操作的注意事项

1. 机床周围

1）必须将影响操作的障碍物从通道、地面等处清除掉。

2）水和油等不得溅落到地面上。

3）作业区域内照明必须充足明亮。

4）在机床行程端，应采取必要的防范措施，如加设罩壳、安全隔离网，以避免操作人员和机床接触而发生事故。

5）应安装通风、排气装置。

6）应就近备置多种规格灭火器。可选用的灭火器有泡沫器、干粉器、二氧化碳灭火器。不可选用的灭火器有喷水器。灭火介质避免曝光，防止热分解。

2. 操作人员

1）操作人员应佩戴安全眼镜，必须穿戴符合安全规定的工作服、安全鞋、安全帽及听力保护装置；禁止穿宽松外衣，禁止佩戴戒指、手镯和手表等饰物。

2）长发者必须将长发卷绕在防护帽内，避免被机器卷入。

3）装卸准备时，必须戴皮手套之类的安全防护工具，但按动操作面板上的开关、按键、按钮时，不得戴手套。

4）因喝酒、吃药、生病等原因而缺乏正常的判断思维能力者，禁止操作机床。

3. 安全标牌

为了用户能正确、安全地操作机床，机床上装有若干个安全标牌。应充分理解标牌表示的内容后再进行机床的操作。禁止拆卸、污染安全标牌。安全标牌见表 1-1-1。

表 1-1-1　安全标牌

序号	示例图	标牌名称
1		机床厂商与机型名称标牌
2		操作警告标牌

（续）

序号	示例图	标牌名称
3	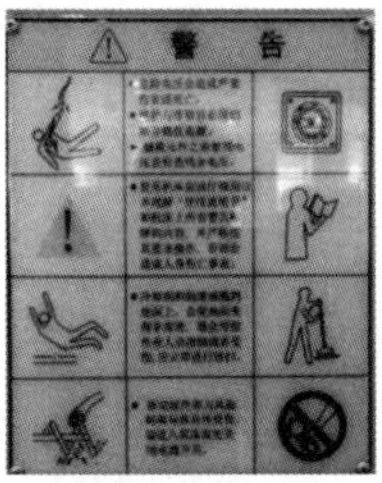	安全警告标牌
4		排屑器警告标牌
5	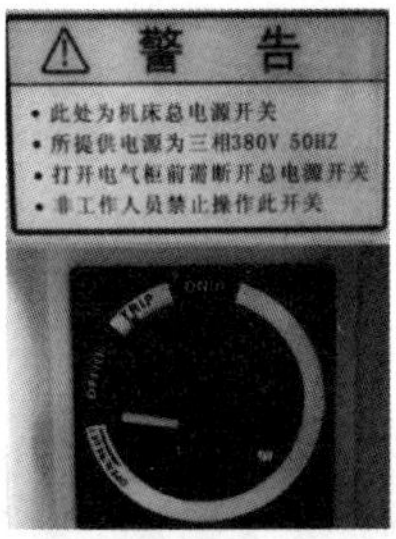	总电源开关警告标牌
6		注意安全警告标牌

4. 安全操作须知

1）在操作机床之前应该认真阅读安全指导书及操作说明书。

2）机床操作人员在上岗之前必须进行安全操作培训，直至能安全操作后，才可操作机床。

3）安全指导书及各类说明书必须指定专人保管，放置在机床附近规定的地方，做到随时可查阅。

4）规定专人保管机床配置的钥匙。

5）机床操作人员必须熟知紧急停止按钮的位置及操作方法。

三、机床供电的要求

1）机床动力电源为三相四线制 380V 交流电。若动力电源为三相五线制，应将变压器上的零线接到中性线上。

2）导线横截面积需满足机床额定容量下的工作电流，导线端部必须采用规定容量的冷压端子牢固压接。

3）机床床身上设置的专用接地螺钉必须牢固可靠地接地，接地电阻应小于 4Ω 。

4）机床附近不能有电焊机、高频电气设备。

四、机床通电前的检查（参考图 1-1-2）

为了能进行安全操作，也为了使机床能长时间保持良好的精度，开机前应进行日常检查工作。

1）机床周围应保持良好的照明条件。

2）环境应整洁并有足够空间。

3）在操作者活动范围内，不应有任何障碍物。

4）必须确认机床供电的电源符合机床电气铭牌的要求。

5）必须确认保护地线已牢固、可靠地固定在机床的接地螺钉上。

6）必须仔细检查电缆、电线绝缘层是否受损。若发现绝缘层损伤或有断线的可能，必须由专业人员（有电工资格上岗证者）妥善处理。

7）检查线路、管路与各接头是否有损坏。

8）检查配电盘上的接触器、继电器和连接器有无松动、脱落。

9）检查数控系统的模块、插件、连接器有无松动、脱落。

10）检查电气箱配电盘上的断路器是否全部合通。

11）检查机床、操纵台所有电器、电缆有无松动、脱落、损伤。

五、机床开关机的操作

1）机床在运转时，必须遵守下列禁止事项。要进行这些作业时，必须使机床完全停止后，方可进行。

① 机床起动运转时，不得将身体的任何部位靠近或放在机床的移动部件上。

② 主轴在旋转时，禁止调节切削液喷嘴的流量和方向。

③ 主轴在旋转时，禁止清除缠绕在刀具上及其周围的切屑。

图 1-1-2　机床通电前的检查

④ 机床在运转中，禁止测量工件的尺寸和夹紧工件。

⑤ 机床在运转中，禁止清除或清扫工件及工作台上的切屑。

2）对带有自动换刀装置或刀库的机床在自动运转中操作的要求。

① 机床在自动运转中，禁止进入或接触刀库防护罩。

② 主轴在旋转时禁止进入或接触主轴及其周围。

③ 禁止进入主轴头可动范围内。

④ 禁止进入或接触坐标移动时的活动区域。

3）机床操作人员离开机床时，必须停机，以防发生事故。

4）当机床显示报警信息时，必须马上与维修人员联系，迅速处理。

5）禁止用湿手或戴手套触及开关及按钮，否则会导致误动作及故障。

6）遇雷暴天气及频繁停电时，为防止电源异常而导致故障，必须中断机床运转。

7）禁止使控制面板、操作盘等受到剧烈冲击。

六、程序开关的操作

程序开关 处于"0"位置可保护内存程序及参数不被修改，需要执行程序编辑或参数修改操作时，此开关应置"1"。

程序开关的作用是保护各类数据（设定、PMC 数据、程序的编辑、系统参数、刀具补偿量、坐标系、宏变量、刀具寿命管理、程序的输入/输出）。

七、急停的操作

当感觉到机床有异常时，必须立即按紧急停止按钮停机。紧急停止按钮 位于操作站上面。

按下紧急停止按钮时，机床呈现急停报警状态，不能执行所有的自动和手动运转。紧急停止按钮被按下时就被锁定，向右旋转即可解除锁定。

1）急停时机床呈现如下状态：

① 正在移动的各轴马上停止。

② 正在旋转的主轴马上停止。

③ 冷却装置停止工作。

④ Z 轴稍许下降。

2）在换刀的操作过程中按下紧急停止按钮时，根据操作状态不同，机床呈现如下状态：

① 当主轴正在定向时，主轴马上停止。

② 当 Z 轴正在上升时，Z 轴的移动马上停止，主轴的控制状态被取消。

③ 当 Z 轴正在下降时，Z 轴的移动马上停止，主轴的控制状态被取消。

④ 当刀盘正在旋转时，刀盘的旋转马上停止。

⑤ 当机械手正在换刀时，机械手马上停止。

任务实施

分小组、按步骤进行以下安全操作。

一、机床安全操作检查

步骤1：按要求自查机床周围及操作人员状况（工作服、安全帽、安全鞋、防护镜）是否达到安全标准。

步骤2：检查并指出操作人员违反安全操作规程的行为，自觉遵守相关安全操作规程。

二、机床通电前的检查（参考图 1-1-2）

步骤1：确认机床供电电源符合机床电气铭牌的要求。

步骤 2：确认保护地线牢靠。

步骤 3：检查线路、管路与各接头是否完好。

步骤 4：检查配电盘上的接触器、继电器、连接器有无松动、脱落。

步骤 5：检查数控系统的模块、插件、连接器有无松动、脱落。

步骤 6：检查电气箱配电盘上的断路器是否全部合通。

步骤 7：检查机床、操纵台所有电器、电缆有无松动、脱落、损伤。

三、机床开关机的操作

1. 机床开机操作要求

步骤 1：合上机床总电源开关至"ON"位置。

步骤 2：按一下机床操作面板上的上电按钮 ▮ 。

步骤 3：数秒后数控系统显示屏上出现位置显示和信息，通电完成，如图 1-1-3 所示。

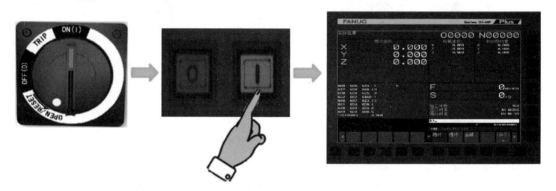

图 1-1-3　机床开机操作

2. 机床关机操作要求

步骤 1：机床所有运动部件停止，并且循环启动灯灭。

步骤 2：按下紧急停止按钮。

步骤 3：按一下机床操作面板上的下电按钮 ⬤ ，数控系统即刻断电，显示屏无显示。

步骤 4：切断机床的总电源开关，机床断电完成，如图 1-1-4 所示。

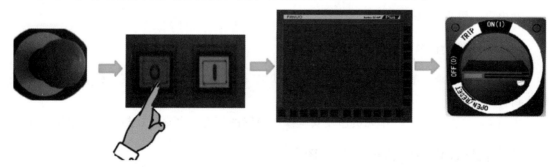

图 1-1-4　机床关机操作

问题探究

1. 戴手套操作机床是否正确？
2. 当感觉到机床有异常时，是否应先查找原因，再按下紧急停止按钮停机？

任务2 数控机床的手动与自动操作

任务描述

通过对机床操作面板和数控系统面板的学习，了解手动、回参考点、编辑、自动、MDI等运行模式的作用和操作方法；能够使用手动和自动工作方式操作数控机床，并执行加工程序。

学前准备

1. 查阅资料了解当前主流的数控系统都有哪些。
2. 查阅资料了解数控机床操作面板的区域功能及按键含义。

学习目标

1. 熟悉数控机床操作面板的按键功能。
2. 熟悉存储器运行（MEM）、存储器编辑（EDIT）、手动数据输入（MDI）、DNC运行（RMT）等工作方式的选择及使用方法。
3. 掌握手动返回参考点、手动移动进给轴、手动运行主轴、自动运行程序等基本操作。

实训设备、工量具、耗材清单

序号	设备名称	规格型号	数量
1	数控铣床	具有 X/Y/Z 三轴数控机床，配置 FANUC 0i -MF Plus 数控系统、横配式 10.4in 显示单元	1台
2	资料	数控机床安全指导书及操作说明书	1套
3	清洁用品	棉纱布、毛刷	若干

任务学习

一、认识机床操作面板

FANUC 0i-MF Plus 数控系统横置式 10.4in 单元由显示面板、MDI 键盘、主操作面板、子面板 4 部分组成，如图 1-2-1 所示。

主操作面板由 55 个阵列按键开关和 LED 组成，具体分布及功能如图 1-2-2a 所示。图 1-2-2b 所示为机床操作者子面板。

图 1-2-1　FANUC 0i-MF Plus 数控系统横置式 10.4in 单元

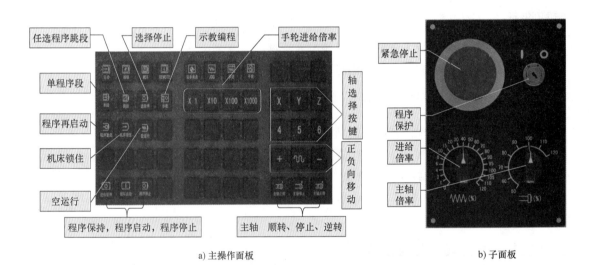

a) 主操作面板　　　　　　　　　　　　b) 子面板

图 1-2-2　主操作面板和子面板

MDI 键盘主要用于零件程序的编辑、参数输入、MDI 操作及管理等，如图 1-2-3 所示。

二、工作方式选择

数控机床常用的工作方式有存储器运行（MEM）、存储器编辑（EDIT）、手动数据输入（MDI）、DNC 运行（RMT）等，如图 1-2-4 所示。

1. 编辑方式

这是输入、修改、删除、查询、检索工件加工程序的操作方式。在输入、修改、删除工件加工程序前，要将程序保护开关打开。在编辑方式下，程序不能运行。在编辑方式下可进行以下操作。

1）程序的编辑（替换"ALTER"、插入"INSERT"、删除"DELETE"）。

2）程序文件的输入/输出。

3）扩展编辑功能。

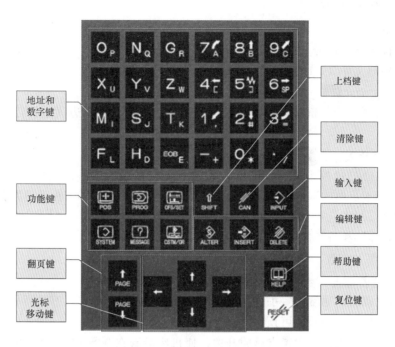

图 1-2-3　MDI 键盘布局及各按键功能

地址和数字键

功能键

翻页键

光标移动键

上档键

清除键

输入键

编辑键

帮助键

复位键

图 1-2-4　工作方式选择

① 存储器运行(MEM)

② 存储器编辑(EDIT)

③ 手动数据输入(MDI)

④ DNC运行(REMOTE)

⑤ 手动返回参考点(ZRN)

⑥ JOG进给(JOG)

⑦ 增量进给(INC)

⑧ 手轮进给(HND)

4）会话编程。

5）后台编辑。

2. 自动方式

这是按照程序的指令控制机床连续自动加工的操作方式。

自动方式所执行的程序（即工件加工程序）在循环启动前已装入数控系统的存储器内，所以自动方式又称为存储程序操作方式。在自动方式下可进行以下操作。

1）执行存储器中的程序。

2）程序编辑（后台编辑）。

3）检索程序（程序号、顺序号）。

4）调用外部文件（M198）。

3. DNC 加工方式

DNC 加工方式是由外部接口设备输入程序至数控机床，需要边读边执行，也称为 DNC 操作。

4. 手动数据输入方式

该方式可以通过数控系统（CNC）键盘输入一段程序，然后按循环启动键予以执行。通常这种方式用于简单的测试操作，其输入的程序号默认为 O0000。在手动数据输入方式下可进行以下操作。

1）输入程序并执行程序。

2）设定数据（参数、补偿值、坐标系、宏变量）。

5. 手动返回参考点方式

机床接通电源后，通常需要手动执行返回参考点的操作。如果没有执行手动返回参考点就操作机床，机床的运动将不可预料。

通过机床操作面板上的参考点返回开关，使机床沿着在参数 ZMI（No.1006#5）中对每个轴所确定的方向移动，使机床返回参考点。刀具以快速移动速度移动到减速点，然后再以 FL 速度移动，如图 1-2-5 所示。刀具快速移动速度及 FL 速度都由参数（No.1424、No.1421、No.1425）设定。在快速移动时，4 档快速移动倍率有效。当刀具返回到参考点时，参考点返回完成指示灯点亮。

可以同时移动的轴为 1 个轴，但若利用参数 JAX（No.1002#0），也可以使 3 个轴同时移动。

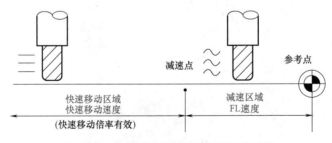

图 1-2-5 手动返回参考点时机床移动过程

6. JOG 进给方式

在 JOG 方式下，按机床操作面板上的进给轴向选择开关可使刀具沿所选轴朝着所选方向连续移动，如图 1-2-6 所示。JOG 进给速度是由参数（No.1423）设定的。JOG 进给速度可以用 JOG 进给速度倍率度盘进行调节。另外，按下快速移动开关，不管 JOG 进给速度倍率度盘

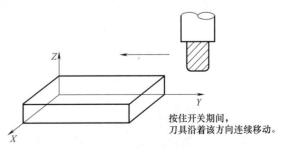

按住开关期间，刀具沿着该方向连续移动。

图 1-2-6 JOG 进给方式

处在什么位置，刀具都以快速移动速度（参数 No.1424）移动。这样的进给称为手动快速移动。可以同时移动的轴为 1 个轴，但利用参数 JAX（No.1002#0）进行设定，可以使 3 个轴同时移动。

7. 手轮方式

在手轮方式下，可以通过旋转机床操作面板上的手轮一点点地移动轴，如图 1-2-7 所示。利用手轮轴选择开关，可选择将被移动的轴。每一刻度移动量的最小单位就是最小设定单位，可以应用以手轮进给移动量选择信号的 4 种倍率。

三、MDI 方式运行程序

MDI 运行是在进行简单的程序加工或简单的测试操作时的一种工作方式。在 MDI 单元指定程序后，机床可根据该指令运行。在 MDI 方式下，一个多达 511 个字符的程序可按普通的方式从 MDI 单元编辑出来，并加以执行。

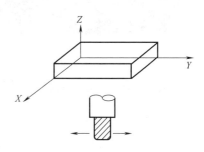

图 1-2-7 手轮进给

MDI 方式运行程序时需要注意以下两点：

1）MDI 执行后程序可直接清除。设置参数 3203#7 为 1，则按复位键"RESET"时，程序被清除；如果不想程序被清除，则设定参数 3204#6 为 1。

2）不可在以 MDI 方式编写的程序中执行 GOTO、IF GOTO、WHILE 语句。

四、存储器方式运行程序

此种工作方式可以将事先编制好的数控程序存储到机床存储器中，然后选择想要运行的某个程序，按下机床操作面板上的循环开始开关就开始自动运行数控程序。机床依据指令实现主轴的正/反转、切削液的开关、各轴的进给等动作，同时表示循环开启的指示灯亮起。

在自动运行中，若按下机床操作面板上的进给暂停开关，自动运行暂时停止。此时若再按下循环开始开关，自动运行才又重新开始操作。此外，按下 MDI 单元上的"RESET"键时，自动运行结束，系统进入复位状态。

任务实施

一、使机床返回到参考点

步骤 1：按下机床操作面板上的手动参考点返回开关 。

步骤 2：依次选择进行参考点返回的轴 X 、 Y 、 Z ，对应轴开始移动，直到挡块打开，紧接着轴减速移动，直到挡块开关关闭，轴移动到参考点位置停止。要使进给速度减慢，应按下快速移动倍率开关。

步骤 3：参考点返回完成，对应轴指示灯点亮，机械坐标值显示为 0，如图 1-2-8 所示。

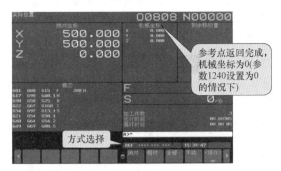

图 1-2-8　手动参考点返回完成

二、JOG 方式移动机床进给轴

步骤 1：按下机床操作面板上的 JOG 进给开关 。

步骤 2：按下想要使其移动的轴和方向开关 X/Y/Z，同时选择方向开关 + 或 −，刀具以参数（No. 1423）中设定的进给速度持续移动，松开开关时，对应轴停止移动，如图 1-2-9所示。

步骤 3：JOG 进给速度可用 JOG 进给倍率度盘 加以调节。

步骤 4：如果在轴移动过程中再按下快速移动开关 ，则对应轴以快速移动速度移动。

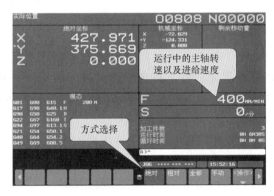

图 1-2-9　JOG 方式移动 Y 轴

三、手轮方式移动机床进给轴

步骤 1：按下机床操作面板上的手轮开关 。

步骤 2：将手轮上的手轮轴选择旋钮 旋转至移动轴 X/Y/Z，或者在操作面板上按下进给轴选择开关 X/Y/Z，选择将被移动的轴。

步骤 3：逆时针/顺时针方向旋转手轮，使刀具沿所选轴沿+/-方向移动。手轮每旋转一圈，刀具移动 100 个刻度，如图 1-2-10 所示。

步骤4：通过旋转手轮进给倍率开关 或者按下操作面板上的手轮进给倍率开关 X1 / X100 / X100 来选择移动量的倍率，每一刻度的移动量就是最小设定单位。

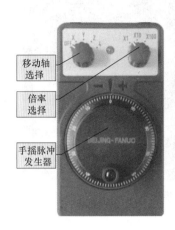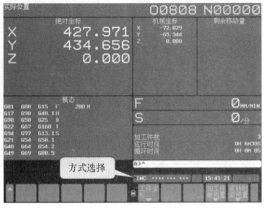

图 1-2-10　手轮方式移动机床进给轴

四、手轮移动进给 X 轴绝对坐标至 20.04

步骤1：按下机床操作面板的手轮开关 。

步骤2：将手轮上的手轮轴选择旋钮 旋转至移动轴 X，或者在操作面板上按下进给轴选择开关 X 。

步骤3：再将手轮上的手轮进给倍率开关 旋转至×100，或者按下操作面板上的手轮进给倍率开关 X100，顺时针方向旋转手摇脉冲发生器将 X 轴移动至 20.0。

步骤4：再将手轮上的手轮进给倍率开关 旋转至×10，或者按下操作面板上的手轮进给倍率开关 X10，顺时针方向旋转手摇脉冲发生器，将 X 轴移动至 20.04，如图 1-2-11 所示。

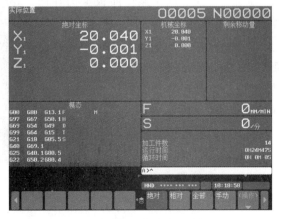

五、MDI 方式运行程序

步骤1：按下机床操作面板上的 MDI 方式开关 。

步骤2：按 MDI 键盘上的功能键 后，再按软键程序进入到 MDI 页面。

图 1-2-11　手轮移动 X 轴绝对坐标至 20.04

步骤3：在程序存放区编写加工程序（注意：在 MDI 方式下，执行的加工程序最多允许 511 个字符）。

步骤4：按下机床操作面板上的循环启动键  执行加工程序，如图1-2-12所示。

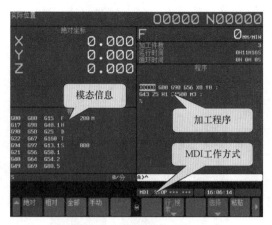

图1-2-12　MDI方式运行程序

六、JOG方式运行主轴

步骤1：机床开机后要手动运行主轴，须先给定速度，先运行程序 M03S＊，设定主轴运行速度。

步骤2：按下机床操作面板上的JOG进给开关 或者手轮开关 。

步骤3：选择操作面板上的主轴正转开关 /主轴反转开关 运行主轴，通过主轴速度倍率开关可以调整主轴转速。

步骤4：选择主轴停止开关 停止主轴转动，如图1-2-13所示。

七、存储器方式运行程序

步骤1：按下机床操作面板上的存储器运行开关 。

步骤2：按下功能键"PROG"→"目录"，将光标移动到运行程序上，按下"操作"→"主程序"键，将运行的程序设为主程序。

步骤3：按下机床操作面板上的循环启动键 ，执行加工程序。如果想在中途停止或取消存储器运行，则按下机床操作面板上的进给暂停开关 停止执行，进给

图1-2-13　JOG方式运行主轴转动

暂停指示灯（LED）点亮，循环开始指示灯（LED）熄灭，如图1-2-14所示。

步骤4：在执行过程中，可以通过调节进给倍率旋钮 改变进给速率。

步骤5：按下MDI上的"RESET"键，自动运行结束，系统进入复位状态。若在移动中按下"RESET"键，各轴移动减速并停止。

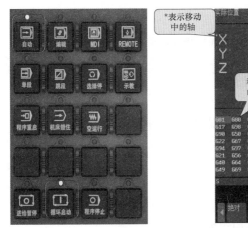

图 1-2-14　存储器方式运行程序

八、机床手动方式辅助装置的操作

1. 手动操作切削液

任何方式下，按下"冷却启动"按键，按键指示灯亮，切削液泵通电，切削液喷出。若再按一下此按键，按键指示灯灭，切削液泵断电，切削液关闭。

2. 手动操作排屑器

1）按下"排屑器正转"按键，按键指示灯亮，排屑器正转。

2）按住"排屑器反转"按键，按键指示灯亮，排屑器反转，松开此按键，排屑器停转。

3）按下"排屑器停止"按键，排屑器停止，排屑器正转反转指示灯灭。

注意：排屑器堵塞时，先停止排屑，然后按住"排屑器反转"按键，使排屑器反转，把堵塞的废屑手动清除后，排屑器便可正常排屑。

3. 手动润滑机床

机床采用集中式润滑。每次机床上电后，润滑装置自动润滑固定时间，然后停止润滑。在机床运行过程中，润滑装置按照进给轴的累计行程间隔润滑。当进给轴累计行程超过 D 参数设定的值时，就自动启动润滑，每次润滑时间为 T 参数设定的值。

机床操作者也可以通过操作面板上的"手动润滑"按键起动润滑装置。按住此按键，润滑启动，指示灯亮；松开此按键，延时 T 参数设定的值停止润滑，指示灯灭。

九、机床自动方式辅助装置的操作

机床自动方式辅助装置的操作是指在 MDI 方式或者在存储器自动方式，利用 M 指令来开启、关闭辅助装置，比如：执行切削液开启指令 M08 后，切削液喷出，执行切削液关闭指令 M09 后，切削液停止；执行排屑器（正转）启动 M 指令后，排屑器正转，排屑器正转指示灯亮，执行排屑器停止 M 指令后，则排屑器停止，排屑器正转指示灯灭。

问题探究

1. MDI 模式运行程序与存储器自动方式运行程序有什么区别？

2. 手动模式和手轮模式各应用在哪些场景？

任务 3　数控机床位置的监控与预置

任务描述

通过学习切换不同位置显示页面的操作，实现刀具在不同坐标系中的位置监控，进一步学习相对坐标系和工件坐标系的预置方法。

学前准备

1. 查阅资料了解数控机床坐标系的相关知识。
2. 查阅资料了解数控机床显示面板的结构组成。

学习目标

1. 熟悉 FANUC 0i-F Plus 系统位置页面的构成，掌握刀具位置坐标的查看方法。
2. 掌握相对坐标系的预置与清零方法。
3. 掌握手动预置工件坐标系的方法。

实训设备、工量具、耗材清单

序号	设备名称	规格型号	数量
1	数控铣床	具有 X/Y/Z 三轴数控机床，配置 FANUC 0i -MF Plus 数控系统、横配式 10.4in 显示单元	1 台
2	资料	数控机床安全指导书及操作说明书、FANUC 0i-F Plus 加工中心/车床系统通用操作说明书	1 套
3	清洁用品	棉纱布、毛刷	若干

任务学习

一、坐标与坐标系

数控系统可以使用机械坐标系、工件坐标系与相对坐标系 3 种坐标系中的 1 种来指定刀具的坐标值。

1. 机械坐标系

机床上某一特定点，可作为该机床的基准点，该点就称为机床原点。机床原点由机床制造商根据机床予以设定。把机床原点设定为坐标系原点的坐标系称为机械坐标系。

接通电源后，通过手动返回参考点来建立机械坐标系。机械坐标系一旦被建立之后，在切断电源之前，一直保持不变。

刀具在机械坐标系中的位置称为机械坐标。

2. 工件坐标系

为加工一个工件所使用的坐标系称为工件坐标系。工件坐标系事先设定在 CNC 数控系统）中。在所设定的工件坐标系中编制程序并加工工件。

刀具在工件坐标系中的位置称为绝对坐标。

3. 相对坐标系

在操作数控机床时,为了方便测量、计算等,可以 CNC 中已设定的坐标值为基准,建立一个新的坐标系,称为相对坐标系。

刀具在相对坐标系中的位置称为相对坐标。

二、CNC 位置页面的构成与显示

CNC 位置显示页面,可以显示刀具在工件坐标系、相对坐标系、机械坐标系中的当前位置与剩余移动量,如图 1-3-1 所示。

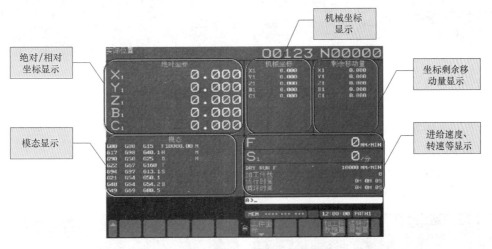

图 1-3-1 CNC 位置显示页面构成

按下机床 MDI 键盘上的功能键"POS"即可显示刀具的当前位置,其位置显示选择页面如图 1-3-2 所示。

图 1-3-2 刀具位置显示选择页面

选择"绝对",表示选择绝对坐标位置显示页面,显示刀具在工件坐标系中的当前位置,如图 1-3-3 所示。

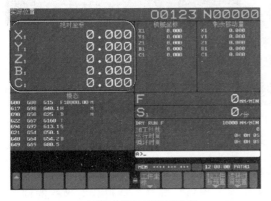

a) 当前位置(绝对)页面(铣床)

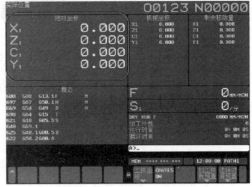

b) 当前位置(绝对)页面(车床)

图 1-3-3 工件坐标系中的当前位置显示页面

选择"相对"，表示选择相对坐标位置显示页面，显示刀具在相对坐标系中的当前位置，如图1-3-4所示。

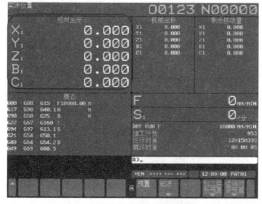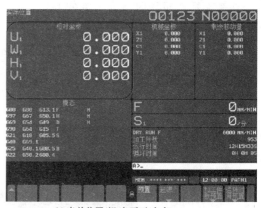

a) 当前位置(相对)页面(铣床)　　　　　　　　　b) 当前位置(相对)页面(车床)

图1-3-4　相对坐标系中的当前位置显示页面

注意：在相对坐标系内刀具位置是基于操作者设定的坐标值显示的，当前位置随刀具移动而时刻变化，数值的单位为输入单位。

选择"全部"，表示选择综合位置显示页面，同时显示刀具在工件坐标系、相对坐标系、机械坐标系中的当前位置与剩余移动量，如图1-3-5所示。

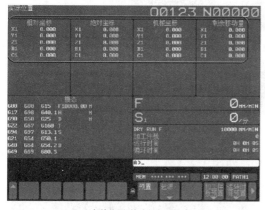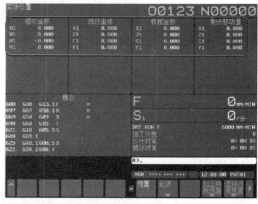

a) 当前位置(综合)页面(铣床)　　　　　　　　　b) 当前位置(综合)页面(车床)

图1-3-5　综合位置显示页面

上述页面也可显示机床实际进给速度、操作时间及加工零件数；还可显示伺服轴的负载表及主轴的负载表与速度表。

三、相对坐标的清零和预置

在相对坐标系内刀具的当前位置可预置为0或指定值。通过相对坐标的清零操作可以建立一个相对坐标系，此时刀具当前位置为相对坐标系的原点。同样，通过相对坐标的预置操作也可以建立一个相对坐标系，此时刀具位置预置为键入的相对坐标的坐标值。

四、工件坐标系的预置

工件坐标系的预置功能，是将由于手动干预而位移的工件坐标系预置为新的工件坐标系。它从位移前的机床原点仅偏置工件原点的偏置值。工件坐标系预置在参数 No.8136#1 设定为 0 时可以使用。

使用工件坐标系预置功能有两种方法：一是使用程序指令，二是分别在绝对位置页面与综合位置页面上使用 MDI 操作。

使用程序指令预置坐标系时，区分铣床和车床。

铣床使用"G92.1 IP0；"。

车床（G 代码体系 A）使用"G50.3 IP0；"，车床（G 代码体系 B、C）使用"G92.1 IP0；"。其中：IP 为指定想要预置工件坐标系的轴地址，未指定的轴不会被预置。例如铣床工件坐标系预置所有轴时，使用"G92.1 X0 Y0 Z0；"。

任务实施

一、各轴（X、Y、Z）位置坐标查看

1. 各轴（X、Y、Z）绝对坐标位置查看（图 1-3-6）

步骤 1：按下功能键"POS"。

步骤 2：按下软键"绝对"。

2. 各轴（X、Y、Z）相对坐标位置查看（图 1-3-7）

步骤 1：按下功能键"POS"。

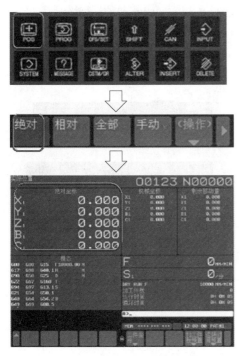

图 1-3-6　各轴绝对坐标位置查看

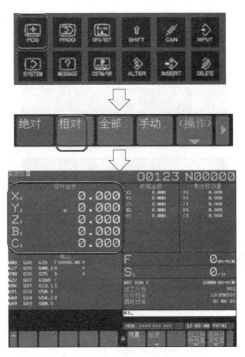

图 1-3-7　各轴相对坐标位置查看

步骤 2：按下软键"相对"。

3. 各轴（X、Y、Z）综合坐标位置查看（图 1-3-8）

步骤 1：按下功能键"POS"。

步骤 2：按下软键"全部"。

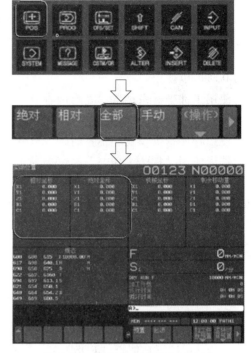

图 1-3-8　各轴综合坐标位置查看

二、相对坐标的预置与清零

1. 相对坐标清零

（1）清零所有轴

步骤 1：按下功能键"POS"。

步骤 2：按下软键"相对"，显示相对坐标页面。

步骤 3：按下软键"操作"→"起源"。

步骤 4：按下软键"所有轴"，所有轴的相对坐标被复位至 0，如图 1-3-9 所示。

（2）将指定轴清零

步骤 1：按下功能键"POS"。

步骤 2：按下软键"相对"，显示相对坐标页面。

步骤 3：按下软键"操作"→"起源"。

步骤 4：输入要复位轴的轴名称 X/Y/Z，轴名称闪烁显示。

步骤 5：按下软键"执行"，指定坐标 X/Y/Z 被复位至 0，如图 1-3-10 所示。

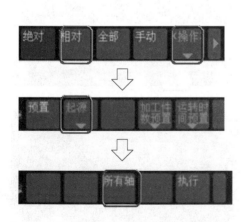

图 1-3-9　所有轴相对坐标清零

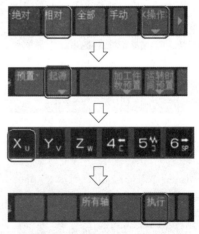

图 1-3-10　指定轴相对坐标清零

2. 相对坐标的预置

步骤 1：按下功能键"POS"。

步骤 2：按下软键"相对"，显示相对坐标页面。

步骤3：按下软键"操作"。

步骤4：输入要预置轴的轴名称 $X/Y/Z$，轴名称闪烁显示。

步骤5：输入要预置的坐标值，按下软键［预置］，刀具位置预置为输入了相对坐标的坐标值，如图1-3-11所示。

三、工件坐标系的预置

1. 手动预置所有轴

步骤1：按下功能键"POS"。

步骤2：按下软键"绝对"，显示绝对坐标页面。

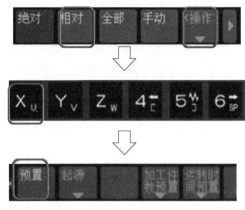

图1-3-11 X轴相对坐标预置

步骤3：按下软键"操作"→"工件坐标"→"所有轴"，如图1-3-12所示。

2. 手动预置指定轴

步骤1：按下功能键"POS"。

步骤2：按下软键"绝对"，显示绝对坐标页面。

步骤3：按下软键"操作"→"工件坐标"。

步骤4：从 MDI 键盘上输入要预置的轴名称 $X/Y/Z/$和 0。

步骤5：按下软键"执行"，如图1-3-13所示。

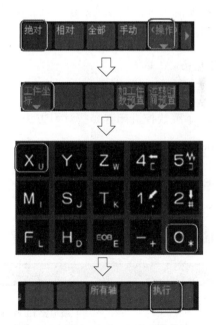

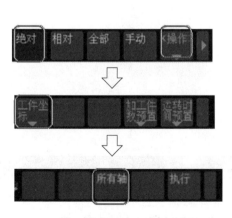

图1-3-12 所有轴工件坐标预置

图1-3-13 X轴工件坐标预置

3. 程序预置工件坐标系（三轴铣床）

步骤1：按下机床操作面板上的 MDI 方式开关 。

步骤2：按下"PROG"→"程序"，进入程序页面。

步骤 3：在程序编辑页面输入程序段 "G92.1 X0 Y0 Z0；"。

步骤 4：将光标移动到程序的开头，按下机床操作面板上的循环启动键 执行程序，各轴当前位置被预置为工件坐标系，如图 1-3-14 所示。

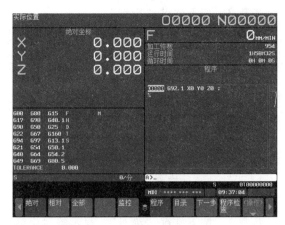

图 1-3-14　程序预置工件坐标系

问题探究

1. 如何使用程序指令预置车床的工件坐标系？

2. 在什么情况下使用相对坐标预置与清零？

任务4　对刀与工件坐标系的设定操作

任务描述

对刀是数控加工中的主要操作和重要技能。在一定条件下，对刀的精度可以决定零件的加工精度，同时，对刀效率还直接影响数控加工效率，所以要了解各种不同的对刀方法并掌握试切法对刀操作。

学前准备

1. 准备机床操作说明书。
2. 了解数控机床有哪些对刀方法。

学习目标

1. 了解各种不同的对刀方法。
2. 掌握试切法对刀操作。

实训设备、工量具、耗材清单

序号	设备名称	规格型号	数量
1	数控铣床	具有 X/Y/Z 三轴数控机床，配置 FANUC 0i -MF Plus 数控系统、横配式 10.4in 显示单元	1 台
2	数控车床	具有 X/Z 两轴数控机床，配置 FANUC 0i -TF Plus 数控系统、横配式 10.4in 显示单元	1 台
3	资料	数控机床安全指导书及操作说明书、FANUC 0i-F Plus 加工中心/车床系统通用操作说明书	1 套
4	刀具	外圆车刀，铣刀	各 1 把

（续）

序号	设备名称	规格型号	数量
5	毛坯	50mm×300mm 圆铁棒 1 根 150mm×150mm×40mm 铁块 1 块	各 1
6	清洁用品	棉纱布、毛刷	若干

任务学习

一、坐标系

数控机床的坐标系分为 2 种：机械坐标系和工件坐标系。

1. 机械坐标系

在机床上设置一个固定点，将该点作为数控机床进行加工运动的基准点（简称机床原点），以该点为原点建立的坐标系是机械坐标系。

警告：此原点由机床厂家设置，用户不得擅自修改。

机械坐标系中的各个轴及其方向与机床的相互关系取决于机床的类型，各轴的方向根据国家标准需按右手笛卡儿坐标系确定，如图 1-4-1 所示。通常，主轴的方向定义为 Z 轴。

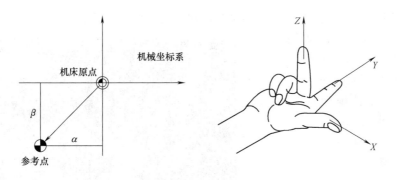

图 1-4-1　机械坐标系及右手笛卡儿坐标系

机械坐标系指令格式：G53 IP_；

IP_：绝对指令的坐标值。

例：G53 X-160 Y-150Z-100；

该指令的功能是刀具快速移动到机械位置 X-160，Y-150，Z-100。

注意：

1）在指定机械坐标系中的位置时，刀具快速移动到该位置。

2）G53 是非模态 G 代码，只在指定了 G53 的程序段才有效。

3）G53 指令必须是绝对坐标指令。如果是增量坐标指令，G53 指令就被忽略。

限制：

1）指定 G53 指令时，取消刀具补偿功能。

2）指定 G53 指令之前，必须先设定机械坐标系。带有绝对编码器的机床，不必进行回参考点操作。

2. 工件坐标系

为加工一个零件所使用的坐标系称为工件坐标系。工件坐标系事先设定在 CNC 中（设定工件坐标系），在所设定的工件坐标系中编制程序并加工零件（选择工件坐标系）。移动所设定的工件坐标系的原点，可以改变工件坐标系（改变工件坐标系）。

工件坐标系在参数 No.8136#0 设定为 0 时可以使用，工件坐标系预置在参数 No.8136#1 设定为 0 时可以使用，工件坐标系组数追加（48 组）在参数 No.8136#2 设定为 0 时可以使用。

可用以下 3 种方法来设定工件坐标系。

1）使用工件坐标系设定 G 代码的方法。通过程序指令，以紧跟工件坐标系设定 G 代码的值建立工件坐标系。

指令格式：数铣 G92 X ＿ Y ＿ Z ＿；

数车 G50 X ＿ 　 Z ＿；

2）自动设定的方法。当参数 No.1201#0 为 1 时，在执行手动返回参考点时，自动确定工件坐标系，但是使用工件坐标系功能时（参数 No.8136#0＝0）则无效。

3）使用工件坐标系选择 G 代码的方法。通过 MDI 单元的设置可设定 6 个工件坐标系，并通过程序指令 G54～G59 来选择使用哪个工件坐标系，如图 1-4-2 所示。这种方法应用最广泛。

当使用绝对坐标指令时，工件坐标系必须用上述方法之一来建立。

使用指定在 MDI 单元设定的 6 个工件坐标系的指令 G54～G59，即可选择 1～6 个工件坐标系之一。

G54：选择工件坐标系 1；G55：选择工件坐标系 2；

G56：选择工件坐标系 3；G57：选择工件坐标系 4；

G58：选择工件坐标系 5；G59：选择工件坐标系 6。

工件坐标系 1～6 在接通电源和返回参考点之后正确建立。接通电源后，G54 坐标系被选定。

此外，为了预防坐标系混乱，通

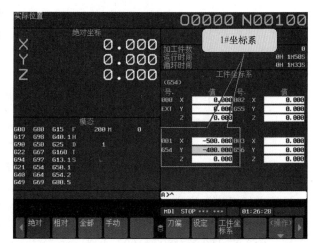

图 1-4-2　工件坐标系的选择

过将参数 No.1202#2 设为 1，可以在使用工件坐标系设定 G 代码时，使其发出报警（PS0010）"G 代码不正确"。

二、数控铣床对刀方法及工件坐标系设定页面

1. 数控铣床对刀

数控铣床的工件坐标系和附加坐标系常见对刀方法如下：

1）试切法。

2）使用塞尺、标准棒对刀。

3）使用寻边器对刀。

4）使用杠杆百分表对刀。

5）自动测量法。

6）使用机外对刀仪对刀。

2. 工件坐标系设定页面

工件坐标系设定页面如图 1-4-3 所示。

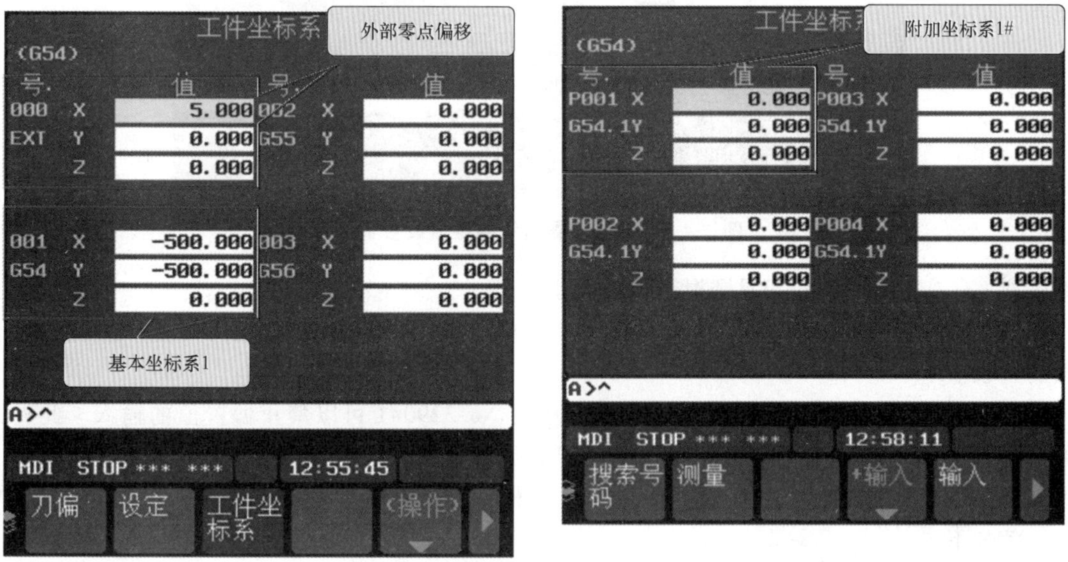

a) 工件坐标系

b) 附加坐标系

图 1-4-3　工件坐标系设定页面

3. 数控铣床设定刀具偏置值

刀具位置偏置值如图 1-4-4 所示。

刀具位置偏置值、刀具长度补偿值、刀具半径补偿值均由程序中的 D 代码或 H 代码指定。刀具偏置值和补偿值设置页面如图 1-4-5 所示。在此页面上显示和设定 D 代码或 H 代码相应的设置值和补偿值。

1）小数点输入。在输入偏置值时可用小数点。

2）刀具偏置存储器。刀具偏置存储器有 A、B、C3 种，按照以下方式区别偏置值的数据。

① 刀具偏置存储器 A：没有 D 代码/H 代码、刀具几何偏置/刀具磨损补偿的区别。

② 刀具偏置存储器 B：没有 D 代码/H 代码

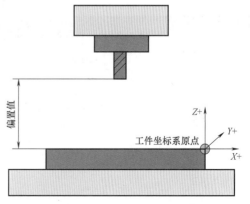

图 1-4-4　刀具位置偏置值示意图

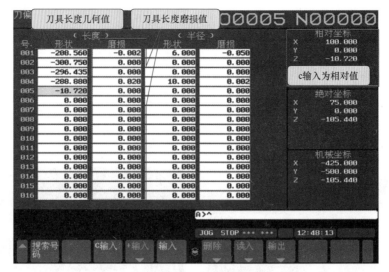

图 1-4-5　刀具偏置值和补偿值设置页面

的区别，有刀具几何偏置/刀具磨损补偿的区别。

③ 刀具偏置存储器 C：有 D 代码/H 代码的区别，同时也有刀具几何偏置/刀具磨损补偿的区别。

3）禁止输入偏置值。设定参数 No.3290#0、No.3290#1 可以禁止偏置值的输入。此外，通过在参数 No.3294 中设定被禁止输入的刀具偏置值的开头号，在参数 No.3295 中设定从该开头号数起算的个数，即可禁止从 MDI 输入任意指定范围内的刀具偏置值。设定连续的输入值如下。

① 从一个可以输入的偏置号输入到禁止输入的偏置号时，发出警告，仅在可以输入的偏置号范围内设定。

② 从一个禁止输入的偏置号连续输入到可以输入的偏置号时，系统会发出警告，不予设定补偿量。

4）刀具长度偏置的程序设定（G43、G44、G49）。在实际加工中，由于使用的刀具种类比较多，而每把刀具的长度是不同的，因此在加工中必须要考虑每把刀具的实际长度，所以在程序中需要设定每把刀具的长度偏置值。刀具长度偏置格式见表 1-4-1。

表 1-4-1　刀具长度偏置格式

类型	格式	说明
刀具长度偏置 A	G43 Z_H_; G44 Z_H_;	G43：正偏置 G44：负偏置 G17：XY 平面选择 G18：ZX 平面选择 G19：YZ 平面选择 a：某一任意轴的轴地址 H：刀具长度偏置量指定地址 X、Y、Z：进行偏置的移动指令
刀具长度偏置 B	G17 G43 Z_H_; G17 G44 Z_ H_; G18 G43 Y_H_; G18 G44 Y_H_; G19 G43 X_H_; G19 G44 X_H_;	
刀具长度偏置 C	G43 a_H_; G44 a_H_;	
刀具长度偏置取消	G49;或 H0;	

刀具长度偏置是通过执行含有 H 指令的 G43（G44）来实现的，其指令格式为 G43 Z_H_ 或 G44 Z_H_，见表 1-4-1。即把编程的 Z 坐标值加上（或减去）H_ 代码所指定的偏置寄存器中预设的偏置值 a 后作为实际执行的 Z 坐标值。使用 G43、G44 指令时，无论用绝对坐标还是用增量坐标编程，程序中指定的 Z 轴移动的终点坐标值都要与 H 所指定寄存器中的偏置值 a 进行运算，然后将运算结果作为终点坐标值进行加工 。

当执行程序段 G43 Z_ H_ 时，刀具移动到的实际位置的 Z 坐标值为 Z 实际值=Z 指令值+H 中的偏置值；当执行程序段 G44 Z_ H_时，刀具移动到的实际位置的 Z 坐标值为 Z 实际值=Z 指令值−H 中的偏置值。其中偏置值可以是正值，也可以是负值。

零件加工完后，用 G49 或 H0 指令取消刀具长度偏置。当换刀时，用 G43（G44）H_指令赋予了当前所用刀具的刀具长度偏置而自动取消了前一把刀具的刀具长度偏置。

4. 数控铣床对刀操作

数控铣床 Z 轴对刀操作如图 1-4-6 所示。

对刀后的实际刀具位置如图 1-4-7 所示。

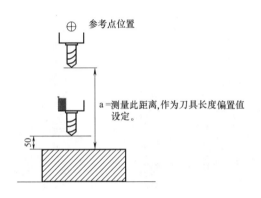

图 1-4-6　数控铣床 Z 轴对刀操作　　　　图 1-4-7　实际刀具对应刀具偏置位置

对刀操作要依次设置每把刀具的 Z 轴偏置值。

三、数控车床对刀及显示和刀具偏置值设定

1. 数控车床刀具偏置功能

刀具位置偏置功能用来补偿实际使用的刀具与编程时使用的假想刀具（通常是基准刀具）之间的差异。

影响实际刀具位置的页面有刀具偏置形状补偿页面、刀具偏置磨损补偿页面和工件坐标系设定页面。

（1）刀具偏置形状补偿页面

操作步骤：按下功能键 "OFS/SET"→"刀偏"→"形状"→"操作"，进入刀具偏置形状补偿页面，如图 1-4-8 所示。

（2）刀具偏置磨损补偿页面

操作步骤：按下功能键 "OFS/SET"→"刀偏"→"磨损"→"操作"，进入刀具偏置磨损补偿页面，如图 1-4-9 所示。

（3）工件坐标系设定页面

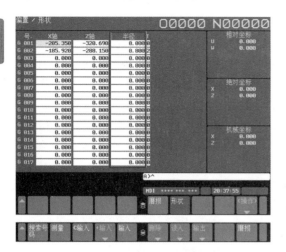

图 1-4-8　刀具偏置形状补偿页面

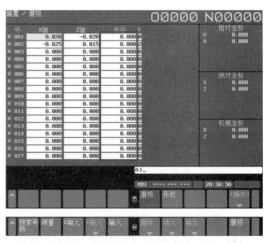

图 1-4-9　刀具偏置磨损补偿页面

操作步骤：按下功能键"OFS/SET"→"工件坐标系"→"操作"，进入工件坐标系设定页面，如图 1-4-10 所示。

2. 刀具形状偏置和刀具磨损偏置

刀具形状偏置对刀具形状及刀具安装位置等进行设置，刀具磨损偏置对刀尖的磨损进行补偿，如图 1-4-11 所示。可以分别设定这些刀具偏置量。不区别这些偏置量时，将刀具的形状偏置量和磨损偏置量之和设定为刀具位置偏置量。

3. 刀具偏置的设置与取消

刀具偏置用 T 代码中的刀具偏置号指定。T 代码具有选择刀具和相应的偏置量双重含义，车床 CNC 系统的 T 代码包含刀具号和刀具的偏置号。

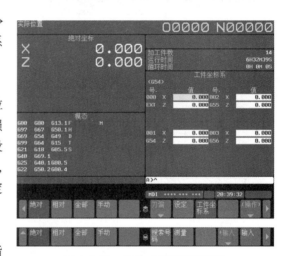

图 1-4-10　工件坐标系设定页面

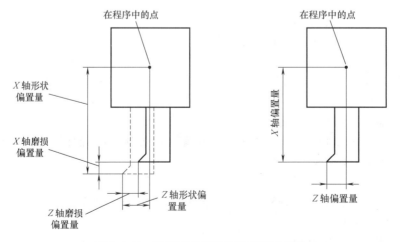

图 1-4-11　刀具形状偏置和刀具磨损偏置

例：T0303；

表示选用3号刀具，3号补偿。

取消偏置的方法：

1）用0来指定刀具偏置号，即取消偏置，例如"T0300；"。

2）断开CNC电源，再次通电。

3）按MDI单元上的复位按钮。

4）从机床向CNC输入复位信号。

4. 数控车床对刀

数控车床常见对刀方法如下：

1）试切法。

2）机内自动对刀法。

3）机外对刀仪对刀法。

试切法对刀如图1-4-12所示。

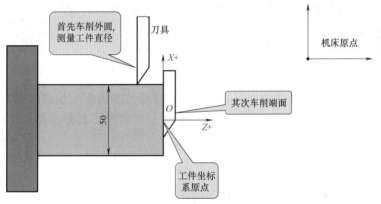

图1-4-12 数控车床试切法对刀

5. 刀具偏置的设置方法

车床设定工件坐标系可以使用指令G54～G59，也可以使用刀具偏置参数设置。

试切法对刀及刀具偏置设置过程如下。

1）用外圆车刀试切一外圆，X轴不可以移动，Z轴可以移动；测量外圆直径，按功能键"OFS/SET"→"刀偏"→"形状"，输入外圆直径值，按"测量"键，将刀具X轴补偿值输入到几何形状中。

如：当前刀尖到外圆位置，X机械位置显示356.735mm，外径是50mm，按"测量"键后自动生成"X306.735"，即刀具形状值 = 356.735mm（机械值）- 50mm（输入值）= 306.735mm。

2）用外圆车刀试切外圆端面，Z轴不可以移动，X轴可以移动，按功能键"OFS/SET"→"刀偏"→"形状"，输入"Z0"，按"测量"键，将刀具Z轴补偿值输入到几何形状中。

任务实施

一、数控铣床刀具长度测量

刀具长度可以作为刀具长度偏置值来测量和登录，其测量方法是移动参考刀具和待测刀

32

具，直到其抵接于机床上某一固定点，然后沿 X 轴、Y 轴或 Z 轴测量刀具长度。

步骤 1：以手动运行方式移动参考刀具，直到其抵接于机床固定点（或工件上的固定点）。

步骤 2：按功能键"POS"→"相对"，显示相对坐标的位置显示页面，如图 1-4-13 所示。

步骤 3：输入"Z0"，按"预置"键，将 Z 轴的相对坐标值复位至 0。

步骤 4：按功能键"OFS/SET"→"刀偏"，显示刀具偏置页面，如图 1-4-14 所示

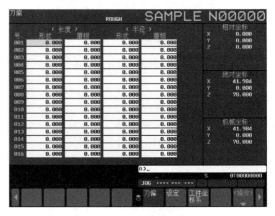

图 1-4-13　刀具长度测量页面　　　　　图 1-4-14　刀具偏置页面

步骤 5：以手动运行方式移动待测刀具，直到其抵接于机床上相同的固定点。此时，在页面上以相对坐标值（也在刀具偏置页面上显示）显示参考刀具和待测刀具长度上的差别，如图 1-4-15 所示。

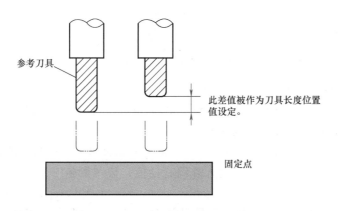

图 1-4-15　刀具长度测量

步骤 6：将光标移动到将要设置测量值的刀具偏置号处（光标的移动与设置刀具偏置值时相同），首先按"操作"软键，然后输入"Z"。

步骤 7：按"C 输入"软键。则 Z 轴相对坐标值作为刀具长度偏置值被输入并显示，如图 1-4-16 所示。

二、数控铣床试切对刀建立工件坐标系

步骤 1：将工件毛坯准确定位装夹到工作台上，使工件的基准方向和 X、Y、Z 轴的方向

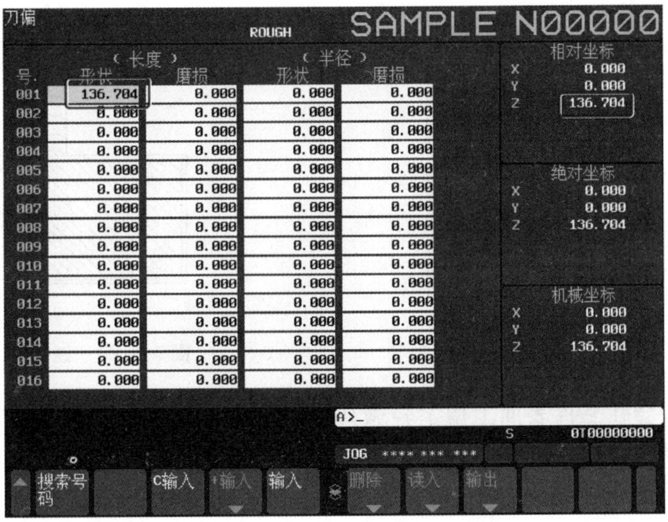

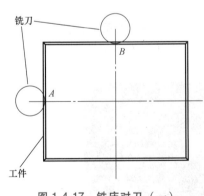

图 1-4-16 输入刀具长度偏置值

一致，且切削时刀具不会碰到夹具或工作台。

步骤2：将所用铣刀安装到主轴上并使主轴中速转动。

步骤3：移动（手动移动或手轮摇动）铣刀靠近被测边，并使铣刀切削刃轻微接触被测边，如图1-4-17所示的 A 点（或 B 点）位置。

步骤4：将铣刀沿+Z 轴方向退离工件。

步骤5：将机床相对坐标 X（或 Y）清零，再移动铣刀靠近步骤3铣刀所接触边的对边，并轻微接触该对边，如图1-4-18所示的 C 点（或 D 点）位置。

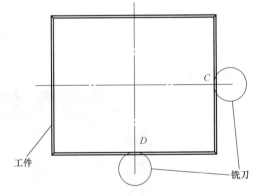

图 1-4-17 铣床对刀（一）

图 1-4-18 铣床对刀（二）

步骤6：记下此时 X 轴（或 Y 轴）的相对坐标值，然后再移动铣刀到工件 X 轴（或 Y 轴）的中心点的相对坐标值的一半处。

步骤7：以类似的方法重复步骤3~6，对另一水平轴进行对刀。完成后铣刀中心在图1-4-19所示两垂直线的交点处。

步骤8：移动铣刀靠近工件上表面，并轻微接触上表面，如图1-4-20所示，最后进行工件坐标系原点的设定。

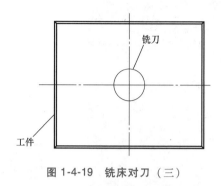

图 1-4-19　铣床对刀（三）

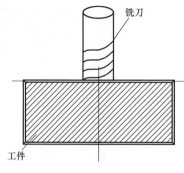

图 1-4-20　铣床对刀（四）

　　这种对刀方法会在工件表面上留下轻微切痕，且对刀精度较低，但操作比较简单。若工件侧边不允许有轻微切痕，可在工件的侧边贴上一块厚度均匀准确的薄垫片，或将对 X 轴、Y 轴对刀操作中所使用的铣刀改为分中棒。

三、数控车床对刀

　　步骤 1：开机，X 轴、Z 轴返回参考点。

　　步骤 2：按下机床操作面板的 MDI 方式开关 ▣，按功能键"PROG"→"程序"，进入到程序页面。在程序存放区编写加工程序"T0101；M03 S600；"，按下机床面板上的循环启动键 ▣ 执行加工程序。

　　步骤 3：按下机床操作面板上的 JOG 进给开关 ▦。

　　步骤 4：用 1 号刀外圆车刀试切一外圆，X 轴不可以移动，Z 轴可以移动，测量外圆直径，按功能键"OFS/SET"→"刀偏"→"形状"，输入外圆直径值，按"测量"键，将刀具 X 轴偏置值输入到几何形状中。

　　步骤 5：用外圆车刀试切外圆端面，Z 轴不可以移动，X 轴可以移动，按功能键"OFS/SET"→"刀偏"→"形状"，输入"Z0"，按"测量"键，将刀具 Z 轴偏置值输入到几何形状中，如图 1-4-21 所示。

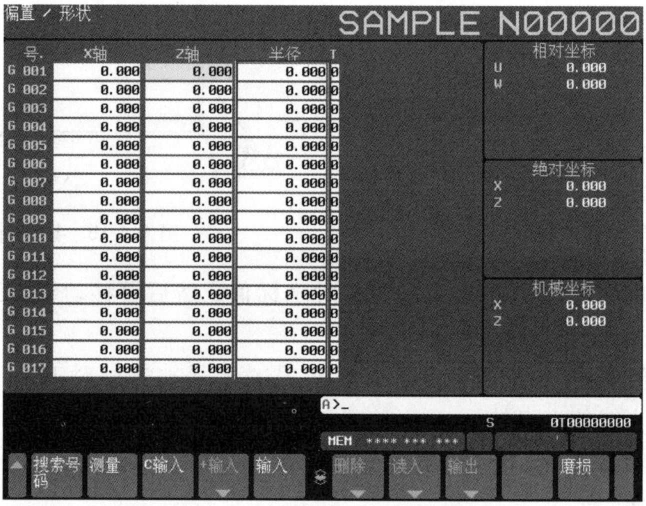

图 1-4-21　刀具形状偏置页面

步骤6：完成1号刀的对刀，退回到换刀位置。

问题探究

1. 常用的刀具测量方法有哪些？
2. 讨论各种建立工件坐标系方法的优缺点。

任务5 零件加工程序的编制和运行

任务描述

通过学习数控程序的基本指令和编程的基本方法，实现简单数控车削和铣削程序的编制；进一步学习数控机床操作方法，掌握加工程序的手动输入、在线编辑、自动运行控制等操作方法。

学前准备

1. 查阅资料，了解数控机床字符与编码的相关知识。
2. 复习数控机床操作面板上相关按键的功能。
3. 熟悉数控机床MDI键盘数字和地址键的位置。

学习目标

1. 掌握数控车床和铣床简单手工编程的方法。
2. 掌握加工程序的创建、编辑操作方法。
3. 掌握加工程序自动运行控制的操作方法。
4. 掌握加工程序的运行和检查、监控方法。
5. 掌握存储卡的在线编辑方法。

实训设备、工量具、耗材清单

序号	设备名称	规格型号	数量
1	数控铣床	具有X/Y/Z三轴数控机床，配置FANUC 0i -MF Plus数控系统、横配式10.4in显示单元	1台
2	数控车床	具有X/Z两轴数控机床，配置FANUC 0i-TF Plus数控系统、横配式10.4in显示单元	1台
3	资料	数控机床安全指导书及操作说明书、FANUC 0i-F Plus加工中心/车床系统通用操作说明书	1套
4	刀具	93°外圆车刀，ϕ10mm立铣刀	各1把
5	毛坯	ϕ28mm×40mm圆铁棒1根 140mm×80mm×30mm 45号钢铁1块	各1
6	夹具	平口钳、三爪卡盘	各1只

（续）

序号	设备名称	规格型号	数量
7	CF 卡	容量≤2GB	1 张
8	清洁用品	棉纱布、毛刷	若干

任务学习

一、基本编程指令

1. G 代码编程指令

编写加工程序所使用的 G 代码，按照其使用方法分成若干系列，称为组，见表 1-5-1。其他 G 代码见《B-64694CM_0i-F Plus 车床加工中心通用操作》说明书。

表 1-5-1　常用 G 代码

代码	组	适用机床	含义
G00	01	通用	定位（快速进给）
G01			直线插补
G02			圆弧插补/螺旋插补 CW
G03			圆弧插补/螺旋插补 CCW
G04	00	通用	暂停
G09			准确停止
G17	02	通用	选择 XY 平面
G18			选择 XZ 平面
G19			选择 YZ 平面
G40	07	通用	刀具直径补偿或刀尖圆弧半径补偿取消
G41			刀具直径补偿或刀尖圆弧半径左补偿
G42			刀具直径补偿或刀尖圆弧半径右补偿
G43	08	铣床	刀具长度偏置+
G44			刀具长度偏置-
G49			刀具长度偏置取消
G50	00	车床	坐标系设定或主轴最高转速钳制
G50.3			工件坐标系预设
G52	00	通用	局部坐标系设定
G53			机械坐标系选择
G54	14	通用	工件坐标系 1 选择
G55			工件坐标系 2 选择
G56			工件坐标系 3 选择
G57			工件坐标系 4 选择
G58			工件坐标系 5 选择
G59			工件坐标系 6 选择

G 代码有模态和非模态之分。非模态 G 代码只在当前程序段有效，例如暂停指令 G04；模态 G 代码是指这些 G 代码一经指定，就一直有效，直到程序中出现同组的另一个 G 代码，例如快速点定位指令 G00、直线插补指令 G01、圆弧插补指令 G02/G03 等。

（1）绝对坐标和增量坐标　指定刀具移动有两种方法：绝对坐标和增量坐标。绝对坐标编程是对刀具移动的终点位置的坐标值进行编程的方法；增量坐标编程是对刀具的移动量进行编程的方法。

对于数控铣床，绝对坐标编程用 G90 表示，绝对坐标编程可使程序中坐标尺寸值为绝对坐标值，即表示刀具位置的坐标值是相对于程序原点计算得到的。增量坐标编程用 G91 表示，增量坐标编程可使程序中坐标尺寸值为相对坐标值，即刀具的坐标值是运动轨迹终点相对于起始点计算得到的。以图 1-5-1 为例，刀具从起点 A 移动到终点 B，用 G90 编程时的程序段为 "G90 X40.0 Y70.0;"，其中，X40.0 Y70.0 为终点 B 相对于程序原点的绝对坐标值。用 G91 编程时程序段应写成 "G91 X-60.0 Y40.0;"，其中，X-60.0 Y40.0 为终点 B 相对于起点 A 的相对坐标值，计算方法为 $X_B - X_A = 40.0 - 100.0 = -60.0$，$Y_B - Y_A = 70.0 - 30.0 = 40.0$。

对于数控车床，用 G 代码体系 B 或 C 时，绝对坐标和增量坐标编程方式与铣床相同。用 G 代码体系 A 时，绝对坐标编程使用地址 X、Z 表示，增量坐标编程使用地址 U、W 表示。以图 1-5-2 为例，绝对坐标编程写成 "X400.0 Z50.0;"，增量坐标编程写成 "U200.0 W-400.0;"。在一个程序段中，可以采用绝对坐标编程、增量坐标编程或者二者混合编程。

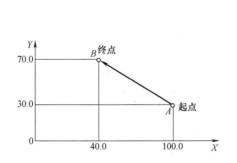

图 1-5-1　铣削 XY 平面内 A 点到 B 点的运动

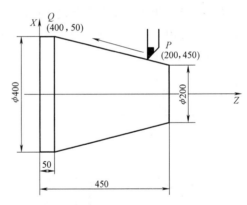

图 1-5-2　车削 ZX 平面 P 点到 Q 点的运动

（2）直径编程和半径编程　由于车削工件的截面通常为圆形，因此数控车床的 X 轴坐标值可用直径值或者半径值来指定。以直径值指定的情形叫作直径编程，以半径值指定的情形叫作半径编程。

半径编程和直径编程可通过参数 No.1006#3 设定。一般为了方便计算，小型数控车床都默认设置为以直径方式编程。如图 1-5-2 所示，采用直径编程时，P 点坐标写作 $P(200, 450)$，Q 点坐标写作 $Q(400, 50)$。

（3）快速定位指令 G00

快速定位指令的格式：G00 IP_;

IP：绝对坐标方式下为刀具移动终点坐标值，增量坐标方式下为刀具的移动量。

如图 1-5-3 所示，快速定位有两种轨迹，可根据参数 No.1401#1 进行设定。

1) 非直线插补定位。刀具分别以每轴的快速移动速度定位，刀具路径一般不是 1 条直线。

2) 直线插补定位。刀具沿着一直线移动到指定的点，刀具在最短的定位时间内定位，定位速度不超过各轴的快速移动速度。

指令说明：

1) 快速定位指令不能用于切削加工。

2) 快速定位各轴移动速度通过 No. 1420 设定，不受程序给定进给速度 F 值的影响，可以通过倍率调整为 100%、50%、25%、F0。（F0：可在固定的速度下对各个轴用参数 No. 1421 进行设定。）

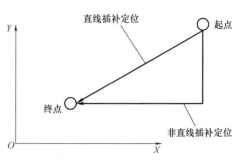

图 1-5-3 快速定位的两种轨迹

对于数控铣床，该指令格式为 "G90/G91 G00 IP_;"，IP 可以用 X、Y、Z 的任意组合表示。如图 1-5-4 所示，刀具从起始点 A 快速移动到目标点 B，程序段可写成 "G90 G00 X90. 0 Y70. 0;"（绝对坐标编程），或者 "G91 G00 X70. 0 Y50. 0;"（增量坐标编程）。

对于数控车床，该指令格式为 "G00 X(U)_ Z(W)_"。其中 X、Z 为终点坐标的绝对值，U、W 为终点坐标相对于起点坐标的增量值。绝对坐标指令和增量坐标指令可以混用，如 "G00 X_W_;"或 "G00 U_Z_;"。如果某一轴方向上没有位移，该轴的坐标值可以省略，如 "G00 X_;" 或 "G00 Z_;"。

如图 1-5-5 所示，以直径方式编程进行刀具快速点定位，目标点是（50，6），刀具起始点在（120，90），程序段可写成 "G00 X50. 0 Z6. 0;"（绝对坐标编程），或 "G00 U-70. 0 W-84. 0;"（增量坐标编程）。

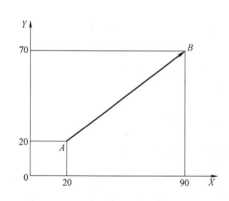

图 1-5-4 铣削 XY 平面内 A 点到
B 点的快速定位

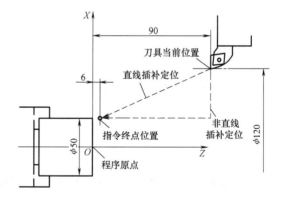

图 1-5-5 车削 ZX 平面内的快速点定位

（4）直线插补指令 G01 直线插补可以使刀具沿着直线移动。

直线插补指令是指以 F 指定速度，刀具沿直线移动到指定的位置。指定新值前，F 指定的进给速度一直有效，它不需要对每个程序段进行指定。

直线插补指令格式：G01 IP_ F_;

IP_：绝对坐标方式下为刀具移动终点的坐标值；增量坐标方式下为刀具的移动量；

F_：刀具的进给速度，若 F 没有指定任何速度，则进给速度为零。

对于数控铣床，该指令格式为"G90/G91 G01 IP_ F_;"，其中 IP 的意义与 G00 一致，可以用 X、Y、Z 的任意组合表示。F 指定刀具在进给方向上的进给速度。

如图 1-5-6 所示，刀具从起始点 A 沿直线插补到目标点 B，程序段可写成"G90 G01 X90.0 Y70.0 F100;"（绝对坐标编程），或者"G91 G01 X70.0 Y50.0 F100;"（增量坐标编程）。

车削加工时，该指令格式为"G01 X(U)_ Z(W)_F_;"。其中，X、Z 或 U、W 的含义同 G00。

程序中第一次使用 G01 时，必须指定 F 值。

对图 1-5-7 所示锥面进行切削，使用 G01 编程，以直径方式编程，程序段可写成"G01 X40.0 Z20.1 F20;"，或者"G01 U20.0 W−25.9 F20;"。

（5）圆弧插补指令 G02/G03　圆弧插补是指可以在已被指定的平面上使刀具沿一圆弧移动。不同平面内的圆弧插补指令格式如下：

XY 平面内的圆弧：$G17 \begin{Bmatrix} G02 \\ G03 \end{Bmatrix} X_P\_Y_P\_ \begin{Bmatrix} I\_J\_ \\ R\_ \end{Bmatrix} F\_ ;$

ZX 平面内的圆弧：$G18 \begin{Bmatrix} G02 \\ G03 \end{Bmatrix} Z_P\_X_P\_ \begin{Bmatrix} I\_K\_ \\ R\_ \end{Bmatrix} F\_ ;$

YZ 平面内的圆弧：$G19 \begin{Bmatrix} G02 \\ G03 \end{Bmatrix} Y_P\_Z_P\_ \begin{Bmatrix} J\_K\_ \\ R\_ \end{Bmatrix} F\_ ;$

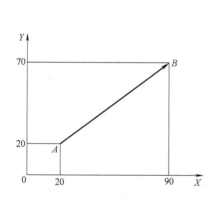

图 1-5-6　铣削 XY 平面内 A
点到 B 点的插补运动

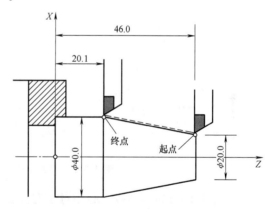

图 1-5-7　车削 ZX 平面内的直线插补运动

圆弧插补指令格式说明：

G17：XY 平面选择；

G18：ZX 平面选择；

G19：YZ 平面选择；

G02：顺时针方向（CW）圆弧插补；

G03：逆时针方向（CCW）圆弧插补；

$X_p\_$：X 轴或其平行轴的移动量（由参数 No.1022 设定）；

$Y_p\_$：Y 轴或其平行轴的移动量（由参数 No.1022 设定）；

$Z_p\_$：Z 轴或其平行轴的移动量（由参数 No.1022 设定）；

I_：从 X 轴的起点至圆弧中心的距离（带有符号）；

J_：从 Y 轴的起点至圆弧中心的距离（带有符号）；

K_：从 Z 轴的起点至圆弧中心的距离（带有符号）；

R_：弧半径（带有符号，在车削加工中为半径值）；

F_：沿弧切线方向的进给速度。

1）圆弧顺、逆方向的判断。顺时针方向（G02）、逆时针方向（G03）是指相对于 XY 平面（ZX 平面、YZ 平面），在笛卡儿坐标系中沿 Z 轴（Y 轴、X 轴）的正方向看的方向，如图 1-5-8 所示。

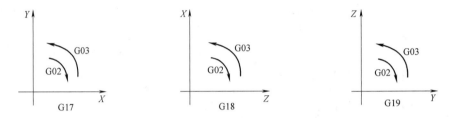

图 1-5-8 不同平面内圆弧顺、逆方向的判断

2）到弧中心的距离。相应于 X、Y、Z 轴，圆弧中心分别用地址 I、J、K 来指定。但 I、J、K 后的数值（i、j、k）是从圆弧的起点看圆弧中心的矢量的分量值，总是把它规定为增量值。如图 1-5-9 所示。

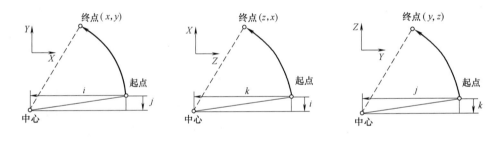

图 1-5-9 圆弧中心距圆弧起点的增量值表示

I、J、K 的方向是圆弧中心相对于起点的坐标，即用圆弧中心的坐标减去起点的坐标。如图 1-5-9 所示，I、J、K 的符号均为负号。

注意：

1）I0、J0、K0 可以省略，起点和终点半径值之差超过允许值（参数 No.3410）中的数值，则会发出报警（PS0020）"半径值超差"。

2）加工 180°以上的圆弧以负值指定半径。

3）整圆加工：当 X_p、Y_p、Z_p 均被省略时，终点与起点位置相同，使用 I、J、K 来指令中心时，指令的是一个 360°的圆（整圆）。

铣削加工时，需要根据圆弧插补所在平面，选择使用圆弧编程指令。如图 1-5-10 所示 XY 平面内圆弧插补，指令格式为：

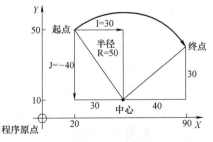

图 1-5-10 铣床 XY 平面内圆弧插补

$$G17\begin{Bmatrix}G02\\G03\end{Bmatrix}X_{p-}Y_{p-}\begin{Bmatrix}I\_J\_\\R\_\end{Bmatrix}F\_;$$

编程程序段可写作："G17 G91 G02 X70.0 Y-10.0 R50.0 F500;"，或 "G17 G90 G02 X90.0 Y40.0 R50.0 F500;"，或 "G17 G91 G02 X70.0 Y-10.0 I30.0 J-40.0 F500;"，或 "G17 G90 G02 X90.0 Y40.0 I30.0 J-40.0 F500;"。

对于车床，由于只有 *XZ* 平面，因此在车床上使用该指令进行圆弧插补编程时，指令格式为：

$$\begin{Bmatrix}G02\\G03\end{Bmatrix}\begin{Bmatrix}X\_ \ Z\_\\U\_ \ W\_\end{Bmatrix}\begin{Bmatrix}I\_ \ K\_\\R\_\end{Bmatrix}F\_ \ ;$$

其中，X、Z 或 U、W 的含义同 G00。

车削加工如图 1-5-11 所示的圆弧时，刀具从起点至终点，以直径方式编程，程序段可写成 "G02 X50.0 Z30.0 I25.0 F0.3;"，或 "G02U20.0W-20.0I25.0F0.3;"，或 "G02 X50.0 Z30.0 R25.0 F0.3;"，或 "G02U20.0W-20.0R25.0F0.3;"。

（6）G41、G42、G40 指令

1）指令含义：

G41——铣刀刀具半径或车刀刀尖圆弧半径左补偿。

G42——铣刀刀具半径或车刀刀尖圆弧半径右补偿。

G40——取消铣刀刀具半径或车刀刀尖圆弧半径补偿。

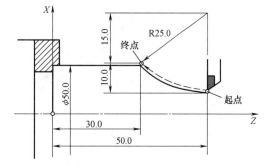

图 1-5-11 车床 *ZX* 平面圆弧插补

2）指令格式。

车床：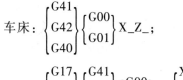

铣床：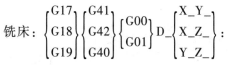

其中，D 为刀具偏置号。

3）G41/G42 的判断。在刀具切削平面内沿着进给方向看，刀具在工件的左侧进给采用 G41；在刀具切削平面内沿着进给方向看，刀具在工件的右侧进给采用 G42。需要注意的是，刀具切削平面是指逆着与切削平面垂直的第 3 根轴的方向看到的平面。

对于车床，图 1-5-12 所示分别为两种类型的车床坐标系下 G41/G42 的判断。

对于铣床，用 G17、G18、G19 指令选择 *XY*、*XZ*、*YZ* 三个切削平面，然后再逆着第 3 根轴的方向看向平面判断。如图 1-5-13 所示，左侧为 3 个平面的铣削，右侧为 *XY* 平面内 G41/G42 的判断。

4）刀尖圆弧半径补偿的应用。如图 1-5-14 所示，车刀的刀尖一般都有刀尖圆弧存在，而通过对刀操作，将车刀的刀位点设置在虚拟的尖点处，这样在切削工件轮廓的时候就会存在过切和欠切。使用刀尖圆弧半径补偿可以消除这种现象带来的误差。

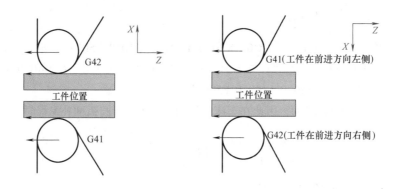

图 1-5-12　车床坐标系下 G41/G42 的判断

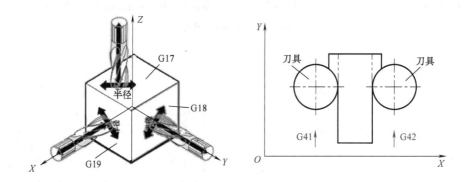

图 1-5-13　铣床坐标系下 G41/G42 的判断

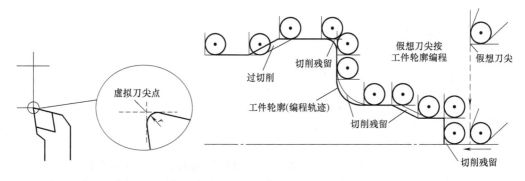

图 1-5-14　车刀刀尖圆弧半径带来的误差

使用刀尖圆弧半径补偿时，直接按工件轮廓编程，并在程序的适当位置插入 G41 或 G42 指令，数控系统就能从 T 代码的刀具偏置号中获得刀尖圆弧半径及假想刀尖的方位号码，使刀尖自动偏离工件轮廓一个刀尖圆弧半径的距离，加工出要求的工件轮廓形状。

使用刀尖圆弧半径补偿时需要注意以下几点：

① 在设置刀尖圆弧半径的同时，必须正确设置刀尖的方位号，否则补偿就不能正常进行。常用数控系统假想车刀刀尖方位及其编号如图 1-5-15 所示，数字表示其方位号。

② 编程时 G41 或 G42 应与 G40 成对使用，但有时为安全，也在程序头多写一个 G40。

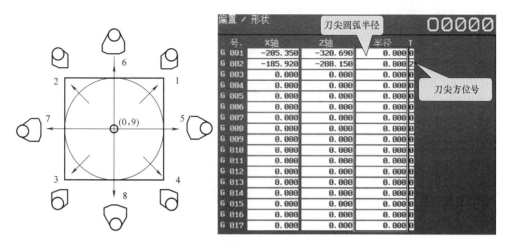

图 1-5-15　车刀刀尖方位及其编号

③ 从 G40 方式变为 G41 或 G42 方式的程序段叫作起刀程序段，由该程序段起动补偿，刀尖圆弧中心运动到下一段起点法线方向上，距起点为刀尖圆弧半径 r 的位置（图 1-5-16）。起刀时不能用圆弧插补指令 G02 或 G03，否则会产生报警。

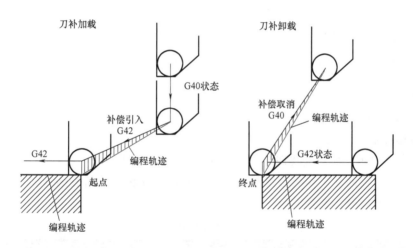

图 1-5-16　刀尖圆弧半径补偿的加载与卸载

车削编程示例：

使用刀尖圆弧半径补偿指令编写如图 1-5-17a 所示零件锥面的加工程序时，程序段可写作：

N10 G42 G01 X60.0 Z0 F10；　　（刀补引入）

N15 G01 X120.0 Z-150；

N20 G40 G0 X300 Z20.0；　　（刀补取消）

铣削编程示例：

如图 1-5-17b 所示，当使用半径为 R 的铣刀加工工件轮廓时，刀具中心的运动轨迹并不与工件的轮廓重合，而是偏离工件轮廓一个刀具半径 R 的距离。如果不使用数控机床的刀具补偿功能，编程人员只能按工件轮廓及刀具半径计算出刀具中心轨迹，然后按刀具中心轨迹编程，这显然增加了编程工作量；采用刀具半径自动补偿功能，编程人员可以直接按工件轮廓编程，而将计算刀具中心轨迹的任务交由机床控制器去处理。

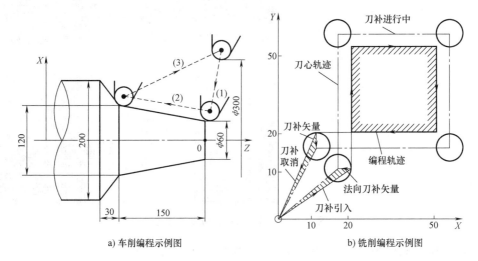

a) 车削编程示例图　　　　　　　　　b) 铣削编程示例图

图 1-5-17　刀具半径补偿指令的使用

使用刀具半径补偿指令编程如下：

N10 G17 G41 G00 D01 X20.0 Y10.0；　　　　　　　　（刀补引入）

N15 G01 Y50.0 F100；

N20 X50.0；

N25 Y20.0；

N30 X10.0；

N35 G00 G40 X0 Y0 G40；　　　　　　　　　　　　（刀补取消）

2. 辅助编程指令

（1）M 功能代码　M 功能代码是控制机床或系统开-关功能的一种指令，主要用于完成机床加工操作时的辅助动作和状态控制，如主轴的正、反转，切削液的开、关，程序结束、子程序的调用和返回等，见表 1-5-2。

表 1-5-2　常用 M 功能代码

代码	功能	意　义
M00	程序停止	中断程序运行的指令。使用该指令，在程序段内被指令的动作结束，并且在此之前的模态信息全部被保存。用于循环起动，自动运行可以再开始
M01	选择停止	若操作者事先按下选择停止开关，则会产生与程序停止同样的效果。不按这个开关，此指令不起作用
M02	程序结束	表示结束加工程序，程序不返回到程序的开头
M30	程序结束	该指令置于加工程序的末尾，表示程序执行结束，加工运行完毕，在控制装置和机床复位时使用，程序返回到程序的开头
M98	调用子程序	用 M98 和后面的 P（程序号）指令调用子程序
M99	子程序结束	用 M99 表示子程序结束。执行了 M99 后，就返回到主程序中
M198	调用外部子程序	当调用外部 I/O 设备上的子程序时，使用此指令（参数：No.138#7，No.20）

（2）F功能代码 F功能又称进给功能，用于指定刀具的切削进给速度，由地址码F和后面的数字组成，常与G指令配合使用指定不同的进给速度。例如：在数控铣床编程时使用"G94 F200;"表示进给速度为200mm/min；使用"G95 F0.5;"表示进给速度为0.5mm/r。而对于数控车床，不同的G代码体系，表示方法不同，具体详见《B-64694CM_0i-F Plus 车床加工中心通用操作》说明书中的G代码列表。

F功能是模态指令，在程序中必须在启动第一个插补运动指令（如G01）时同时启动，若下一程序段进给速度无变化则不必重写。

（3）S功能代码 S功能又称主轴功能，用来指定主轴转速，由地址码S和后面的若干位数字组成，单位为r/min，如"S1000;"表示主轴转速为1000r/min。

S代码还可与G96配合使用，实现恒线速度控制，如"G96 S150"表示刀具以恒线速度150m/min切削；使用G97可以取消恒线速度切削功能。

（4）T功能代码 T功能又称刀具功能，用来指定加工中所使用的刀具。刀具功能由地址码T和后面的若干位数字组成，数字的含义与机床的类型有关，如数控车床用T××××表示时，前两位数字表示刀号，后两位数字表示刀补号；而在数控铣床上一般用T××表示，且只表示刀号。

二、零件加工程序的文件夹管理

1. 初始文件夹

在进行程序存储器的初始化时，创建的具有规定结构和名称的文件夹，叫作初始文件夹，如图1-5-18所示。各初始文件夹不可进行删除或重命名操作。

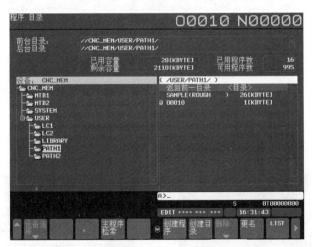

图 1-5-18 初始文件夹

1）根文件夹。这是所有文件夹的母文件夹。

2）系统文件夹（SYSTEM）。该文件夹用来存储系统的子程序、宏程序。

3）MTB专用文件夹1（MTB1）。该文件夹用来存储机床制造商创建的子程序、宏程序。

4）MTB专用文件夹2（MTB2）。该文件夹用来存储机床制造商创建的子程序、宏程序。

5）用户文件夹（USER）。该文件夹用来存放用户创建的程序。

在该文件夹下面还可创建下列文件夹。

① 路径文件夹（PATHn：根据路径数创建）。该文件夹用来存储使用于各路径的主程序、子程序、宏程序。

② 公用程序文件夹（LIBRARY）。该文件夹用来存储公用的子程序、宏程序。

2. 创建文件夹

将初始文件夹以外的文件夹叫作用户创建的文件夹。用户创建文件夹可以在初始文件夹下创建。用户创建的文件夹中，可以存储用户创建的主程序、子程序、宏程序。

在初始用户文件夹 USER 内创建的新文件夹 ABC，如图 1-5-19 所示。

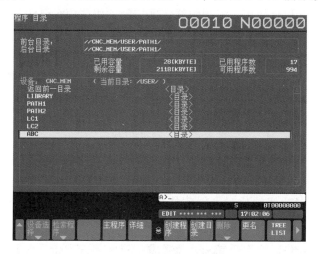

图 1-5-19　新建文件夹 ABC

3. 更名文件夹

将在初始用户文件夹 USER 内创建的新文件夹 ABC 更名为文件夹 DEF，如图 1-5-20 所示。

4. 创建新程序

在文件夹 DEF 内创建新程序 O0100，如图 1-5-21 所示。

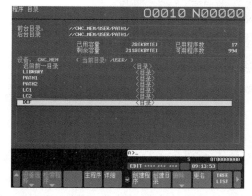

图 1-5-20　更名文件夹 DEF

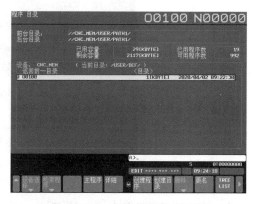

图 1-5-21　创建新程序 O0100

5. 改变文件夹属性

将文件夹 DEF 的属性改成编辑禁止后，禁止在文件夹 DEF 内创建新程序，如图 1-5-22 所示，"R"表示禁止编辑。

图 1-5-22　禁止编辑文件夹 DEF

任务实施

一、程序编写

1. 铣床编程

如图 1-5-23 所示凸台零件，试编写其精加工程序。

工艺分析：

夹具：平口钳。

刀具：ϕ10mm 立铣刀。

编程原点设置：零件上端面中心，长度方向沿 X 轴。

参考程序：

O0011；

N10 G00 G90 G54 X-100.0 Y-60.0 Z20.0 M03 S500；

N20 Z-10.0 M08；

N30 G41 D01 G00 X-60.0；

N40 G01 Y0 F100；

N50 G02 X-30.0 Y30.0 R30.0；

N60 G01 X30.0；

N70 G02 X30.0 Y-30.0 R30.0；

N80 G01 X-30.0；

N90 G02 X-60.0 Y0 R30.0；

N100 G01 Y30.0；

N110 G40 G00 X-100.0 M09；

N120 Z20.0；

N130 M05 M30；

%

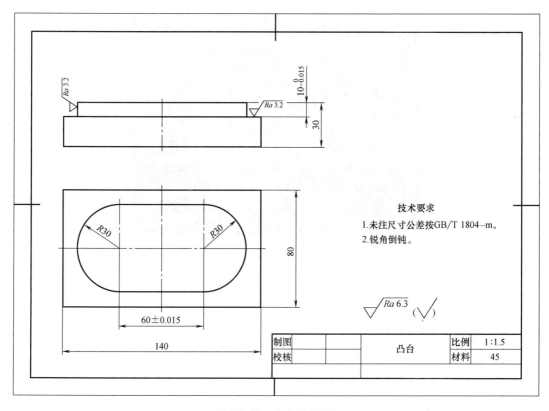

图 1-5-23　凸台零件图

2. 车床编程

如图 1-5-24 所示轴零件，试编写其 $\phi 16mm$ 外圆及倒角精车程序。

工艺分析：

夹具：自定心卡盘。

刀具：93° 外圆车刀。

编程原点设置：零件右端面中心。

参考程序：

O0002；

N10　G0 G90 G54 X50.0 Z40.0 M03 S800；

N20　G00 X14.0 Z2.0；

N30　G01 Z0 F0.1；

N40　G01 X16.0 Z−1.0；

N50　G01 Z−25.0；

N60　G02 X26.0 Z−30.0 R5.0；

N70　G01 X30.0；

N80　G00 X50.0 Z40.0;

N90　M05;

N100　M30;

%

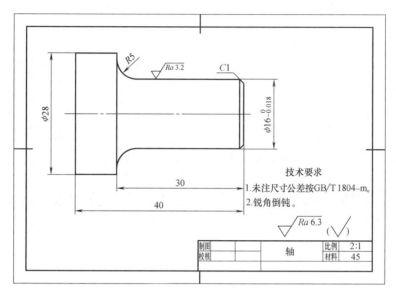

图 1-5-24　轴零件图

二、创建文件夹和新建程序

1. 在初始文件夹 USER 内新建文件夹 ABC

步骤1：按下机床操作面板上的　，进入编辑模式。

步骤2：按下功能键"PROG"→"目录"，通过方向键将光标移动到文件夹 USER 上，按下输入键"INPUT"，进入下一级目录，如图 1-5-25 所示。

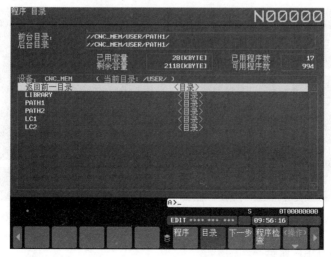

图 1-5-25　文件夹 USER 下一级目录

步骤3：在缓冲区输入新文件夹名称 ABC，按下"创建目录"键，新文件夹 ABC 创建成功，如图 1-5-26 所示。

2. 更名文件夹 DEF

通过方向键将光标移动到文件夹 ABC 上，在缓冲区输入更名文件夹名称 DEF，按下"更名"键，更名文件夹 DEF 成功，如图 1-5-27 所示。

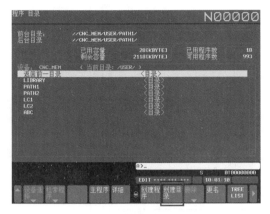
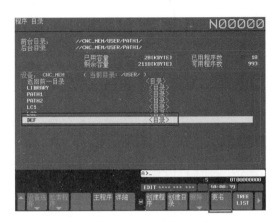

图 1-5-26　新建文件夹 ABC　　　　图 1-5-27　更名文件夹 DEF

3. 在文件夹 DEF 内新建程序 O0100

步骤1：通过方向键将光标移动到文件夹 DEF 上，按下输入键"INPUT"，进入下一级目录，在缓冲区输入 O0100，按下"创建程序"键，新程序 O0100 创建成功，如图 1-5-28 所示。

步骤2：按下功能键"PROG"，进入程序页面，将光标放在新程序名 O0100 上，按下"EOB"→"INSERT"键；在缓冲区输入"N10 G00 G90 G54 X-100.0 Y-60.0 Z20.0 M03 S500"，按下"EOB"→"INSERT"键；输入"N20 M05 M30"，按下"EOB"→"INSERT"键，输入如图 1-5-29 所示的程序内容。

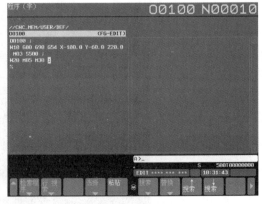

图 1-5-28　创建新程序名 O0100　　　　图 1-5-29　编辑新程序 O0100

4. 改变文件夹 DEF 属性

步骤1：按下功能键"PROG"→"目录"，通过方向键将光标移动到文件夹 DEF 上。

步骤 2：按下功能键"操作"→"详细"→">"→"属性改变"→"编辑禁止"，将文件夹 DEF 的属性改为编辑禁止，禁止在文件夹 DEF 内创建新程序，如图 1-5-30 所示，"R"表示禁止编辑。

步骤 3：在文件夹 DEF 内创建新程序 O0300，提示"写保护"，无法创建，如图 1-5-31 所示。

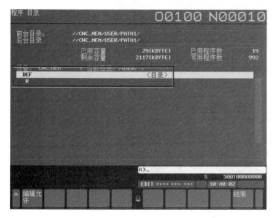

图 1-5-30　禁止编辑文件夹 DEF

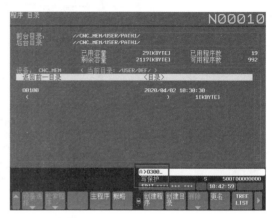

图 1-5-31　文件夹 DEF 内禁止创建新程序 O0300

步骤 4：按下功能键"PROG"→"目录"，通过方向键将光标移动到文件夹 DEF 上。按下功能键"操作"→"详细"→">"→"属性改变"→"编辑允许"，将文件夹 DEF 的属性改为编辑允许，"R"消失，可以创建新程序。

5. 在文件夹 DEF 内删除程序 O0100

步骤 1：按下功能键"PROG"→"目录"，通过方向键将光标移动到文件夹 DEF 上，按下输入键"INPUT"，进入下一级目录。

步骤 2：通过方向键将光标移动到程序 O0100 上，按下"删除"键，如图 1-5-32 所示。

步骤 3：按下"执行"键，程序 O0100 被删除。

三、加工程序的编辑

1. 插入字 T15

步骤 1：搜索 Z1250。

步骤 2：由地址/数值键输入 T15。

步骤 3：按下编辑键"INSERT"或"INPUT"。

2. 将 T15 修改为 M15

步骤 1：搜索 T15。

步骤 2：由地址/数值键输入 M15。

步骤 3：按下编辑键"ALTER"，如图 1-5-33所示。

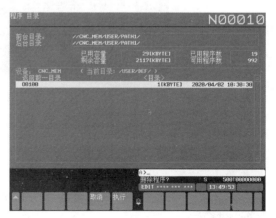

图 1-5-32　删除程序 O0100

3. 删除字 X100.0

步骤 1：搜索 X100.0。

步骤 2：按下编辑键"DELETE"，如图 1-5-34 所示。

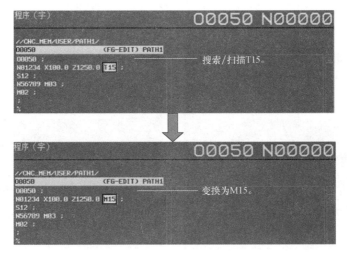

图 1-5-33　将 T15 修改为 M15

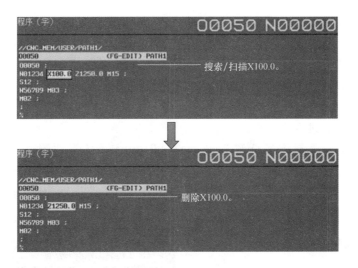

图 1-5-34　删除字 X100.0

4. 删除 N01234 程序段

步骤 1：搜索 N01234。

步骤 2：按下"EOB"键。

步骤 3：按下编辑键"DELETE"，如图 1-5-35 所示。

四、存储卡 DNC 运行操作

步骤 1：按下机床操作面板上的 【REMOTE】，设为 DNC 模式。

步骤2：按下功能键"PROG"→"目录"→"操作"→"设备选择"→"存储卡"，显示存储卡内的文件，如图1-5-36所示。

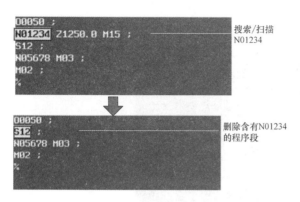

图 1-5-35 删除 N01234 程序段

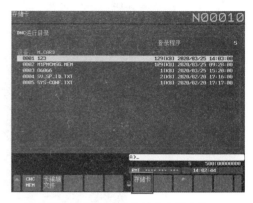

图 1-5-36 显示存储卡内的文件

步骤3：通过方向键将光标移动到3号文件程序O6066上，按下"DNC设定"键，DNC运行目录是O6066，如图1-5-37所示。

步骤4：按下机床操作面板上的循环启动键 | ，执行程序O6066。

步骤5：DNC加工运行时，按下功能键"PROG"→"程序检查"，程序O6066显示在程序检查页面上，如图1-5-38所示。

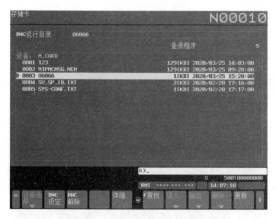

图 1-5-37 DNC 加工程序 O6066

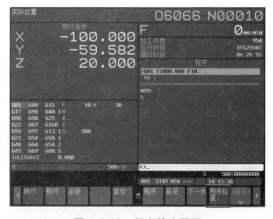

图 1-5-38 程序检查页面

五、存储卡在线编辑程序

步骤1：制作.BIN文件，如图1-5-39所示。

1）准备一张存储卡（容量≤2G），将其插到0i-F Plus系统左边的插槽里。

2）按下功能键"PROG"→"目录"→"操作"→"设备选择"，进入［存储卡］页画。

3）扩展后选择"卡编辑文件"，制作.BIN文件。每张卡只需设定一次，创建文件没有方式要求，删除文件必须为EDIT方式（文件名默认为FANUCPRG.BIN，不允许修改文件名和将文件放置在文件夹中，每张卡只能放一个文件）。

4）通过"容量设定"→"执行"两个软键即可设定 .BIN 文件的大小，默认最大容量为放 63 个程序，容量上限为 2048MB（确保设定的容量小于存储卡容量）。

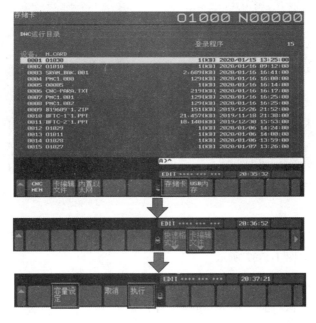

图 1-5-39　制作 .BIN 文件

步骤 2：导入程序文件

1）进入制作的 .BIN 目录，按下功能键"PROG"→"目录"→"操作"→"设备选择"，选择卡编辑文件，如图 1-5-40 所示。

2）按下"卡编辑文件"键，屏幕显示 .BIN 的使用情况，如图 1-5-41 所示。

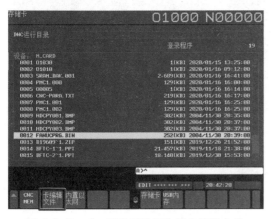
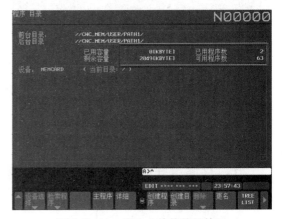

图 1-5-40　在 .BIN 目录下选择卡编辑文件　　　　图 1-5-41　.BIN 文件的使用情况

3）可在该目录中创建新程序，编辑程序内容，也可从 U 盘或数控装置内存复制程序到该目录中，即导入程序文件，也可以将该目录中的程序复制到数控装置或 U 盘中。

步骤3：程序的编辑和运行

1）进入制作的.BIN目录。

2）可编辑.BIN中的程序文件（同数控装置内存中通用的程序编辑方法，如图1-5-42所示）。

3）选择要执行的程序并将其设定为主程序，MEM方式可以直接启动执行程序，如图1-5-43所示。

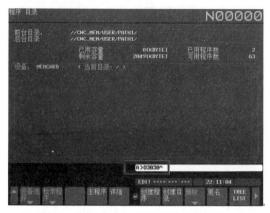

图1-5-42 编辑.BIN中的程序文件

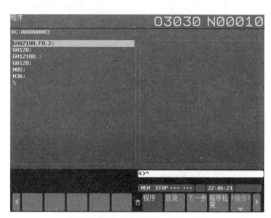

图1-5-43 运行程序文件

问题探究

1. 试运行程序时可使用哪些自动运行控制按键？

2. 在什么情况下使用进给暂停功能？

任务6 系统信息和诊断页面的查看

任务描述

通过数控系统信息和诊断页面以及报警履历页面的查看，了解数控系统信息显示页面的应用场景；在实际的维修过程中，通过查看信息显示页面和报警履历页面，能够区分出现的信息类型。

学前准备

1. 查阅资料了解数控系统信息类型。

2. 查阅资料了解数控系统信息和诊断页面的查看方式。

学习目标

1. 熟悉系统信息显示页面。

2. 熟悉系统报警查看方式和系统报警类型的区分方法。

3. 能够查看信息和诊断页面。

实训设备、工量具、耗材清单

序号	设备名称	规格型号	数量
1	数控铣床	具有 X/Y/Z 三轴数控机床，配置 FANUC 0i -MF Plus 数控系统、横配式 10.4in 显示单元	1 台
2	资料	数控机床安全指导书及操作说明书、FANUC 0i-F Plus 加工中心/车床系统通用操作说明书	1 套
3	清洁用品	棉纱布、毛刷	若干

任务学习

一、报警信息分类

在机床正常的运转过程中会出现报警，报警分为系统内部报警和系统外部报警。系统内部报警包含 OT 报警、SV 报警等，那么系统内部报警具体有哪些分类呢？

系统内部报警可分为 12 类。系统内部报警见表 1-6-1。

表 1-6-1　系统内部报警分类

报警类型	报警说明	报警类型	报警说明
PS 报警	与程序操作相关的报警	IO 报警	与存储器文件相关的报警
BG 报警	与后台编辑相关的报警	PW 报警	请求切断电源的报警
SR 报警	与通信相关的报警	SP 报警	与主轴相关的报警
SW 报警	参数写入状态下的报警	OH 报警	过热报警
SV 报警	伺服报警	IE 报警	与误动作防止功能相关的报警
OT 报警	与超程相关的报警	DS 报警	其他报警

系统外部报警是机床电气报警，是通过 PMC 程序检测出机床电路中的电器部件出现异常动作而发出的外部报警信息和外部操作警告信息。机床电气报警见表 1-6-2。

表 1-6-2　机床电气报警

报警号码	数控系统屏幕显示内容
EX1000～1999	报警信息 数控系统进入报警状态
No. 2000～2099	操作信息
No. 2100～2999	只显示操作信息内容，不显示信息号

二、报警信息页面

1）当机床出现系统内部报警和机床电气报警（EX1000～1999）时，数控系统的页面将跳转到报警页面，如图 1-6-1 所示。数控系统的状态显示栏上出现一直闪烁的 ALM 图标，此时机床处于报警状态，无法运行。

2）当机床出现机床电气报警（No. 2000～2999）时，数控系统的页面将跳转到操作信息页面,如图1-6-2所示。机床电气报警(No. 2000~2099)的信息页面上显示操作信息号和操作信息;机床电气报警(No. 2100~2999)的信息页面上显示操作信息,不显示信息号,此时机床可以正常运行。

3)按下数控系统MDI上的功能键"MESSAGE"后,系统页面中除了有报警和信息页面外,还有报警履历页面。报警履历页面显示系统内部报警和机床电气报警(EX1000~1999),有50个最新发生的报警内容被存储起来,并将报警发生时间、报警类别、报警号、报警信息等信息显示在页面中,如图1-6-3所示。机床设备维护人员通过查看报警履历页面来了解机床最新发生的报警内容。

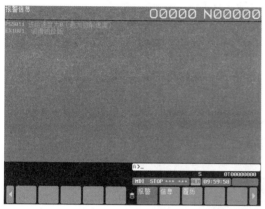

图1-6-1 报警页面

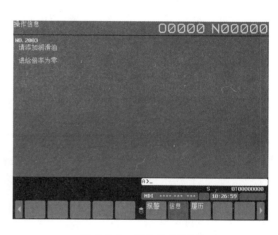

图1-6-2 操作信息页面

三、诊断页面

1)机床设备维护人员可以通过诊断页面来查看数控系统的状态和特性数据,也可以通过诊断页面的显示内容来分析故障原因,其中诊断号内容只能查看,无法修改,如图1-6-4所示。

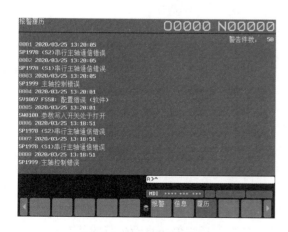

图1-6-3 报警履历页面

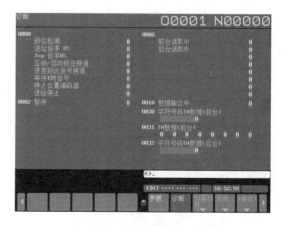

图1-6-4 诊断页面

2)诊断页面显示的内容可以在0i-F Plus维修说明书中查看。例如0号诊断,显示即使数控系统发出指令也没有反应的原因,具体如下:

诊断	0	CNC 的内部状态 1

[数据类型] 位型

名称	显示"1"时的内部状态
到位检测	到位检测中。
切削进给速率0%	进给速率为0%。
JOG进给速率0%	JOG进给速率为0%。
互锁/起动锁停	互锁/起动锁停启用。
等待速度到达信号	等待速度到达信号变为ON。
旋转1转信号	螺纹切削中等待主轴1转信号。
位置编码器停止	主轴每转进给中等待位置编码器的旋转。

四、数控系统状态显示

数控系统状态显示如图 1-6-5 所示，各部分含义如下：

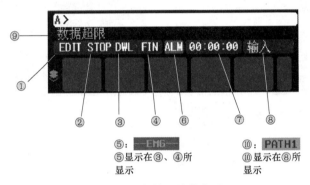

图 1-6-5　数控系统状态显示

① 当前的工作方式。

　　MDI：手动数据输入、MDI 运行。

　　MEM：自动运行（存储器运行）。

　　RMT：自动运行（DNC 运行）。

　　EDIT：存储器编辑。

　　HND：手动手轮进给。

　　JOG：JOG 进给。

　　INC：手动增量进给。

　　REF：手动参考点返回。

② 自动运行状态。

　　＊＊＊＊：复位状态（接通电源或终止程序的执行，自动运行完全结束的状态）。

　　STOP：自动运行停止状态（结束一个程序段的执行后，停止自动运行的状态）。

　　HOLD：自动运行暂停状态（中断一个程序段的执行后，停止自动运行的状态）。

　　STRT：自动运行启动状态（实际执行自动运行的状态）。

　　MSTR：手动数值指令启动状态（正在执行手动数值指令的状态）或者刀具回退和返

回启动状态（正在执行返回动作以及定位动作的状态）。

③ 轴移动中状态、暂停状态。

MTN：轴在移动中的状态。

DWL：处在暂停状态。

＊＊＊：非上述状态。

④ 正在执行辅助功能的状态。

FIN：正在执行辅助功能的状态（等待来自 PMC 的完成信号）。

＊＊＊：处在其他状态。

⑤ 紧急停止状态或复位状态。

--EMG--：处在紧急停止状态（反相闪烁显示）。

-RESET-：正在接收复位信号的状态。

⑥ 报警状态。

ALM：已发出报警的状态（反相闪烁显示）。

BAT：锂电池（CNC 后备电池）的电压下降（反相闪烁显示）。

APC：绝对脉冲编码器后备电池的电压下降（反相闪烁显示）。

FAN：FAN 转速下降（反相闪烁显示）。确认风扇监视页面，对检测出转速下降的风扇电动机实施更换。

LKG：检测出了绝缘劣化（反相闪烁显示）。确认绝缘劣化监视器页面，进行检测出绝缘劣化轴的检查。

PMC：PMC 报警发生中的状态（反相闪烁显示）。

任务实施

数控机床出现数控系统报警和外部电气报警信息时，分别查看报警页面、信息页面、报警履历页面和诊断页面，记录数控系统报警和外部电气报警信息。

步骤1：数控机床上电，按下功能键"MESSAGE"→"报警"，查看和记录报警内容，如图 1-6-6 所示。

步骤2：按下功能键"MESSAGE"→"信息"，查看和记录信息内容，如图 1-6-7 所示。

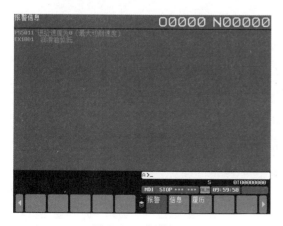

图 1-6-6　报警页面

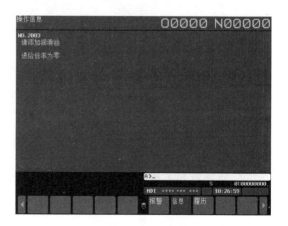

图 1-6-7　信息页面

步骤3：按下功能键"MESSAGE"-"履历"，查看报警履历页面内容，如图1-6-8所示，并把数控系统的伺服报警和主轴报警填进表1-6-3。

表1-6-3　实训设备报警记录表

报警号码	报警内容
SV1067	FSSB：配置错误（软件）
SP1978	串行主轴通信错误
SP1999	主轴控制错误

步骤4：按下功能键"SYSTEM"→"诊断"，查看诊断页面内容，如图1-6-9所示。

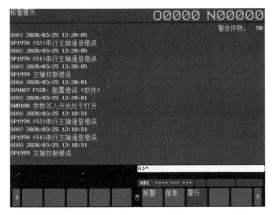

图1-6-8　报警履历页面

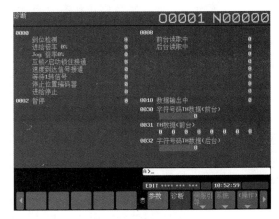

图1-6-9　诊断页面

问题探究

1. 数控系统的报警、信息和报警履历页面的区别是什么？
2. 如何查看数控系统的诊断页面？诊断号内容对设备维修有什么帮助？

任务7　系统基本参数的设定

任务描述

通过对系统参数类型、参数支援页面的学习，掌握参数设定支援页面的相关操作，了解参数支援页面的相关参数，能够完成参数支援页面中相关参数的修改与设定。

学前准备

1. 查阅资料了解系统参数及其类型。
2. 查阅资料了解参数支援页面中的参数内容。

学习目标

1. 了解系统参数的类型。

2. 能够完成参数支援页面参数的修改。

3. 能够完成参数支援页面参数的初始化。

实训设备、工量具、耗材清单

序号	设备名称	规格型号	数量
1	数控铣床	具有 X/Y/Z 三轴数控机床，配置 FANUC 0i -MF Plus 数控系统、横配式 10.4in 显示单元	1 台
2	资料	数控机床安全指导书及操作说明书、FANUC 0i-F Plus 加工中心/车床系统通用操作说明书	1 套
3	清洁用品	棉纱布、毛刷	若干

任务学习

数控系统的参数是指完成数控系统与机床各种功能的数值。参数是数控机床的重要组成部分，它直接参与整个机床的控制和运动。参数首先是数据，是数控系统最大限度控制机床运行状况的数值设定，CNC 通过参数控制整个机床系统的方方面面，比如机床机械系统、机床电气系统、伺服系统、检测反馈系统等。

一、参数的分类构成

参数根据其用途分为设定输入和参数输入两种输入类型。设定输入是指根据 NC 程序和加工用途进行设定的参数。参数输入是指针对每台机器进行调整、设定的参数。可以在参数页面中进行输入操作。

数控系统的参数按照数据类型可以分为 5 类，分别为位型参数、字节型参数、字型参数、双字型参数和实数型参数。各数据类型及其设定范围见表 1-7-1。

表 1-7-1 数控系统参数数据类型及其设定范围

数据类型	设定范围	备 注
位型参数	0 或 1	
字节型参数	−128 ~ 127 0 ~ 255	部分参数数据类型为无符号数据 可以设定的数据范围决定于各参数
字型参数	−32768 ~ 32767 0 ~ 65535	
双字型参数	0 ~ ±99999999	
实数型参数	小数点后带数据	

二、参数的修改方法

1. 参数保护解除

系统默认参数不允许修改，需要修改参数时可在 MDI 模式下，解除参数保护，如图 1-7-1 所示，修改"写参数"为"1"即可。

2. 参数修改

用 MDI 手动输入方式修改参数是数控系统维修最常采用的一种方法，不同参数的输入方法如图 1-7-2 所示。

"搜索号码"表示按参数号搜索参数。输入参数号后，按此对应软键搜索到该参数。

"ON：1"表示打开该参数对应功能，按下该软键直接输入数字 1。该方法只能用于输入位型参数。

"OFF：0"表示关闭该参数对应功能，按下该软键直接输入数字 0。该方法只能用于输入位型参数。

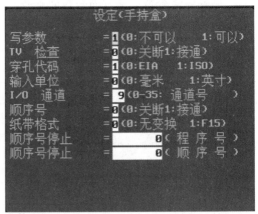

图 1-7-1　参数保护解除

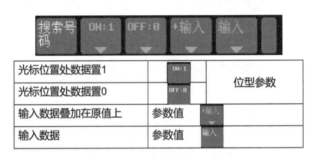

图 1-7-2　参数输入方法

"+输入"表示对参数值进行叠加输入。首先需要输入所要增加的值，按此对应软键自动计算。该方法不适用于输入位型参数，其他参数只要不超过设定范围均可输入。

"输入"表示所给定输入参数值，代替了 MDI 面板的输入键。该方法适用于所有参数的输入。

3. 参数修改的注意事项

1）修改参数前需要将参数保护解除，修改完成后应及时设置参数写保护。

2）某些参数在设定时可能发出报警"PW0000 必需关断电源"，这种情况下请重新上电。

三、参数类型

机床系统参数按其用途和性能可分为基本参数（控制数控系统运行状况）、伺服系统参数、主轴参数 3 大类。

1）基本参数有机床轴数、手轮有效等功能参数，还有系统单位、轴属性、位置、速度、显示与编辑等参数。

2）伺服参数包括伺服 FSSB（串行伺服总线）设定、伺服参数初始化、伺服调整设定（位置检测范围设定、伺服增益设定、加/减速设定）等参数。

3）主轴参数包括主轴基本参数、主轴参数初始化及设定等。

以上所列举的参数类别，在日常的参数设定中，可以通过 MDI 键盘上的"HELP"键，在帮助页面中获取。

四、参数设定支援页面

1. 进入参数设定支援页面

参数设定支援页面通过在机床起动时汇总需要进行最低限度设定的参数并予以显示，便于机床执行起动操作。通过简单显示伺服调整页面、主轴调整页面等，便于进行机床的调整。参数设定支援页面的参数带有注释和分类，便于查看，可以批量快捷设定相关参数。按下功能键"SYSTEM"→">"→"参数调整"，进入参数设定支援页面，如图 1-7-3 所示。

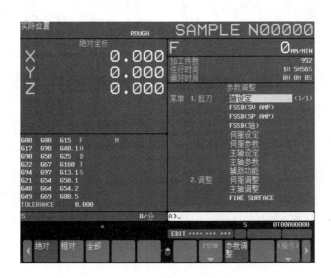

图 1-7-3　参数设定支援页面

参数设定支援页面中的各项内容见表 1-7-2。

表 1-7-2　参数设定支援页面中的各项内容

名称	内容
轴设定	设定轴、主轴、坐标、进给速度、加/减速参数等 CNC 参数
FSSB（AMP）	显示 FSSB 放大器设定页面
FSSB（轴）	显示 FSSB 轴设定页面
伺服设定	显示伺服设定页面
伺服参数	设定伺服电流控制、速度控制、位置控制、反向间隙加速等参数
主轴设定	显示主轴设定页面
辅助功能	设定 M 代码位数、伺服设定和主轴设定页面显示参数
伺服调整	显示伺服调整页面
主轴调整	显示主轴调整页面

2. 参数支援页面中的参数初始化

初始化表示将该项目中的所有参数设为标准值。初始化只可以执行如下项目：轴设定、伺服参数、辅助功能。也可以进入某个项目中针对个别参数进行初始化，如果该参数提供标准值，则该参数将会被变更，如图 1-7-4 所示。初始化操作步骤如下：

1）按"选择"键选择功能参数，进入黄色光标所标记位置，进入该项设定页面。

2）以轴设定显示项目为例，进入参数支援页面，如图 1-7-5 所示。

3）"搜索号码"表示按参数号搜索参数。输入参数号后，按此对应软键搜索到该参数。

4）"输入"表示所给定输入参数值，代替了 MDI 面板上的输入键。该方法适用于所有参数的输入。

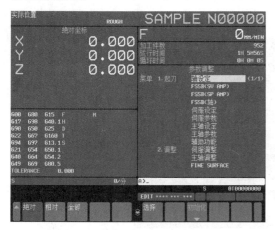
图 1-7-4　参数支援页面中的参数初始化

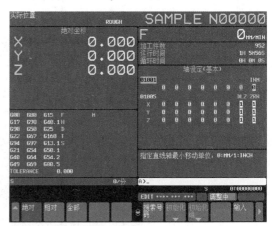
图 1-7-5　轴设定显示项目的页面

任务实施

借助帮助页面检索到 G00 快速移动速度参数进行设定操作。

在日常的参数设定中，可以通过 MDI 键盘上的"HELP"键，即帮助页面获取帮助。通过"HELP"键找到参数范围，再去参数页面找到对应参数。

步骤 1：在 MDI 面板上找到"HELP"键，如图 1-7-6 所示。

图 1-7-6　"HELP"键

步骤 2：按下"HELP"键，进入帮助页面，可以看到报警详述、操作方法以及参数表，如图 1-7-7 所示。

步骤 3：按下软键"参数"，进入帮助页面中的参数查询页面，如图 1-7-8 所示。

步骤 4：按下 MDI 面板上的上下翻页键，找到速度参数范围，发现速度参数范围是从1401 开始，如图 1-7-9 所示。

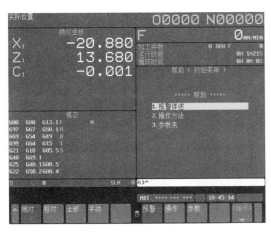

图 1-7-7　帮助页面

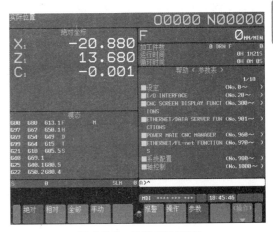

图 1-7-8　参数查询页面

步骤 5：按下功能键 "SYSTEM"→"参数"，进入参数页面，搜索参数。可从参数 1401 开始搜索查找，输入参数号 1401，按下 "搜索号码"，即显示参数 1401 页面，如图 1-7-10 所示。

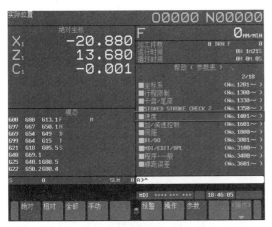

图 1-7-9　速度参数页面（一）

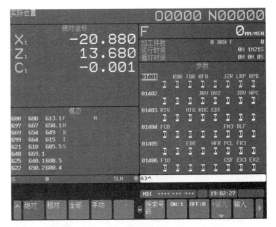

图 1-7-10　速度参数页面（二）

步骤 6：通过从参数 1401 开始判断哪一个参数为快速移动速度参数，最终找到参数 1420 为快速移动速度参数。

步骤 7：选择机床操作面板上的 MDI 方式，按下 "OFS/SET"→"设定"，将设定页面的 "写参数" 设定为 "1"。按下 "SYS-TEM" 回到参数页面，将光标移动到参数 1420 上，在 MDI 面板上输入 "3000."，按下 "输入" 键，参数设定完成，如图 1-7-11 所示。

步骤 8：参数设定结束后，将设定页面中的 "写参数" 重新设定为 "0"，以禁止

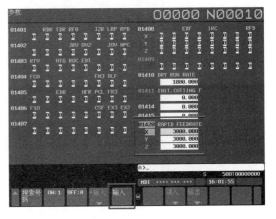

图 1-7-11　参数 1420 设定页面

设定参数。

问题探究

1. 如何利用参数页面设定各轴的软限位？
2. 帮助页面中除了提供参数设定帮助外，在进行机床维修时还能提供什么帮助？

项目小结

1. 每个人以思维导图的形式，罗列出数控机床对刀的操作步骤。
2. 每个人绘制一个加工零件轮廓图并编写零件的加工程序。
3. 分组，对系统信息页面的查看、系统参数类型与设定进行手抄报的形式呈现。
4. 分组讨论：结合课程内容，谈谈您对关于"深入实施人才强国战略"精神的理解。

项目2　数控机床的日常维护与保养

项目教学导航

教学目标	1. 了解数控机床外围设备的种类 2. 了解外围设备的维护保养方法和步骤 3. 掌握数控装置与伺服单元电池的更换方法 4. 掌握数控装置与伺服单元风扇的更换方法 5. 掌握设备维护保养记录表的填写方法
职业素养目标	1. 维护、保养好设备，防止设备事故 2. 劳保用品符合规定 3. 突破职业思维，具备创新精神 4. 理论与实践结合，提升职业能力 5. 具有较强专业知识和良好沟通能力
知识重点	1. 数控机床外围设备的维护 2. 数控装置与伺服单元电池的更换 3. 数控装置与伺服单元风扇的更换 4. 设备维护保养记录表的填写
知识难点	1. 数控装置与伺服单元电池的更换 2. 数控装置与伺服单元风扇的更换
拓展资源 2	改革开放，中国数控机床的发展
教学方法	线上+线下（理论+实操）相结合的混合式教学法
建议学时	10 学时
实训任务	任务 1　数控机床外围设备的维护保养 任务 2　数控装置与伺服单元电池的更换 任务 3　数控装置与伺服单元风扇的更换 任务 4　设备维护保养记录表的填写
项目学习任务 综合评价	详见课本后附录项目学习任务综合评价表，教师根据教学内容自行调整表格内容

项目引入

数控机床在现阶段工业中的应用非常普遍，其灵活、便利、生产率高等特性受到了很多企业的青睐。但数控机床不同于普通机床，其设备、元器件在生产中需要经常维护；在使用数控机床中也需要按一定规则进行保养，才能保证其正常的运作和生产。本项目介绍数控机床的日常维护与保养知识。

知识图谱

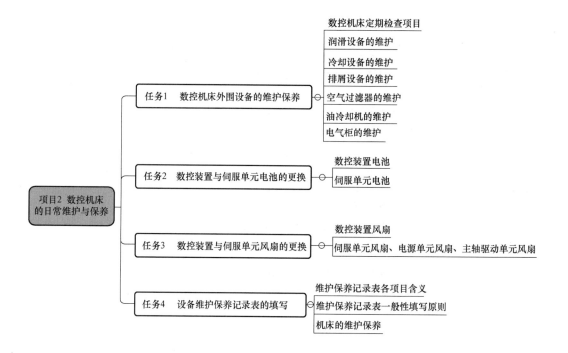

任务1　数控机床外围设备的维护保养

任务描述

了解数控机床外围设备的组成以及维护与保养的相关知识。结合现场情况对主要检查项目进行定期检查，能够处理润滑设备、冷却设备、排屑设备、空气过滤器、油冷却机和电气柜等相关设备的日常维护问题。

学前准备

1. 查阅资料了解数控机床的外围设备主要有哪些。
2. 查阅资料了解数控机床外围设备需要定期检查的项目有哪些。

学习目标

1. 了解数控机床主要的外围设备。

2. 熟悉数控机床外围设备典型保养项目，如检查润滑状况、更换切削液、清理空气过滤器等。

实训设备、工量具、耗材清单

序号	设备名称	规格型号	数量
1	数控铣床	具有 X/Y/Z 三轴数控机床，配置 FANUC 0i-MF Plus 数控系统、横配式 10.4in 显示单元	1 台
2	资料	数控机床安全指导书及操作说明书	1 套
3	润滑油	68 号润滑油	1 份
4	冷却油	10 号液压油	1 份
5	清洁剂	中性清洁剂	1 份
6	切削液	切削液	1 份
7	柴油	0 号柴油	1 份
8	工具	活动扳手、一字和十字螺钉旋具	各 1 把
9	记录表	设备维护保养记录表	1 份
10	清洁用品	棉纱布、毛刷	若干

任务学习

做好数控机床外围设备的日常维护与保养可延长平均无故障时间、增加机床的开动率，便于及早发现故障隐患，避免停机损失，保持数控设备的加工精度。

数控机床外围设备的日常维护与保养包含润滑状况检查、切削液更换、空气过滤器清理与电气柜维护等。

一、数控机床定期检查项目

1. 日常检查项目

（1）起动前的检查项目

1）检查油冷却机、切削液箱、润滑泵中的油液或切削液是否充足。

2）检查气动三联件油液面高度（大约为整个油杯高度的 2/3 即可），每天将气动三联件滤油罐内的水气由排水开关排出。

3）检查机床电源接合情况是否正常。

4）检查机床防护间的门是否关闭。

5）检查工件装夹是否牢固可靠。

（2）起动后的检查项目

1）检查各润滑点的润滑油供给是否正常，如有报警提示须及时处理。

2）检查机床的照明设备是否正常。

3）检查全部信号灯、报警灯是否正常。

4）检查油冷却机、气动三联件、润滑泵等指示表的数值是否在正常范围内。

5）检查主轴内锥孔空气吹气及主轴轴承气密封是否正常。

6）检查机床起动后是否有异常声音和异常现象。

7）检查主轴是否有振动或抖动的情况。

8）检查防护件及其他连接件是否有漏水或漏油现象。

9）开机后，必须先预热15~20min再加工，以保持加工精度的稳定。长期不用的机器应延长预热时间。

（3）每天作业结束时的检查项目

1）作业结束后，关机前先将工作台、滑座置于机器中央位置（移动3个轴至各轴行程中间位置），然后彻底清理机床，主要包括以下部分：

① 检查并清洁暴露在外的限位开关以及碰块。

② 检查并清除工作台、3个轴防护拉板上的切屑及油污。

2）清理完毕后必须关闭总电源开关。

3）检查显示器、机床控制面板、手轮等电子元器件表面是否残留有液态污渍。

2. 每月需检查的项目

1）检查3个轴机械原点是否偏移。

2）检查防护件及其他连接件是否有切削液渗漏等现象。

3）检查气管、油管及各管接头处是否有漏气、漏油情况。

4）检查润滑泵和油冷却机的滤油网是否需清理。

5）检查操纵箱、电气柜内是否有粉尘、油污等。

3. 每季需检查的项目

1）检查切削液是否已变质，是否需要更换；切削液箱内是否存在切屑、沉淀物等。

2）检查松刀装置是否需要补充油液（图2-1-1）。

4. 每年需检查的项目

1）检查气动三联件是否需要清洁或更换空气过滤器。

2）检查机床精度是否在公差允许范围内（参照机床合格证）。

3）检查各主要功能部件是否正常。

4）检查电缆、电线、管路是否有老化迹象，重点排查电子元件工作状态及各接点是否牢固。

5）检查主轴内部夹刀碟簧是否存在断裂情况。

加油处

图2-1-1 松刀装置油液情况示意图

6）检查主轴箱配重链条是否需要更换，当链条出现断裂或者增长量超过2%时，需同时更换两滑轮架上的链条。

7）检查主轴传动带的松紧程度。

二、润滑设备的维护

良好的润滑可以减少机械运动部件之间的损耗和摩擦。数控机床需保证导轨和丝杠的精度,润滑不足会导致导轨和丝杠磨损,甚至会损坏导轨和丝杠。图 2-1-2 和图 2-1-3 所示为数控机床润滑设备和 X 轴丝杠及导轨润滑点。需要定期检查导轨润滑油箱的油标和油量,及时添加润滑油;对于 X、Y、Z 轴方向的导轨面,要清除切屑及脏物,检查润滑油是否充分,导轨面有无划伤损坏。

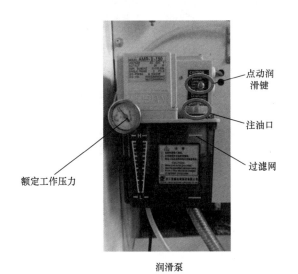

额定工作压力
点动润滑键
注油口
过滤网

润滑泵

分配装置

图 2-1-2 数控机床润滑设备

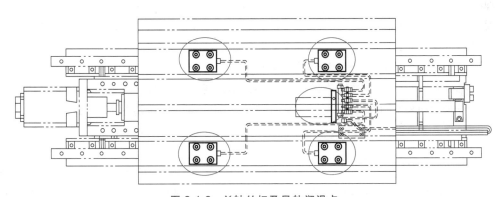

图 2-1-3 X 轴丝杠及导轨润滑点

注:4 处滑块润滑及 1 处丝杠润滑,Y 轴、Z 轴丝杠及导轨润滑点与 X 轴相似。

三、冷却设备的维护

在金属切削过程中,切削液不仅能带走大量切削热,降低切削区温度,而且具有润滑作用,能减少摩擦,从而降低切削力和切削热。因此,切削液能提高加工表面质量,保证加工精度,降低动力消耗,延长刀具寿命,提高生产率。通常要求切削液有冷却、润滑、清洗、防锈及防腐蚀等特点。切削液可选用精磨液或者乳化液，原液与水的使用比例按说明配制。

机床冷却系统通常由下列几部分组成（图 2-1-4）：

1）切削液泵。以一定的流量和压力向切削区供应切削液，多采用高速离心泵（叶轮泵）。安装立式泵的要求：泵底距水箱底面留 25mm 的距离；最低吸水位置在泵底以上 40mm 处。

2）切削液箱。沉淀用过的并储存待用的切削液。切削液箱要有足够的容积，能使已用过的切削液自然冷却。其有效容积一般为切削液泵每分钟输出切削液容积的 4~10 倍。

3）切削液装置。管道、喷嘴等，把切削液送到切削区。

对管道内径有具体的要求：一般根据通过管道的流量及流速来确定。

喷嘴采用可调塑料冷却管，嘴口形状可分为：圆形及扁嘴形，其口径有 1.5mm、2.5mm、3.5mm、6.5mm、8.5mm、10mm 等。根据喷嘴数量、口径大小及流量系数的乘积来确定所需切削液泵的流量。

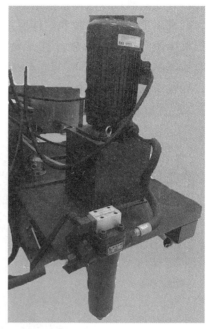

图 2-1-4　机床冷却系统

4）净化装置。清除切削液中的机械杂质，使供应到切削区的切削液保持清洁。多采用隔板或筛网来过滤杂质，普通切削液泵的通过精度不超过 2mm。对磨削加工或其他精加工，要求更高的过滤等级时，多采用纸质过滤器、磁性分离器和涡旋分离器等装置。

5）防护装置。防护罩等，防止切削液飞溅。要求防护罩安全可靠，且便于观察（采用有机玻璃）。

切削液需要每天检查，用试纸测试控制其 pH 值为 8.0~9.5，pH 值低于 7 时属于酸性，易腐蚀工件，pH 值高于 10 时属于强碱，易导致操作者皮肤过敏。应保持切削液箱内的切削液充足且清洁，如果切削液变浑浊，要及时清洗切削液箱，更换切削液。切削液箱清洗周期大约为 6 个月。

四、排屑设备的维护

排屑设备的作用是及时将切屑和切削液从工作台上清除。排屑设备主要有链板式排屑机、刮板式排屑机、螺旋式排屑机等形式，其造型与钣金、排屑机电动机的型号有关，如图 2-1-5所示。其中，链板式排屑机可处理各类切屑；刮板式排屑机是铜、铝、铸铁等碎屑清除的最适合机型，在处理磨削加工中的金属砂粒、磨粒，以及各种金属碎屑时效果比较好；螺旋式排屑机主要用于机械加工过程中所切割下来的金属、非金属材料的颗粒状、粉状、块状及卷状切屑的输送，可用于机床安放空间比较狭窄的地方。如果排屑设备有切屑卡死现象，需要及时清除切屑。

a) 链板式排屑机 　　　　 b) 刮板式排屑机 　　　　 c) 螺旋式排屑机

图 2-1-5　排屑设备

五、空气过滤器的维护

空气过滤器主要由调压、过滤干燥及润滑 3 部分组成（也称为气动三联件）。气动系统工作压力为 0.5 ~ 0.7MPa，通常调整到 0.6MPa，通过调压旋钮可以实现调压功能，如图 2-1-6 所示。收集瓶 1 负责过滤和收集冷凝水，收集瓶 2 负责装载润滑油，以油气的形式为执行部分提供润滑。为防止主轴气密封吹气把主轴轴承中的润滑油脂从轴承滚道中吹出，主轴气密封的工作压力为 0.1MPa。

空气过滤器的清理周期为 1 年。

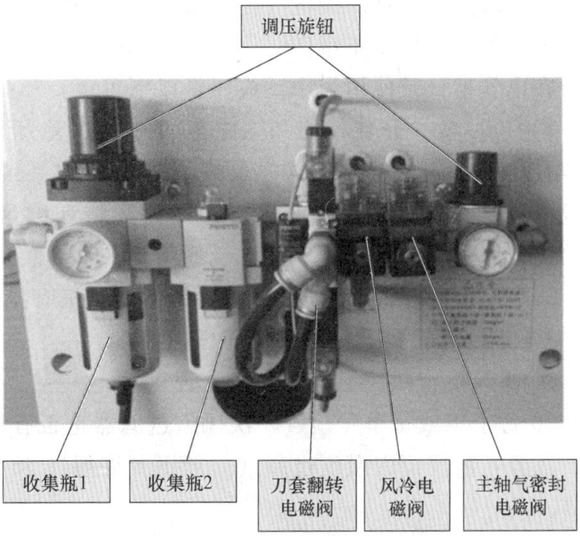

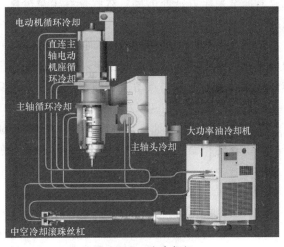

图 2-1-6　气动三联件结构示意图

六、油冷却机的维护

油冷却机是利用冷媒的蒸发吸热原理进行冷却工作的，如图 2-1-7 所示。油泵从机床油箱抽取油液至制冷系统中进行热交换，冷却后的液压油再经油冷却机出油管路回到机床油箱中。油冷却机具有如下功能：防止机床热变形，防止机床主轴中心发生偏移，防止油质的氧化蒸发；稳定油压，防止油振，提高机床的加工精度，提高机床设备的使用效率；延长机床设备、刀具及相关配件的使用寿命，保证油温在正常的工作范围内，减小机械动作的误差，减少设备的维修费用。

1）冷却油的更换。冷却油为 10 号液压油，更换周期为 3 个月。

2）冷凝器及空气过滤网的清洗。附着在冷凝器散热片及空气过滤网上的

图 2-1-7　油冷却机

灰尘污垢，会影响热交换效率，情况严重时可能导致油冷却机停机，故需定期对其进行清洗，清洗周期为一周一次。

七、电气柜的维护

数控机床电气柜设计时应使整个电气控制系统集中、紧凑，同时，在空间允许的条件下，应把发热元件，噪声、振动大的电气部件，尽量放在离其他元件较远的地方或隔离起来。对于多工位的大型设备，应考虑两地操作的方便性。电气柜的总电源开关、紧急停止控制开关应安放在方便而明显的位置。其总体配置设计得合理与否关系到电气控制系统的制造、装配质量，更将影响电气控制系统性能的实现及其工作的可靠性，以及操作、调试、维护等工作的方便性及质量。

在电气柜日常使用当中，应注意以下事项：

1）应尽量少开数控柜和强电柜的门。夏天为了使数控系统能满负荷长期工作，常打开数控柜的门来散热，但这样最终将导致数控系统的加速损坏。正确的方法是降低数控系统的外部环境温度。除非进行必要的调整和维修，否则不允许随意开启数控柜和强电柜的门。

2）一些已受外部尘埃、油雾污染的电路板和接插件，可采用专用电子清洁剂喷洗。

3）定时清扫数控柜的散热通风系统。

① 每天检查数控柜风扇工作是否正常。

② 每半年或每季度检查一次风道过滤器是否有堵塞现象。

注意：数控柜内温度过高（一般不允许超过55℃），会造成过热报警或数控系统工作不可靠。

任务实施

一、润滑设备的维护

步骤1：观察集中润滑泵内润滑油的使用速度。当发现润滑油消耗过快或者过慢时，首先查看润滑泵压力是否正常，然后查看定量分配装置及各润滑点是否出现漏油或者堵塞的情况。

步骤2：手动润滑。如机床长时间没有工作，润滑油膜可能会破裂。在这种情况下，滑动面可能会磨损。所以在机床长期未工作的情况下，必须预先润滑滑动面，可通过机床的操作面板或润滑泵上的"点动"按钮手动润滑，使润滑泵工作。

注意：按键时间在40s左右，最长不能超过2min，两次按键时间间隔不能小于2min。

步骤3：添加润滑油。集中润滑泵内应使用68号润滑油。添加润滑油前，把注油口盖子打开，首先检查注油口处过滤网是否完好。确认过滤网完好后，再顺着注油口添加润滑油。

注意事项：

1）润滑油必须清洁。

2）每两个月必须清洗一次储油盒，同时清洗或更换过滤筐和进油口处的滤油网。

3）首次安装调试或更换零部件后，应先排尽管路中的空气，保证每个润滑点都出油后，才能起动机床进行工作。

4）接通电源后不允许打开泵顶部的罩壳，以防止发生电击。

排除空气的步骤如下：

1）将管路末端的分配装置旋开。

2）按机床控制面板上的按钮起动润滑泵，以排除主管路中的空气。

3）主管路空气排除后，旋紧分配装置接头。

4）将支管路的接头取下。

5）按润滑泵按钮排除支管路中的空气。

6）空气排除后，锁紧接头。

二、冷却设备的维护

清洗切削液箱，更换切削液的方法如下。

步骤1：在更换切削液前，必须切断电源。

步骤2：卸掉切削液管路、切削液泵电源线等，将容器放在切削液箱的排液口下方，并拧下螺塞，用清水清洗切削液箱内部，如果切削液箱内污垢比较多，可以采用汽油、柴油等有机溶剂清洗。

步骤3：清洗完毕后，拧紧螺塞，添加新的切削液，注意切削液面不能超过限位孔高度。

步骤4：添加切削液时把切削液注入链式排屑器即可。如果切削液添加过量，可通过液位限位孔排除适量的切削液，如图 2-1-8 所示。

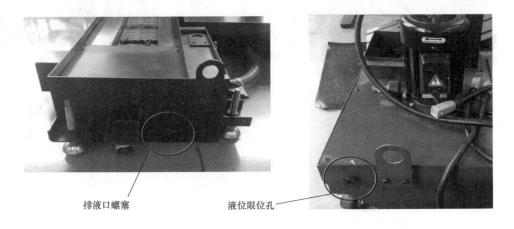

排液口螺塞　　　　　　　　液位限位孔

图 2-1-8　冷却设备的维护

三、排屑设备的维护

以链板式排屑器为例。如果排屑器有切屑卡死现象，可按以下步骤清除切屑，如图 2-1-9 所示。

步骤1：按电动机反转开关，将切屑清除。

步骤2：按电动机正转开关，排出切屑。

注意：电动机反转时间不能过长；在电动机反转的情况下，负载不能过大，以免电动机损坏。

四、空气过滤器的维护

具体操作步骤如下：

步骤 1：切断气源，如图 2-1-10 所示，将气动三联件的进气口一端（过滤器方向）气管取下。

步骤 2：旋转杯罩（左右旋转均可），取下过滤器的杯罩，再取下过滤器的滤芯。

步骤 3：如杯罩底部有污垢附着，可用中性洗洁剂冲洗杯罩，洗后用喷枪吹干。

步骤 4：取下的滤芯可以更换，更换周期为 2 年；如平时通过杯罩透明部分发现滤芯的颜色已经改变或变暗，需更换滤芯。

——电动机正反转开关

图 2-1-9 排屑器的维护

先向下压黑键，然后旋转过滤杯

滤芯

图 2-1-10 空气过滤器的维护

五、油冷却机的维护

（1）冷却油的更换 冷却油为 10 号液压油，更换周期为 3 个月。

步骤 1：切断电源。

步骤 2：准备 60L 的容器置于排油口下方。

步骤 3：打开排油口。

步骤 4：排出冷却油后再关闭排油口。

步骤 5：打开注油口，加入冷却油，再关闭注油口，如图 2-1-11 所示。

注意：禁止使用水、水溶性液体、煤油、汽油等以及会对油冷却机造成腐蚀的有机溶剂清洗油冷却机，可使用干净的主轴油或者专用的油冷却机清洗剂清洗。

（2）冷凝器及空气过滤网的清洗 附着在冷凝器散热片及空气过滤网上的灰尘污垢，会影响热交换效率，情况严重时可能导致油冷却机停机，故需定期清洗，清洗周期为一周一次。

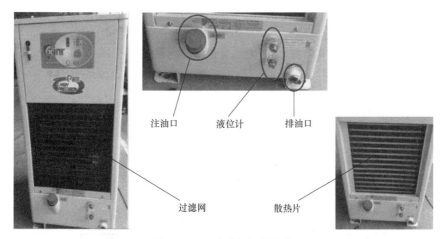

注油口　　液位计　　排油口

过滤网　　　　散热片

图 2-1-11　油冷却机的维护

步骤 1：切断电源。

步骤 2：拆下空气过滤网。

步骤 3：轻拍过滤网，并用空气喷枪将污垢吹除。若过滤网有油污不易清除，可使用中性清洗剂清洗，然后干燥。

步骤 4：使用毛刷或空气喷枪清理冷凝器散热片。

步骤 5：重新安装空气过滤网。

六、电气柜的维护

定期清扫电气柜（图 2-1-12）的散热通风系统，方法如下。

步骤 1：拧下螺钉，拆下空气过滤器。

步骤 2：在轻轻振动过滤器的同时，用压缩空气由里向外吹走空气过滤器内的灰尘。

步骤 3：空气过滤器太脏时，可用中性清洁剂（清洁剂和水的配比为 5∶95）冲洗（但不可揉擦），然后置于阴凉处晾干即可。

图 2-1-12　电气柜

问题探究

1. 在数控机床外围设备日常维护与保养中有哪些注意事项？

2. 数控机床外围设备的检查周期各是多长？

任务 2　数控装置与伺服单元电池的更换

任务描述

了解数控装置电池、伺服单元电池规格的相关知识，熟悉数控装置电池、伺服单元电池的报警信息，能够对数控装置电池、伺服单元电池进行更换。

学前准备

1. 查阅资料了解数控装置电池、伺服单元电池的规格主要有哪些。
2. 查阅资料了解数控装置电池、伺服单元电池常见的报警信息有哪些。

学习目标

1. 了解数控装置电池、伺服单元电池的规格。
2. 熟悉数控装置电池、伺服单元电池的报警信息。
3. 掌握数控装置电池、伺服单元电池的更换方法。

实训设备、工量具、耗材清单

序号	设备名称	规格型号	数量
1	数控铣床	具有 X/Y/Z 三轴数控机床，配置 FANUC 0i -MF Plus 数控系统、横配式 10.4in 显示单元	1 台
2	资料	数控机床安全指导书及操作说明书、0i-F Plus 维修说明书	1 套
3	万用表	数字万用表，精度三位半以上	1 台
4	电池	FANUC 0i-F Plus 数控装置电池	1 只
5	电池	FANUC 0i-F Plus 伺服单元电池	1 只
6	清洁用品	棉纱布、毛刷	若干

任务学习

一、数控装置电池

系统参数和刀具偏置等数据都存储在数控装置的 SRAM（静态随机存取存储器）中，SRAM 由安装在数控装置上的锂电池供电，因此即使主电源断开，数据也不会丢失。通常机床制造商在机床发货之前会安装电池。

当电池的电压下降时，在数控装置显示器页面上会闪烁显示警告信息"BAT"，如图 2-2-1 所示，同时向 PMC 输出电池报警信号。出现报警信号显示后，应尽快更换电池。

如果电池的电压进一步下降，将不能对 SRAM 供电，出现这种情况时必须接通数控装置的外部电源，否则会导致存储器中已保存数据的丢失，系统警报器将发出报警。

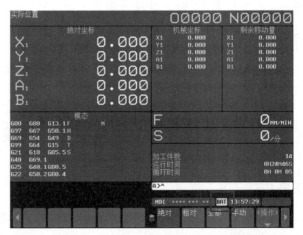

图 2-2-1 数控装置电池"BAT"报警

更换电池后，需要清除存储器的全部内容，然后重新输入数据。因此，不管是否出现电池报警，建议用户每年定期更换一次电池。

有两类电池可供使用：

1）安装在数控装置内的锂电池，如图 2-2-2 所示。该锂电池的规格号是 A02B-0323-K102。

2）外设电池盒，使用市面上出售的碱性干电池（通常为一号干电池）。

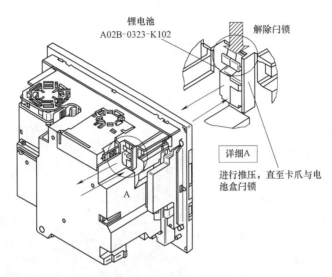

图 2-2-2　数控装置内的锂电池

二、伺服单元电池

伺服单元中安装的电池用于给伺服电动机绝对脉冲编码器供电，保证编码器的正常工作以及各轴机械位置坐标的存储。它主要安装在伺服单元上，有两种安装方式，一种是由单个电池向多个伺服单元供电的方法，电池的规格号是 A06B-6050-K061，如图 2-2-3 所示；另一种是直接将内置电池装在各个伺服单元上，电池的规格号是 A06B-6114-K504，如图 2-2-4 所示。

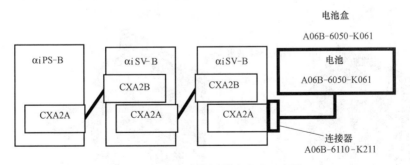

图 2-2-3　单电池电源供电方式示意图

当伺服电动机绝对脉冲编码器电池处于低电压状态时，在数控装置显示器页面上会闪烁显示警告信息 "APC"，并发生 DS307（电池电压降低）报警，如图 2-2-5 所示，此时需要及时更换电

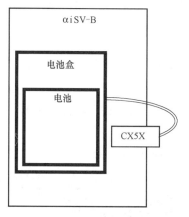

图 2-2-4　内置电池电源供电方式示意图

池，否则会造成机床零点丢失。

　　如果没有及时更换伺服电动机绝对脉冲编码器电池，数控装置将发生 DS300（回零请求）报警，此时需要进行回零操作，所以在日常的维修工作中需要定期进行检测维护，当发现电池电压低时需及时更换。建议用户每年定期更换一次电池。

任务实施

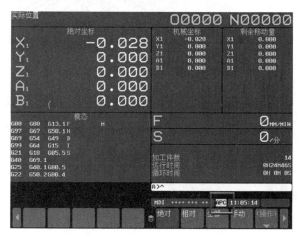

图 2-2-5　绝对脉冲编码器电池"APC"报警

一、更换数控装置电池

　　当数控装置显示器页面上出现"BAT"闪烁警告信息时，应尽快更换电池。有两种电池更换方法：

　　1）安装在数控装置内的锂电池的更换方法（图 2-2-6）。

　　步骤 1：数控机床上电，确认电池没电报警，接通数控装置电源大约 30s 后，断开电源。

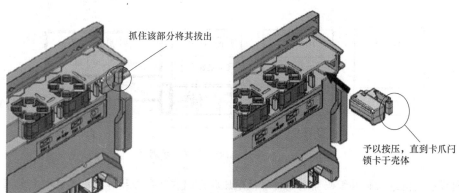

图 2-2-6　数控装置内锂电池的更换

步骤2：拉出数控装置背面右上方的电池单元。

步骤3：安装上准备好的相同规格型号的新电池单元，确认闩锁已经卡住。

步骤4：数控机床上电，确认电池报警消除。

2）对于外设电池盒，使用碱性干电池（一号电池），其更换方法（图2-2-7）如下。

步骤1：接通数控装置的电源。

步骤2：取下电池盒的盖子。

步骤3：更换电池（要注意电池的极性）。

步骤4：安装电池盒的盖子。

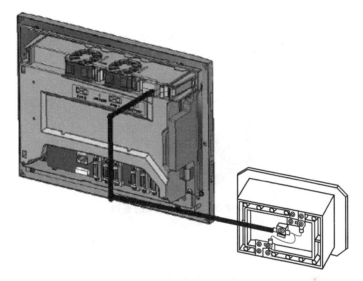

图 2-2-7　外设电池的更换

二、更换伺服单元电池

更换电池时，为了防止触电，请勿触摸强电盘内的金属部分。在伺服单元内部使用了大容量的电解电容，切断电源后仍会处于短时间充电状态，因维护等目的触摸伺服单元时，应用万用表测量直流母线部残留电压以及确认充电中显示用 LED（红）灯熄灭，以确保安全。

1）伺服单元的内置电池需要在接通机械电源的状态下更换，以免绝对脉冲编码器的绝对位置信息丢失。其更换步骤如下。

步骤1：数控机床上电，确认电池没电报警，确认已经接通伺服放大器的电源。

步骤2：确认机床已处在紧急停止状态（电动机处在非励磁状态）。

步骤3：确认用于伺服单元的 DC 链路充电 LED 灯已经熄灭。

步骤4：取下旧电池，安装上相同规格型号的新电池和电池盒，如图2-2-8所示。

步骤5：按下"RESET"复位键，确认电池报警消除。

2）分离式电池的更换步骤。

步骤1：拧松电池盒的螺钉，拆下盖子。

步骤2：拆下电池盒内的旧电池，安装新的4节干电池（注意极性）。

步骤3：安装电池盒的盖子，如图2-2-9所示。

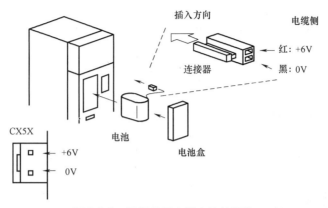

图 2-2-8　伺服单元内置电池的更换

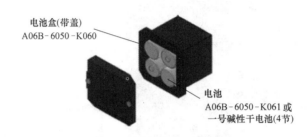

图 2-2-9　分离式电池的更换

问题探究

1. 简述数控装置电池和伺服单元电池的功能。
2. 简述数控装置内电池和伺服单元内置电池的更换步骤。
3. 数控装置电池和伺服单元电池的供电电压分别是多少伏？最低供电电压是多少伏？

任务3　数控装置与伺服单元风扇的更换

任务描述

　　了解数控装置风扇、伺服单元风扇和电气柜风扇的有关规格和功能，熟悉风扇的安装位置和连接方式，当设备出现风扇报警时能够独立完成冷却风扇的维护和更换。

学前准备

1. 查阅资料了解设备风扇的作用和类型。
2. 查阅资料了解设备硬件中各风扇的类型以及如何进行维护保养。
3. 查阅资料整理设备风扇的维护保养规则。

学习目标

1. 了解数控装置风扇的规格和功能。

2．了解伺服单元风扇的规格和功能。

3．能够更换数控装置风扇。

4．能够更换伺服单元风扇。

实训设备、工量具、耗材清单

序号	设备名称	规格型号	数量
1	数控铣床	具有 X/Y/Z 三轴数控机床，配置 FANUC 0i -MF Plus 数控系统、横配式 10.4in 显示单元	1 台
2	资料	数控机床安全指导书及操作说明书、FANUC 0i-F Plus 维修说明书	1 套
3	万用表	数字万用表，精度三位半以上	1 台
4	工具	十字螺钉旋具	1 把
5	风扇	FANUC 0i-F Plus 数控装置风扇	1 只
6	风扇	FANUC 0i-F Plus 伺服单元内部与外部风扇	各 1 只
7	清洁用品	棉纱布、毛刷	若干

任务学习

一、数控装置风扇

数控装置风扇用于系统散热。由于粉尘、油污等因素易造成风扇机械堵转，如果长时间堵转会造成风扇烧毁，因此需要定期进行风扇的保养和清洁。数控装置风扇安装示意图如图 2-3-1 所示，其风扇规格见表 2-3-1。

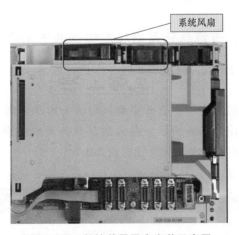

图 2-3-1　数控装置风扇安装示意图

表 2-3-1　数控装置风扇规格（显示器一体型控制单元）

安装单元	规格
不带选项插槽的单元	A02B-0323-K120
带两个选项插槽的单元	A02B-0323-K125

当检测到风扇电动机的转速下降时，数控装置显示器页面上将闪烁显示"FAN"报警，如图 2-3-2 所示。当风扇报警出现后，设备重新上电过程中将出现"FAN MOTOR STOP AND SHUTDOWN"报警提示，将无法进入正常系统页面。

在检测出风扇电动机停止等异常的情况下，通过过热报警和系统报警，设备的动作将会停止，所以在显示有"FAN"警告时，应尽快更换风扇电动机。

0i-F Plus 系统新增加了风扇监视功能，在风扇监视页面上能直观地监测数控装置风扇、电源单元风扇、主轴驱动单元风扇和伺服单元风扇的运行状况。如图 2-3-3 所示，■:正常表示风扇正常旋转，■:需更换表示风扇发生异常或快到使用寿命，所以从图中可以看出数控装置的风扇 1、电源单元的内部风扇与外部风扇均出现了异常情况，需要及时更换。其他风扇处于正常情况。

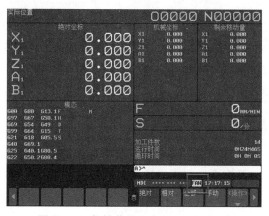

图 2-3-2 数控装置风扇"FAN"报警

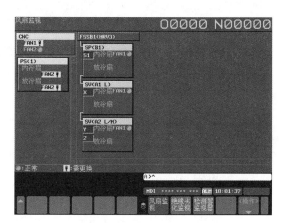

图 2-3-3 风扇监视页面

二、伺服单元风扇、电源单元风扇与主轴驱动单元风扇

伺服单元风扇的主要功能是为伺服单元内外部进行散热，但当风扇出现堵转或故障时，系统会发生报警。

以 αi-B 系列伺服单元风扇为例，αi-B 系列风扇分为内冷风扇（给电路板散热）和外冷风扇（给散热器散热），如图 2-3-4 所示。各风扇都具备风扇检测功能，当伺服单元检测到风扇不转时，会有相应的报警出现，报警号见表 2-3-2。

表 2-3-2 伺服单元风扇、电源单元风扇、主轴驱动单元风扇报警号及其含义

名称	报警号	LED 显示	报警内容
伺服单元风扇	SV444	"1"	内部冷却风扇停止
	SV601	"F"	散热器冷却风扇停止
电源单元风扇	SV443	"2"	内部冷却风扇停止
	SV606	"10"	散热器冷却风扇停止
主轴驱动单元风扇	SP9056	"56"	内部冷却风扇停止
	SP9088	"88"	散热器冷却风扇停止

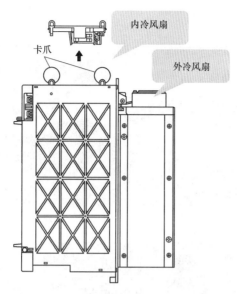

图 2-3-4　伺服单元风扇安装示意图

　　伺服单元风扇、电源单元风扇、主轴驱动单元风扇须定期检查和清扫，确认无异常振动和异常声音，风扇正常旋转，未附着尘埃、油污。

　　散热器、风扇电动机上有污垢时，半导体的性能会降低，导致其可靠性降低，因此应定期对其实施清扫。利用吹气进行清扫时，应注意避免尘埃的散落。如果导电性的尘埃附着在放大器和外围设备上，则可能导致其故障。清扫散热器时，应断开电源，并确认散热器的温度冷却至室温后再进行清扫。运转中及刚断开电源时，散热器的温度非常高，可能导致烫伤，因此触摸散热装置时务必注意。

任务实施

一、更换数控装置风扇

　　步骤1：数控机床上电，确认数控装置风扇报警，检查风扇是否停止。

　　步骤2：切断数控机床（数控装置）的电源。

　　步骤3：拉出要更换的风扇电动机（抓住风扇单元的闩锁部分，一边拆除壳体上附带的卡爪一边将其向上拉出），如图 2-3-5 所示。

　　步骤4：安装相同规格型号的新风扇电动机。安装完后，确认风扇电动机的卡爪与壳体闩锁卡在一起。

　　步骤5：数控机床上电，确认风扇报警消除。

二、更换伺服单元内部与外部风扇

　　更换伺服单元内部与外部风扇前，务必确认直流母线放电结束（LED 灯熄灭），如图 2-3-6 所示。

　　步骤1：数控机床上电，按下"MESSAGE"键，查看屏幕显示器的风扇报警号和伺服

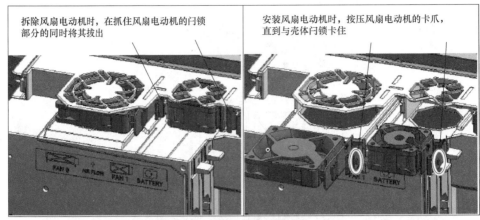

拆除风扇电动机时，在抓住风扇电动机的闪锁部分的同时将其拔出

安装风扇电动机时，按压风扇电动机的卡爪，直到与壳体闪锁卡住

图 2-3-5　数控装置风扇的更换

图 2-3-6　伺服单元直流母线放电结束（LED 灯熄灭）

单元 LED 显示内容，按下"SYSTEM"→">"→"维护监视器"→"风扇监视"键，通过风扇监视页面的显示确认伺服单元的故障风扇。

步骤 2：数控机床断电，抓住内部冷却风扇单元的两个抓手向上将其抽出，内部冷却风扇单元拆卸完成。

步骤 3：解除直流母线接线板盖板的开闭锁定，打开直流母线接线板盖板，确认直流母线放电结束（LED 灯熄灭），拆下直流母线短路棒。

步骤 4：从直流母线接线板旁边的开口部插入螺钉旋具，松开散热器冷却风扇单元下侧的螺钉。

步骤 5：松开散热器冷却风扇单元上侧的螺钉。

步骤 6：将散热器冷却风扇单元向前抽出，散热器冷却风扇单元拆卸完成。

步骤 7：安装时，按照与上述相反的步骤进行。

步骤 8：数控机床上电，确认风扇报警消除。

补充：更换风扇电动机时，应在主电源及控制电源（DC24V）断开的状态下进行。

安装内冷风扇单元时，有时连接器嵌合位置偏离，难以安装。此时，应一边将内冷风扇单元的内侧凸出部分向左按压一边安装。

　　伺服单元风扇的更换步骤如图 2-3-7 所示。

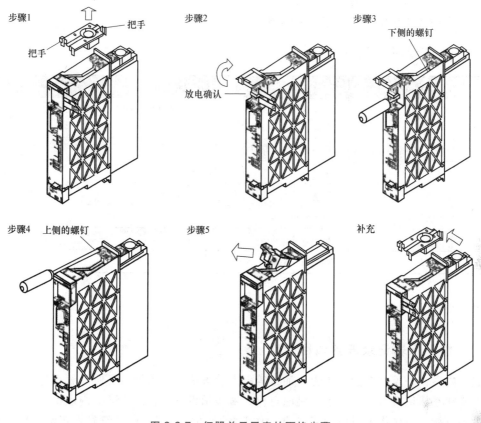

图 2-3-7 伺服单元风扇的更换步骤

问题探究

　　1. 数控装置的风扇种类有哪些？简述数控装置风扇的更换步骤及方法。

　　2. 列举伺服单元风扇的类型，简述伺服单元风扇的更换注意事项。

任务4 设备维护保养记录表的填写

任务描述

　　了解维护保养记录表各项目含义、数控机床日常检查的项目内容，掌握维护保养记录表一般性填写原则，包括数控机床外围设备、数控装置、伺服单元电池和风扇维护保养记录的填写。

学前准备

　　1. 查询资料了解数控机床日常检查的项目都有哪些。

　　2. 举例说明维护保养记录表一般性填写原则是什么。

学习目标

1. 了解数控机床日常检查的项目内容。
2. 掌握数控机床维护保养记录表的填写方法。

实训设备、工量具、耗材清单

序号	设备名称	规格型号	数量
1	数控铣床	具有 X/Y/Z 三轴数控机床，配置 FANUC 0i -MF Plus 数控系统、横配式 10.4in 显示单元	1 台
2	资料	数控机床安全指导书及操作说明书	1 套
3	工具	活动扳手、一字、十字螺钉旋具	各 1 把
4	万用表	数字万用表，精度三位半以上	1 台
5	保养表	机床维护保养表	1 份
6	点检表	机床日常点检表	1 份
7	清洁用品	棉纱布、毛刷	若干

任务学习

一、维护保养记录表各项目含义

点检内容：外观、功能、压力、油量等；点检方法包括目视、耳听、触摸等。

点检状态标记符号：○表示开机前点检，●表示设备开机后 15min 内点检。

设备点检时由操作者对应《设备点检作业指导书》填写。记录符号：正常：√；异常：×；修复后：○。要求量化的点检项目记录数据。

二、维护保养记录表一般性填写原则

1）操作员负责做好每日上岗前的设备点检工作，确保做到不带故障运行。

2）发现机床存在故障及时向上级上报，并如实反映情况；协助机床维修人员进行维修。

3）督促设备维修人员及时对故障机床进行维修，并保证排除故障后才能进行正常生产。

三、机床的维护保养

通过擦拭、清扫、润滑、调整等一般方法对机床进行护理，以维持和保护机床的性能和技术状况，称为机床维护保养。机床的维护保养内容一般包括日常维护、定期维护、定期检查和精度检查。机床的日常维护是机床维护的基础工作，必须做到制度化和规范化。对机床的定期维护工作要制定工作定额和物资消耗定额，并按定额进行考核。机床定期检查是一种有计划的预防性检查，检查的手段除人的感官以外，还要有一定的检查工具和仪器，按定期检查卡执行，定期检查又称为定期点检。对机床还应进行精度检查，以确定机床实际精度的优劣程度。机床维护应按维护规程进行。机床维护规程是对设备日常维护方面的要求和规定。坚持执行机床维护规程，可以延长机床使用寿命，保证安全、舒适的工作环境。机床操

作人员应掌握关于设备的"两好""四会"。"两好"就是管好、用好设备;"四会"即会使用、会保养、会检查、会排除一般性故障。

1)在每天交班时两班操作员需要按照《机床保养记录表》对机床进行点检,发现有消耗零件需要更换的,要及时领取,并协助进行更换,确保生产正常进行。

2)接班人员在每天正式生产前需要对数控机床进行清洁,做到操作台清洁,保持外观清洁。

3)在每天设备使用结束后,交班人员应对机床进行清洁,做到干净明亮可见本色;清洁操作台面,将所用的工具整理归位,使机床处于初始状态,并填写《机床保养记录表》。

4)在机床运行过程中,操作者严禁擅自离开岗位。如遇吃饭时间,应先结束当前运行,再去吃饭。如因检查工件等原因确需离开,必须将工作移交他人,以保证安全。

5)进行机床维修时,操作者应积极配合;维修结束后,操作者必须立即进行空运行并检查设备各部分安装是否正确,然后进行首检。不得以任何理由推迟或不进行空运行而直接进行生产。机床维修完毕应由维修人填写《机床维修确认单》,并由操作人员和该部门主管签字确认。

6)操作者不得擅自更改数控机床参数、程序和设置密码。

7)当机床发生较大的故障,操作者不能自行处理时,应立即向维修人员反映,尽量提供准确的故障信息,如哪一台设备、什么原因未执行、故障报警内容、故障现象描述等,并保护现场,以便合理安排维修人员和进行故障原因分析。

8)当班的操作者为该设备的第一责任人,必须在《机床保养记录表》上签名,机床管理员将按照机床维护保养人定人定机进行检查。第一责任人严禁擅自将机床交给他人操作。

任务实施

步骤1:对照机床维护保养表进行日常检查维护。机床维护保养表见表2-4-1。

表2-4-1 机床维护保养表

保养项目	工作内容	说明
起动前、起动后、每日作业结束时		
起动前检查项目	检查油冷却机、切削液箱、润滑泵	油冷却机、切削液箱、润滑泵中的油液或切削液是否充足
	检查机床电源接合情况	机床电源接合情况是否正常
	检查机床周围	机床周围是否保持良好的照明条件,环境是否整洁,排除机床周围障碍物
	检查刀具	刀具在机床主轴上是否松动
	检查机床防护门	机床防护间的门是否关闭
	检查安全装置位置及作用	安全装置位置及作用是否正常
	检查工件装夹	工件装夹是否牢固可靠
	检查显示器、机床控制面板、手轮等电子元器件	显示器、机床控制面板、手轮等电子元器件表面是否残留液态污渍;器件是否有破损、丢失现象

（续）

保养项目	工作内容	说明
起动前、起动后、每日作业结束时		
起动后检查项目	检查各润滑点的润滑情况	各润滑点的润滑油供给是否正常，如有报警提示须及时处理
	检查机床的照明	机床的照明设备是否正常
	检查油冷却机、切削液箱、气动三联件、润滑泵	油冷却机、切削液箱、气动三联件、润滑泵等指示表的数值是否在正常范围内
	检查机床起动声音和状况	机床起动后是否有异常声音和异常现象
	检查主轴	主轴是否有振动或抖动的情况
	检查管路	各管路是否有破损
	检查防护间及其他连接件	防护间及其他连接件是否有漏水或漏油现象
	检查实际加工精度	实际加工精度是否在公差范围内
每日作业结束时检查项目	关闭总电源	作业结束后，必须关闭总电源开关
	清洁机床	作业结束后，必须彻底清理机床
	检查移动部件供油情况	作业结束后，移动部件供油不充分时，应立即补充润滑油，润滑油发生变质时应立即更换
	每天检查润滑泵的油量	润滑泵的油量是否充足
每周、月、季、年需检查项目		
每周需检查项目	检查切削液箱、润滑泵	切削液箱、润滑泵油液供给量是否充足
	检查滑动表面润滑油	各个滑动表面润滑油的供给情况是否正常
	检查气动三联件	气动三联件的空气过滤器水分是否清理
	检查操纵箱和电气柜	操纵箱、电气柜内是否有粉尘、油污等
每月需检查项目	检查松刀装置油量	松刀装置内的油量是否充足
	检查气源和电压的供给	气源和电压的供给是否正常
	检查防护间及其他连接件	防护间及其他连接件是否有切削液渗漏等现象
	检查润滑泵的低位发讯器	润滑泵的低位发讯器是否有报警
	检查润滑泵和油冷却机的滤油网	润滑泵和油冷却机的滤油网是否需清理
	检查油冷却机的过滤网	油冷却机的过滤网是否清洁
每季需检查项目	检查切削液	切削液是否已变质，是否需要更换
	检查润滑面	各润滑面是否有锈蚀或润滑不良的情况
	检查气管、油管及各管接头处	气管、油管及各管接头处是否有漏气、漏油情况
	检查气动三联件中的空气过滤器	气动三联件中的空气过滤器两端是否存在压差，若压差大于 0.1MPa，应更换滤芯
每年需检查项目	检查空气过滤器	是否需要清洁或更换空气过滤器
	检查切削液箱	切削液箱内是否存在切屑、沉淀物等
	检查机床精度	机床精度是否在公差允许范围内（参照机床合格证）
	检查各主要功能部件	各主要功能部件是否正常
	检查电缆、电线、管路	电缆、电线、管路是否有老化迹象，重点排查电子元件工作状态及各处接点是否牢固

步骤2：按照机床点检作业指导书填写设备日常点检表。机床点检作业指导书见表2-4-2，设备日常点检表见表2-4-3。

表2-4-2 机床点检作业指导书

机床点检作业指导书 | 版本号 | 设备名称/型号 文件编号

点检部位简图	点检项目	点检部位	图号	点检内容	点检方法	点检要求	点检记录	点检状态
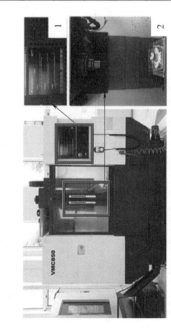	控制系统	操作面板	1	外观	目视	操作面板各按键、手轮等完好	符号	○
	工作部分	主轴	2	功能	目视 耳听	主轴运转正常，无异响	符号	●
	气压部分	空气过滤器	3	压力	目视	压缩空气压力调整到0.6MPa	符号	●
	润滑系统	润滑站油箱	4	油量	目视	润滑站油箱内液位在油标刻度最高与最低范围间内	符号	○
	液压系统	液压站	5	功能	目视	液压站油箱内液位在油标刻度 H～L 范围内	符号	○
	机床附件	排屑器	6	功能	目视	排屑器运转正常，无卡滞无异响，排屑刮板无卷屑	符号	●
	冷却系统	切削液储液箱	7	液位	目视	切削液储箱内液位在刻度 H～L 范围内；检查冷却油的清洁度，如果冷却油不清洁，则更换	符号	○
	电气柜	数控装置、伺服单元与电气柜风扇	8	散热通风系统	目视	检查系统有"FAN"报警信息；检查电气柜过滤网；检查散热装置和风扇电动机	符号	○
		数控装置、伺服单元、电池	8	电池	目视	检查系统有"BAT"报警信息；检查上次电池更换时间	符号	●

点检状态标记符号：○开机前点检，●设备开机后点检 15min 点检。

注：1. 带电或旋转部位必须断电，停机后进行清扫、清洁。
2. 操作面板和显示器必须用干净纸巾进行擦拭。
3. 每班操作者进岗后根据《机床点检作业指导书》进行点检，点检结果对应填入《设备日常点检表》。

编制：　审核：　批准：　日期：

表 2-4-3　设备日常点检表

设备日常点检表

班组名称：　　　　设备名称：　　　　设备型号：　　　　设备编号：　　　　版本号：

日期：20＿＿年＿＿月

序号	点检内容	班次	1	2	3	4	5	6	7	8	9	10	11	12	13	14	15	16	17	18	19	20	21	22	23	24	25	26	27	28	29	30	31
1	操作面板各按键、手轮等完好	早																																
		中																																
		晚																																
2	主轴运转正常，无异响	早																																
		中																																
		晚																																
3	压缩空气压力调整到0.6MPa	早																																
		中																																
		晚																																
4	润滑站油箱内液位在油标刻度最高与最低范围内	早																																
		中																																
		晚																																
5	排屑器运转正常，无卡滞，无异响，排屑刮板无卷屑	早																																
		中																																
		晚																																
6	液压站油箱内液位在油标刻度H～L范围内	早																																
		中																																
		晚																																
7	切削液箱内液位在刻度H～L范围内；检查冷却油的清洁程度	早																																
		中																																
		晚																																
8	检查数控装置、伺服单元与电气柜风扇有无"FAN"报警信息	早																																
		中																																
		晚																																
9	检查数控装置、伺服单元有无电池系统有无"BAT"报警信息	早																																
		中																																
		晚																																
	操作者签字确认	早																																
		中																																
		晚																																

注：设备点检时由操作者对应《设备点检作业指导书》填写。记录符号：正常√；异常×；修复后○。要求量化的点检项目记录数据。

设备点检记录	1	3
异常记录	2	4

点检问题处理建议：

问题探究

1. 回顾前面所述内容，简述数控机床外围设备、数控装置、伺服单元电池和风扇维护的步骤及方法。

2. 参考表 2-4-2 和表 2-4-3，设计本部门数控机床的维护保养记录单。

项目小结

1. 每个人以思维导图的形式，罗列出数控机床外围设备维护保养项目。

2. 分组对数控装置与伺服单元电池的更换步骤进行手抄报形式的呈现。

3. 分组对数控装置与伺服单元风扇的更换步骤进行手抄报形式的呈现。

4. 分组讨论：结合课程内容，谈谈您对关于"推进新型工业化，加快建设制造强国、质量强国、航天强国、交通强国、网络强国、数字中国"精神的理解。

项目3 数控装置的规格识别与硬件连接

项目教学导航

教学目标	1. 了解数控装置型号的含义及适用机床 2. 掌握数控装置订货号、序列号的查询方法 3. 掌握数控装置软硬件规格的查询方法 4. 掌握数控装置维护信息的查询方法 5. 了解数控装置数据的构成 6. 掌握 BOOT 页面数据的备份与恢复方法 7. 了解数控装置各接口的含义 8. 掌握数控装置各接口与外设硬件的连接 9. 了解数控装置常用熔断器的规格型号 10. 掌握数控装置熔断器的更换方法
职业素养目标	1. 爱岗敬业 2. 努力提高专业技术 3. 良好的职业道德 4. 积极与人沟通 5. 具有团队意识
知识重点	1. 数控装置型号的含义及用途 2. 数控装置数据的备份及恢复 3. 数控装置接口的连接 4. 数控装置熔断器的维护
知识难点	1. 数控装置型号的含义及选型 2. 数控装置数据的类型及作用 3. 熔断器的功能及选用 4. 数据自动备份
拓展资源 3	厚积薄发：中国机床的突破
教学方法	线上+线下（理论+实操）相结合的混合式教学法
建议学时	7 学时
实训任务	任务 1　数控装置规格的识别 任务 2　数控装置硬件与软件规格的查询 任务 3　数控装置数据的备份与恢复 任务 4　数控装置接口的连接
项目学习任务 综合评价	详见课本后附录项目学习任务综合评价表，教师根据教学内容自行调整表格内容

项目引入

数控装置是数控机床的"大脑",是主要的核心部件。学习数控装置的维修,首先要了解数控装置的分类、功能、用途,了解数控装置订货号、序列号的作用,掌握系统软硬件规格及系统维护信息的查询方法,掌握数控装置数据的备份及恢复方法,了解数控装置接口的含义及接口与外设硬件的连接,了解数控装置常用熔断器的规格型号,掌握熔断器的更换方法。

围绕数控装置的规格识别与硬件连接的工作任务包含的内容如知识图谱所示。本项目中,只围绕规格识别与硬件连接基础内容进行讲解,后续进阶的内容,请参考1+X中级教材。

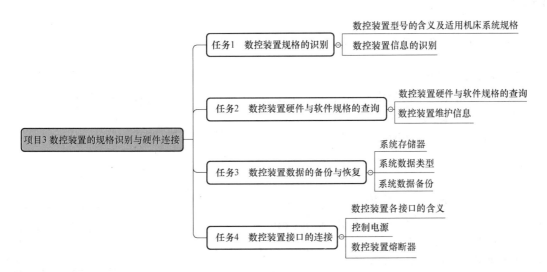

任务1　数控装置规格的识别

任务描述

通过对数控装置规格的学习,了解数控装置规格信息的查询方式。在机床出现故障时,能对数控装置硬件型号进行识别读取,并及时反馈给设备维修人员,选用同型号的备件进行更换,以及时恢复生产。

学前准备

1. 查阅资料了解数控装置的组成,以及如何进行各部件的信号功能区分。
2. 查阅资料了解主流数控装置的系统规格。
3. 查阅资料了解数控装置型号的查询方式。
4. 查阅资料了解数控装置硬件规格号的作用。

学习目标

1. 了解数控装置型号命名规则及各型号系统的用途。

2. 掌握数控装置硬件订货号及序列号的查询方法。

实训设备、工量具、耗材清单

序号	设备名称	规格型号	数量
1	数控铣床	具有 X/Y/Z 三轴数控机床，配置 FANUC 0i -MF Plus 数控系统、横配式 10.4in 显示单元	1 台
2	资料	数控机床安全指导书及操作说明书	1 套
3	清洁用品	棉纱布、毛刷	若干

任务学习

一、数控装置型号的含义及适用机床系统规格

1. 数控装置的命名

数控装置根据机床的类型有不同型号的划分。下面以 0i 系列最新的 0i-F Plus 系统为例，介绍数控装置的命名。

（1）名词解析　MILL——铣削加工，简称 M；TURN——车削加工，简称 T。

（2）数控装置命名　数控装置命名如图 3-1-1 所示。加工中心使用的系统类型为 0i-MF Plus 系统，如图 3-1-2 所示。车床使用的系统类型为 0i-TF Plus 系统。

2. 系统规格号的定义

每一系列产品，根据机型的差异，可分为适用于铣床系列的 0i-MF

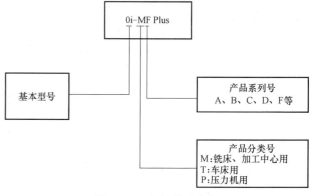

图 3-1-1　数控装置命名

Plus 系统与适用于车床系列的 0i-TF Plus 系统。在显示器前部配置了标准 USB 接口，可以使用市售的 USB 存储盘存储 CNC 内的各种数据，并能够方便地和 NC、CF 卡进行数据传输，提高了操作的便利性。

图 3-1-2　0i-MF Plus 数控装置

　　如何才能准确地对不同的系统类型进行区分呢？数控系统厂商会对系统进行序列管理——系统规格型号，因此通过系统的规格型号来识别系统的类型和功能便是最有效、合理的方式。

二、数控装置信息的识别

　　当系统发生故障要报修或采购相关备件时，需要向数控系统厂商提供系统订货号和序列号。根据系统订货号和序列号，数控系统厂商就能查到系统的硬件配置和软件配置。系统订货号和序列号一般通过系统基本单元硬件进行查看，可以直接查看数控装置后面的铭牌，铭牌上显示有系统型号、订货号、生产日期、序列号等信息，如图 3-1-3 所示。

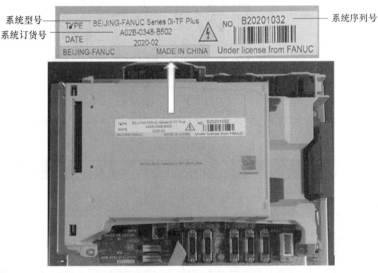

图 3-1-3　数控装置铭牌

任务实施

　　查询数控机床 0i-F Plus 的规格及订货号、序列号。

　　步骤 1：在数控机床上找到 0i-F Plus 数控装置，通过显示器最上方的铭牌确认系统型号，如图 3-1-4 所示。

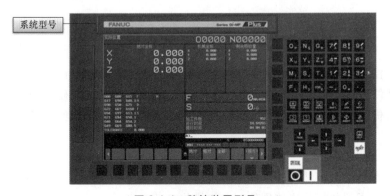

图 3-1-4　数控装置型号

步骤 2：在数控装置显示器背面找到系统信息铭牌，在铭牌中查看系统型号、订货号和序列号，如图 3-1-5 所示。

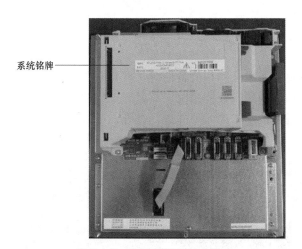

系统铭牌

图 3-1-5　查看数控装置铭牌

步骤 3：根据数控装置铭牌中的信息，记录数控装置规格信息，填写表 3-1-1。

表 3-1-1　数控装置规格信息表

序号	名称	规格信息
1	数控装置型号	0i-MF Plus
2	数控装置型号含义	0i 数控装置、F Plus 系列
3	数控装置适用机型	适用于加工中心机型
4	数控装置订货号	A02B-0348-B502
5	数控装置序列号	B20201032

问题探究

1. 0i 系列数控装置都有哪些型号？
2. 数控装置的订货号、序列号有什么作用？

任务 2　数控装置硬件与软件规格的查询

任务描述

　　通过对数控装置的学习，掌握数控装置软硬件订货号及系统维护信息的查询方式。了解数控装置软硬件页面显示内容信息，在机床出现故障时能对系统软硬件型号进行识别读取，并及时反馈给机床维修人员，选用同型号的备件进行更换，以及时恢复生产。

学前准备

1. 查阅资料了解数控装置软硬件配置规格的作用。
2. 查阅资料了解数控装置软硬件配置规格信息的含义。

3. 查阅资料了解数控装置维护信息的查询方法。

学习目标

1. 掌握数控装置软硬件配置规格信息页面的查阅方法。
2. 了解数控装置软硬件配置规格信息的含义。
3. 掌握数控装置维护信息的查询及输出方法。

实训设备、工量具、耗材清单

序号	设备名称	规格型号	数量
1	数控铣床	具有 X/Y/Z 三轴数控机床，配置 FANUC 0i -MF Plus 数控系统、横配式 10.4in 显示单元	1 台
2	资料	数控机床安全指导书及操作说明书、FANUC 0i-F Plus 维修说明书	1 套
3	清洁用品	棉纱布、毛刷	若干

任务学习

一、数控装置硬件与软件规格的查询

数控装置硬件、软件配置页面显示硬件、软件配置的规格信息，如图 3-2-1 和图 3-2-2 所示。系统正常启动后通过系统配置页面，可以查看软硬件规格配置的相关信息。系统硬件配置信息含义见表 3-2-1，系统软件配置信息含义见表 3-2-2，系统软件的种类见表 3-2-3。

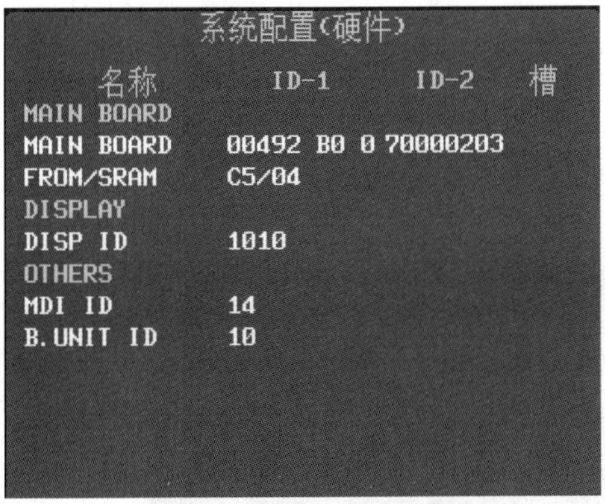

图 3-2-1　系统硬件配置页面

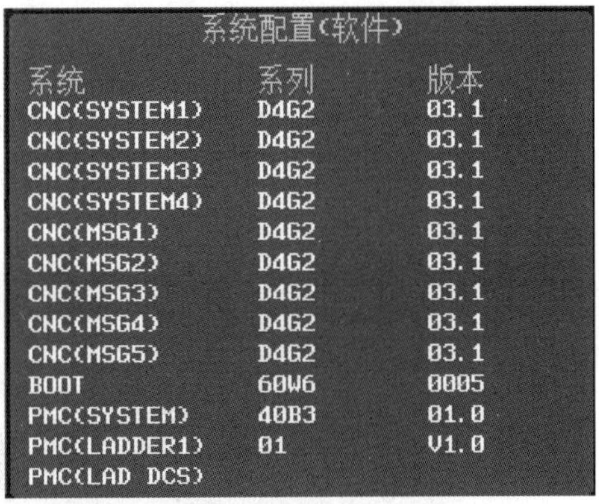

图 3-2-2　系统软件配置页面

表 3-2-1　系统硬件配置信息含义

序号	显示内容	信息含义
1	MAIN BOARD	显示主板及主板上的卡、模块信息
2	OPTION BOARD	显示安装在可选插槽上的板信息
3	DISPLAY	显示与显示器相关的信息
4	OTHERS	显示其他(MDI 和基本单元等的)信息

（续）

序号	显示内容	信息含义
5	CERTIFY ID	显示 CNC 识别编号的 ID 信息
6	ID-1/ID-2	显示 ID 信息
7	槽	显示安装有可选板的插槽号

表 3-2-2 系统软件配置信息含义

序号	显示内容	信息含义
1	系统	软件的种类
2	系列	软件的系列
3	版本	软件的版本

表 3-2-3 系统软件的种类

SYSTEM	软件的种类	SYSTEM	软件的种类
CNC（SYSTEM1）	CNC 系统软件 1	CNC（MSG5）	CNC 各国语言显示 5
CNC（SYSTEM2）	CNC 系统软件 2	BOOT	引导系统
CNC（SYSTEM3）	CNC 系统软件 3	PMC（SYSTEM）	PMC 功能
CNC（SYSTEM4）	CNC 系统软件 4	PMC（LADDER1）	第一路径 PMC 梯形图
CNC（MSG1）	CNC 各国语言显示 1	PMC（LADDER2）	第二路径 PMC 梯形图
CNC（MSG2）	CNC 各国语言显示 2	PMC（LADDER3）	第三路径 PMC 梯形图
CNC（MSG3）	CNC 各国语言显示 3	PMC（LAD DCS）	双检安全 PMC 梯形图
CNC（MSG4）	CNC 各国语言显示 4		

二、数控装置维护信息

数控装置维护信息页面记录系统的相关维护信息，如系统订货号、系列号、印制电路板型号等，如图 3-2-3 所示。机床维修人员进行维修时可以通过查看维护信息页面，了解数控装置相关的维护信息。

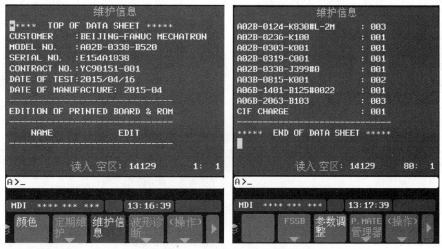

图 3-2-3 数控装置维护信息页面

任务实施

数控机床（0i-F Plus 数控装置）开机，显示系统配置页面，查询系统的硬件配置，并记录配置信息。

1. 数控装置硬件规格信息查询

步骤1：按下功能键"SYSTEM"→"系统"，出现系统配置页面。

步骤2：按下翻页键，显示系统硬件配置页面，如图3-2-4所示。

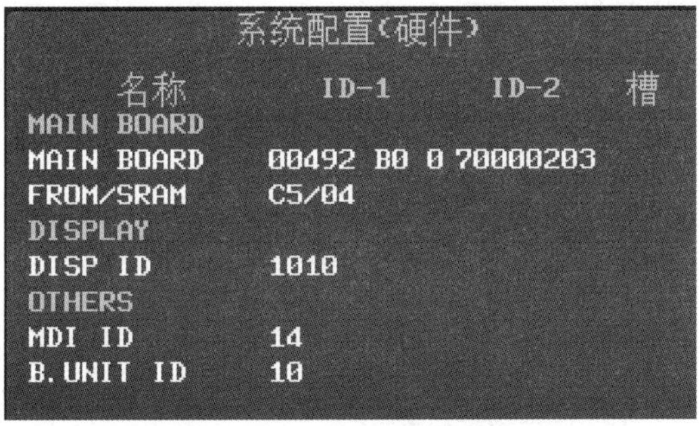

图 3-2-4 系统硬件配置页面

步骤3：记录数控装置硬件规格信息，填写表3-2-4。

表 3-2-4 硬件规格信息

序号	名称	信息含义	ID 信息
1	MAIN BOARD	主板及主板上的卡、模块	00492 B0 0 70000203
2	FROM/SRAM	系统存储器	C5/04
3	DISPLAY	显示器相关的信息	1010
4	MDI ID	MDI 的信息	14
5	B. UNIT ID	基本单元的信息	10

2. 数控装置软件规格信息查询

步骤1：按下功能键"SYSTEM"→"系统"，出现系统配置页面。

步骤2：按下翻页键，显示系统软件配置页面，如图3-2-5所示。

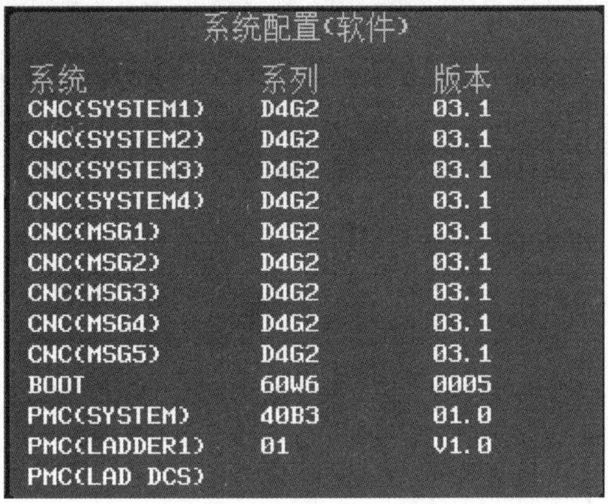

图 3-2-5 系统软件配置页面

步骤3：记录数控装置软件规格信息，填写表3-2-5。

表3-2-5 软件规格信息

名称	软件的种类	软件系列	版本号
CNC（SYSTEM1）	CNC 系统软件 1	D4G2	03.1
CNC（SYSTEM2）	CNC 系统软件 2	D4G2	03.1
CNC（SYSTEM3）	CNC 系统软件 3	D4G2	03.1
CNC（SYSTEM4）	CNC 系统软件 4	D4G2	03.1
CNC（MSG1）	CNC 各国语言显示 1	D4G2	03.1
CNC（MSG2）	CNC 各国语言显示 2	D4G2	03.1
CNC（MSG3）	CNC 各国语言显示 3	D4G2	03.1
CNC（MSG4）	CNC 各国语言显示 4	D4G2	03.1
CNC（MSG5）	CNC 各国语言显示 5	D4G2	03.1
BOOT	引导系统	60W6	0005
PMC（SYSTEM）	PMC 功能	40B3	01.0
PMC（LADDER1）	第一路径 PMC 梯形图	01	V1.0
PMC（LAD DCS）	双检安全 PMC 梯形图		

3. 数控装置维护信息查询和输出

步骤1：按下功能键"SYSTEM"→">"→"维护信息"，出现系统维护信息页面，如图3-2-6所示。

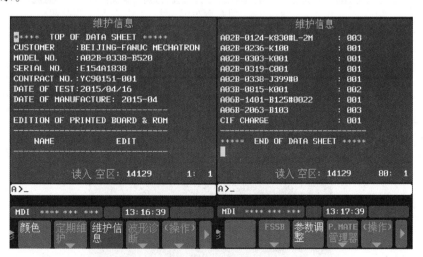

图3-2-6 系统维护信息页面

步骤2：按下翻页键，显示数控装置硬件、伺服单元、主轴驱动单元、电源单元、伺服电动机与主轴电动机等的规格信息。

步骤3：在显示器上正确插上存储卡，在 MDI 方式下设置参数 No.20＝4，再切换编辑方式；在系统维护信息页面按下"操作"→">"→"输出"，将系统维护信息备份至存储卡，文件名为"MAINTINF.TXT"。

步骤4：将系统维护信息备份文件存储在计算机中，用写字板可以打开并查看备份文件。

问题探究

1. 数控装置硬件、软件配置信息的作用是什么？

2. 简述数控装置硬件、软件的配置与维护信息查询方法。

3. 数控装置配置数据的保存方法有几种？当数控装置发生故障无法启动时，通过什么方法查询数控装置配置数据？

任务3　数控装置数据的备份与恢复

任务描述

通过对数控装置数据类型、数据的存储方式以及数据输入/输出方法的学习，在了解数控装置数据备份的方法、不同数据备份方式之间区别的基础上，掌握BOOT页面数据备份与恢复的方法。在机床出现故障引起数控装置数据丢失的情况下，及时对数控装置进行数据恢复，让机床稳定运行。

学前准备

1. 查阅资料了解数控装置数据存储区域以及数据类型有哪些。

2. 查阅资料了解数控装置进行数据备份的方式有哪些，各种数据备份方式之间有哪些区别。

3. 查阅资料整理数控装置数据输出的文件格式有哪几类，是否可以编辑输出的数据。

学习目标

1. 了解数控装置数据存储区域划分。

2. 熟悉数控装置的数据类型以及各类数据的输出格式。

3. 熟悉数控装置数据备份方式以及各种方式之间的区别。

4. 掌握BOOT页面数据备份与恢复的方法。

5. 能够在数控装置出现数据丢失时进行数据的恢复。

实训设备、工量具、耗材清单

序号	设备名称	规格型号	数量
1	数控铣床	具有 X/Y/Z 三轴数控机床，配置 FANUC 0i -MF Plus 数控系统、横配式 10.4in 显示单元	1 台
2	资料	数控机床安全指导书及操作说明书、FANUC 0i-F Plus 维修说明书	1 套
3	CF 卡	容量≤2GB	1 张
4	清洁用品	棉纱布、毛刷	若干

任务学习

一、系统存储器

系统主板上安装有一块 FROM（系统闪存）/SRAM（系统静态存储器）板卡，该板卡内部分成两块存储区，存储不同数据，供系统使用，如图 3-3-1 所示。

FROM 又称闪存（FLASH-ROM），不仅具备电子可擦除可编程（EEPROM）功能，还不会断电丢失数据，同时可以快速读取数据。

SRAM 是随机存取存储器的一种。所谓的静态，是指这种存储器只要保持通电，里面储存的数据就可以恒常保持。SRAM 的特点是工作速度快，只要电源不撤除，写入 SRAM 的信息就不会消失，同时在读出时不破坏原来存放的信息，且一经写入可多次读出。SRAM 一般用来作为计算机中的高速缓冲存储器。

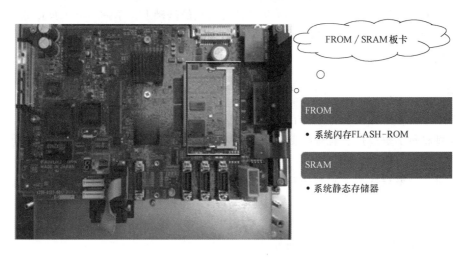

FROM / SRAM板卡

FROM
- 系统闪存FLASH-ROM

SRAM
- 系统静态存储器

图 3-3-1　系统存储器

二、系统数据类型

在进行机床数据备份之前，需要清楚机床中存储的数据种类以及数据的存储位置。CNC系统存储卡主要包括两个存储区域，一个是 SRAM，另一个是 FROM，如图 3-3-2 所示。SRAM 中主要存储的是 CNC 参数、PMC 参数、螺距误差补偿量、加工程序、刀具补偿、用户宏程序等，这些数据是需要定期进行备份保存的。FROM 存储区域又划分为两块区域，其中一块存储区域为系统区，该区域主要存储系统软件、PMC 软件以及其他 CNC 控制软件，这块区域的数据不可以进行备份；另一块存储区域为用户区，该区域主要用于存储 PMC 程序、零件加工程序、C 语言执行器程序、宏执行器程序以及 FP（二次开发）程序的可执行文件。

系统保存的数据类型和存储区域见表 3-3-1。

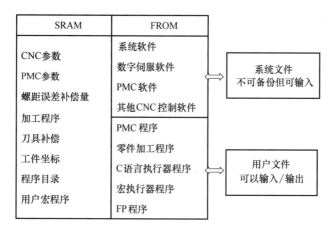

图 3-3-2 系统存储区域示意图

注：系统文件不需要备份，也不能轻易删除，因为有些系统文件一旦删除了，会出现系统报警而导致系统停机不能使用，所以务必不能轻易删除系统文件。

表 3-3-1 系统保存的数据类型和存储区域

数据类型	存储区域	来源	备注
CNC 参数	SRAM	机床厂家提供	必须保存
PMC 参数	SRAM	机床厂家提供	必须保存
梯形图程序	FROM	机床厂家提供	必须保存
螺距误差补偿	SRAM	机床厂家提供	必须保存
加工程序/目录信息	SRAM/FROM	最终用户提供	根据需要保存
宏程序	SRAM	机床厂家提供	必须保存
宏编译程序	FROM	机床厂家提供	如果有保存
C 执行程序	FROM	机床厂家提供	如果有保存
系统文件	FROM	数控装置厂家提供	不需要保存

三、系统数据备份

在机床所有参数调整完成后，需要对出厂参数等数据进行备份，并存档，最好是厂里有一份存档，随机给用户一份（光盘），用于万一机床出故障时的数据恢复。数据的备份可借助系统之外的设备，也可进行自动备份。目前系统均自带 CF 卡、USB 接口、以太网接口，机床维修人员可以借助这些介质进行数据的备份和传输。

对系统 SRAM 数据进行备份时可以采用两种方式：一种是通过 BOOT 页面进行整体备份，此时备份数据无法修改和查看；另一种是通过系统页面进行各类文件的分别备份，此时所备份的文件是文本文件，可以进行查看和编辑两种备份方式的区别见表 3-3-2。

（1）BOOT 页面数据备份 BOOT 页面备份的 SRAM 文件包含 SRAM 中的所有数据，因此快速、简单。同时 BOOT 是引导程序，先于 NC 启动，不需任何参数支持，不受系统故障影响。

（2）系统页面数据备份　在系统的正常页面下进行备份的是文本文件，可在计算机上进行读写操作，备份时需要通过参数进行备份设备类型的选择和备份数据的方式选择。

表 3-3-2　两种备份方式的区别

项目	整体备份	分别备份
输入/输出方式	存储卡	存储卡 USB 存储器以太网
数据形式	2 进制形式	文本格式
操作	简单	多画面切换
用途	维修时	设计、调整

任务实施

一、在数控机床上完成数控装置的 SRAM 数据备份与恢复操作

1. SRAM 数据备份

步骤 1：正确插上存储卡。

步骤 2：在数控机床开机前按住显示器下面右边两个软键（或者 MDI 的数字键 6 和 7），如图 3-3-3 所示。

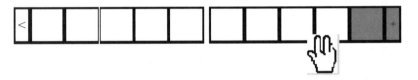

图 3-3-3　按住显示器下面右边的两个软键

步骤 3：按下软键"UP"或"DOWN"，把光标移动到"7. SRAM DATA UTILITY（SRAM 数据备份/恢复）"，如图 3-3-4 所示。

步骤 4：按下"SELECT"键，显示"SRAM DATA BACKUP"页面，如图 3-3-5 所示。

```
SYSTEM MONITOR MAIN MENU

1. END
2. USER DATA LOADING
3. SYSTEM DATA LOADING
4. SYSTEM DATA CHECK
5. SYSTEM DATA DELETE
6. SYSTEM DATA SAVE
7. SRAM DATA UTILITY
8. MEMORY CARD FORMAT

・・・MESSAGE・・・
SELECT MENU AND HIT SELECT KEY。

[SELECT] [ YES ] [ NO ] [ UP ] [ DOWN ]
```

```
SRAM DATA BACKUP

1. SRAM BACKUP    ( CNC→MEMORY CARD )
2. RESTORE SRAM  (MEMORY CARD →CNC )
3. AUTO BKUP RESTORE  ( F-ROM→ CNC )
4. END

SRAM + ATA PROG FILE : (1.6MB)

・・・MESSAGE・・・
SET MEMORY CARD NO.001
ARE YOU SURE ? HIT YES OR NO
[SELECT] [ YES ] [ NO ] [ UP ] [ DOWN ]
```

图 3-3-4　SRAM 数据备份（一）　　　　图 3-3-5　SRAM 数据备份（二）

步骤5：按下软键"UP"或"DOWN"，进行备份或恢复选择。

步骤6：选择"1. SRAM BACKUP（CNC→MEMORY CARD）"，按下"SELECT"键，如图3-3-6所示。

步骤7：按下"YES"键，数据开始备份，显示数字变化，直到备份完成，数控机床的文件SRAM_ BAK.001备份至存储卡。

步骤8：按下"SELECT"键，数据备份结束，返回到主页面。

注：执行"SRAM BACKUP"时，如果在存储卡中已经有了同名的文件，会询问"OVER WRITE OK？"，可以覆盖时，按下"YES"键继续操作。

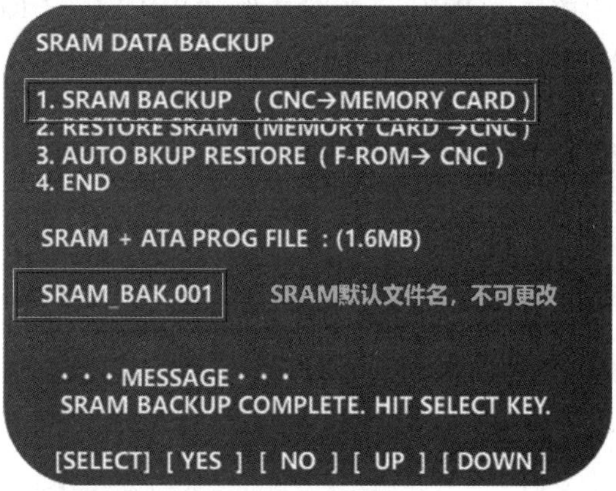

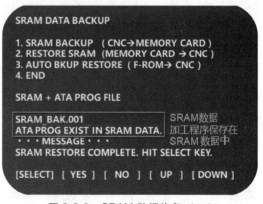

图3-3-6 SRAM 数据备份（三）

2. SRAM 数据恢复

数控装置 SRAM 数据由于电池电量耗尽丢失时，需要进行恢复。

步骤1：数控机床的文件 SRAM_ BAK.001 存放在存储卡中，正确插上存储卡。

步骤2：数控机床开机后进入 BOOT 页面，选择"7. SRAM DATA UTILITY（SRAM 数据备份/恢复）"后进入"SRAM DATA BACKUP"页面。

步骤3：选择"2. RESTORE SRAM（MEMORY CARD→CNC）"，按下"SELECT"键，如图3-3-7所示。

步骤4：按下"YES"键，数据开始恢复，数字变化，直到完成，如图3-3-8所示。

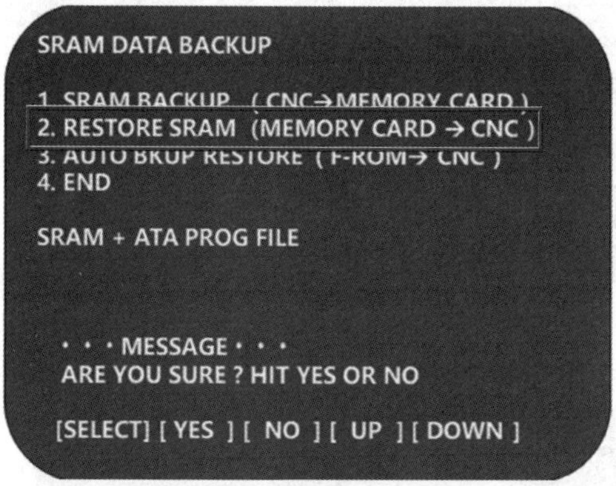

图3-3-7 SRAM 数据恢复（一）   图3-3-8 SRAM 数据恢复（二）

步骤5：按下"SELECT"键，退出并返回到数控装置主页面，确认 SRAM 数据已恢复。

二、在数控机床上完成数控装置 FROM 中 PMC 梯形图文件与 IO 地址分配文件的备份与恢复

1. PMC 梯形图文件与 IO 地址分配文件备份

步骤1：在 BOOT 页面中进入"6. SYSTEM DATA SAVE（用户文件备份）"，如图3-3-9所示。

步骤2：按下"SELECT"键，显示"SYSTEM DATA SAVE"页面，向下翻页找到需要

备份的数据 PMC 梯形图文件"PMC1"与 IO 地址分配文件"IO CONF"，如图 3-3-10 和图 3-3-11 所示。

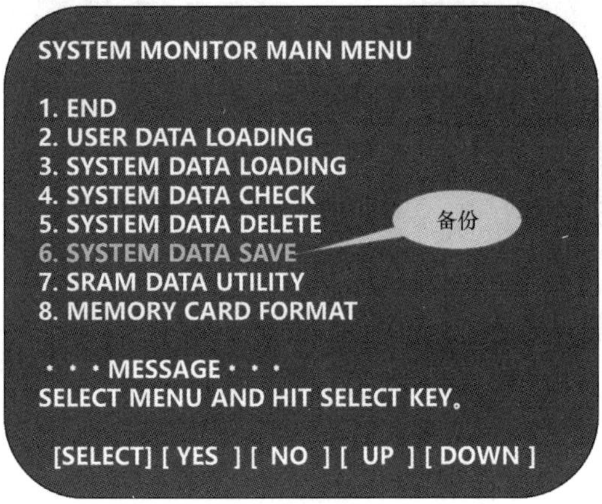

```
SYSTEM MONITOR MAIN MENU

1. END
2. USER DATA LOADING
3. SYSTEM DATA LOADING
4. SYSTEM DATA CHECK
5. SYSTEM DATA DELETE
6. SYSTEM DATA SAVE          备份
7. SRAM DATA UTILITY
8. MEMORY CARD FORMAT

· · · MESSAGE · · ·
SELECT MENU AND HIT SELECT KEY。

[SELECT] [ YES ] [ NO ] [ UP ] [ DOWN ]
```

图 3-3-9　用户文件备份

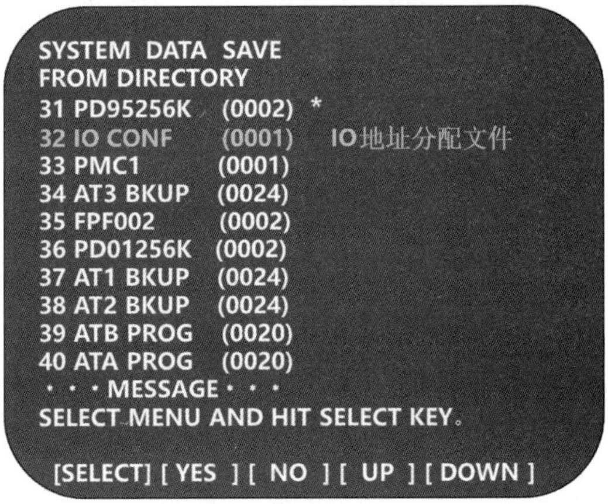

```
SYSTEM  DATA  SAVE
FROM DIRECTORY
31 PD95256K   (0002)  *
32 IO CONF    (0001)         IO地址分配文件
33 PMC1       (0001)
34 AT3 BKUP   (0024)
35 FPF002     (0002)
36 PD01256K   (0002)
37 AT1 BKUP   (0024)
38 AT2 BKUP   (0024)
39 ATB PROG   (0020)
40 ATA PROG   (0020)
· · · MESSAGE · · ·
SELECT MENU AND HIT SELECT KEY。

[SELECT] [ YES ] [  NO  ] [  UP  ] [ DOWN ]
```

图 3-3-10　IO 地址分配文件备份

步骤 3：以 PMC1 的数据备份步骤为例，具体操作为按下"SELECT"键，选择备份 PMC1 数据，如图 3-3-12 所示。

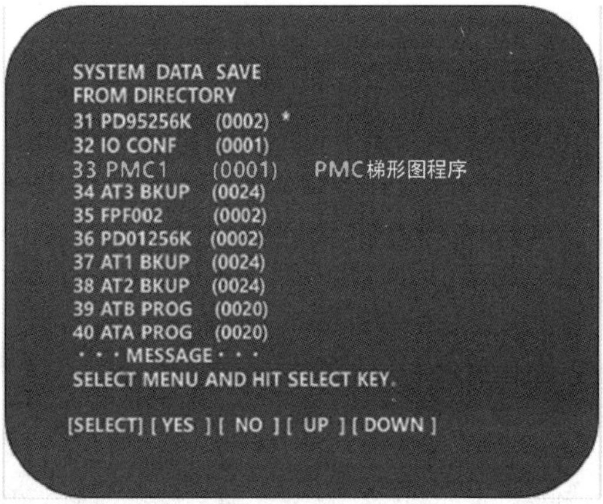

```
SYSTEM DATA SAVE
FROM DIRECTORY
31 PD95256K   (0002) *
32 IO CONF    (0001)
33 PMC1       (0001)     PMC梯形图程序
34 AT3 BKUP   (0024)
35 FPF002     (0002)
36 PD01256K   (0002)
37 AT1 BKUP   (0024)
38 AT2 BKUP   (0024)
39 ATB PROG   (0020)
40 ATA PROG   (0020)
· · · MESSAGE · · ·
SELECT MENU AND HIT SELECT KEY.

[SELECT] [ YES ] [ NO ] [ UP ] [ DOWN ]
```

图 3-3-11　PMC 梯形图备份（一）

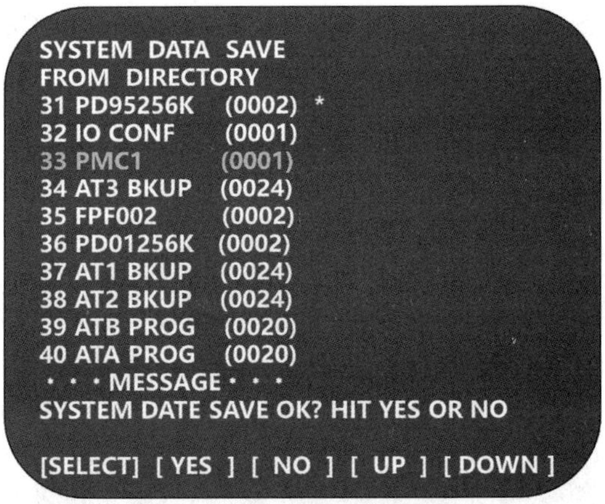

```
SYSTEM  DATA  SAVE
FROM  DIRECTORY
31 PD95256K   (0002)  *
32 IO CONF    (0001)
33 PMC1       (0001)
34 AT3 BKUP   (0024)
35 FPF002     (0002)
36 PD01256K   (0002)
37 AT1 BKUP   (0024)
38 AT2 BKUP   (0024)
39 ATB PROG   (0020)
40 ATA PROG   (0020)
· · · MESSAGE · · ·
SYSTEM DATE SAVE OK? HIT YES OR NO

[SELECT] [ YES ] [  NO  ] [  UP  ] [ DOWN ]
```

图 3-3-12　PMC 梯形图备份（二）

步骤 4：选择后，按下"YES"键，备份完成后，会显示保存的数据名称为"PMC1.000"，如图 3-3-13 所示，PMC 梯形图文件备份完成。

步骤 5：IO 地址分配文件"IO CONF"数据备份的步骤同 PMC 备份的操作步骤。

2. PMC 梯形图文件与 IO 地址分配文件的恢复

步骤 1：在 BOOT 页面下按"UP"或"DOWN"键，将光标移到"2. USER DATA

```
SYSTEM  DATA  SAVE
FROM  DIRECTORY
31 PD95256K   (0002)  *
32 IO CONF    (0001)
33 PMC1       (0001)
34 AT3 BKUP   (0024)
35 FPF002     (0002)
36 PD01256K   (0002)
37 AT1 BKUP   (0024)
38 AT2 BKUP   (0024)
39 ATB PROG   (0020)
40 ATA PROG   (0020)
· · · MESSAGE · · ·
FILE SAVE COMPLETE .HIT SELECT KEY
SAVE FILE NAME : PMC 1.000
[SELECT] [ YES ] [  NO  ] [  UP  ] [ DOWN ]
```

图 3-3-13　PMC 梯形图备份（三）

LOADING（用户文件恢复）"，如图 3-3-14 所示。

步骤 2：以 IO 地址分配文件的恢复操作为例。选择 IO 地址分配文件"2. IO CONF.000"，按下"SELECT"键，选择该选项，如图 3-3-15 所示。

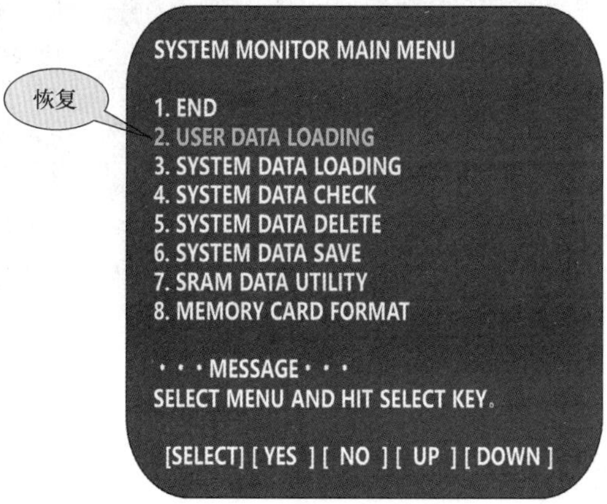

恢复

```
SYSTEM MONITOR MAIN MENU

1. END
2. USER DATA LOADING
3. SYSTEM DATA LOADING
4. SYSTEM DATA CHECK
5. SYSTEM DATA DELETE
6. SYSTEM DATA SAVE
7. SRAM DATA UTILITY
8. MEMORY CARD FORMAT

· · ·MESSAGE · · ·
SELECT MENU AND HIT SELECT KEY.

[SELECT] [ YES ] [ NO ] [ UP ] [ DOWN ]
```

图 3-3-14　用户文件恢复

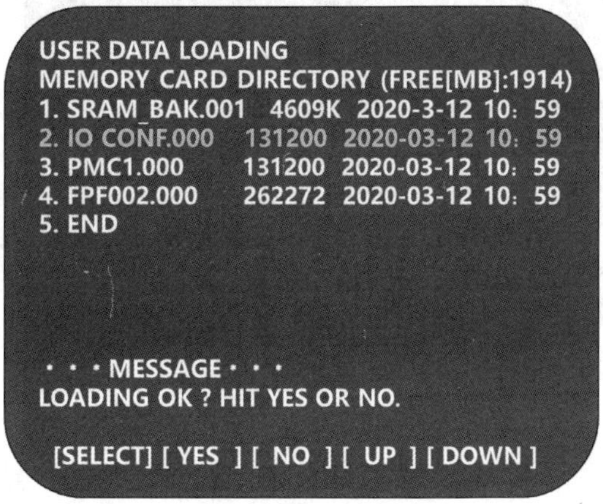

```
USER DATA LOADING
MEMORY CARD DIRECTORY (FREE[MB]:1914)
1. SRAM_BAK.001   4609K   2020-3-12 10：59
2. IO CONF.000    131200  2020-03-12 10：59
3. PMC1.000       131200  2020-03-12 10：59
4. FPF002.000     262272  2020-03-12 10：59
5. END

· · ·MESSAGE · · ·
LOADING OK ? HIT YES OR NO.

[SELECT] [ YES ] [ NO ] [ UP ] [ DOWN ]
```

图 3-3-15　IO 地址分配文件恢复（一）

步骤 3：按下"YES"键，数据开始恢复，观察数字变化，直到恢复完成，如图 3-3-16 所示。

步骤 4：PMC 梯形图文件的恢复操作同上。请同学们按照上面的操作步骤完成 PMC 梯形图文件的恢复操作。

步骤 5：检查文件恢复情况。在 BOOT 页面下选择"4. SYSTEM DATA CHECK（用户文件检查）"，如图 3-3-17 所示。

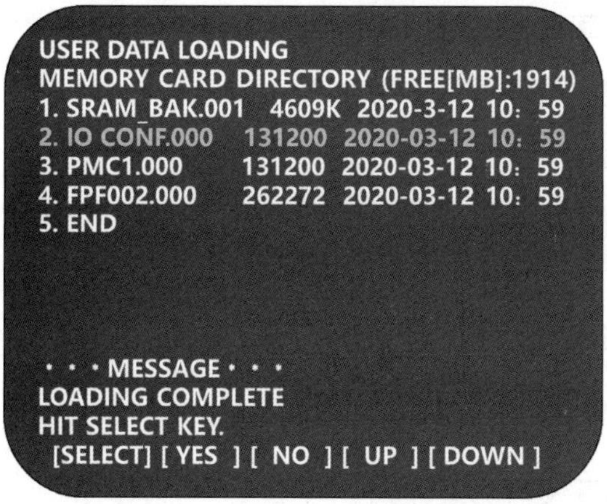

```
USER DATA LOADING
MEMORY CARD DIRECTORY (FREE[MB]:1914)
1. SRAM_BAK.001   4609K   2020-3-12 10：59
2. IO CONF.000    131200  2020-03-12 10：59
3. PMC1.000       131200  2020-03-12 10：59
4. FPF002.000     262272  2020-03-12 10：59
5. END

· · ·MESSAGE · · ·
LOADING COMPLETE
HIT SELECT KEY.
[SELECT] [ YES ] [ NO ] [ UP ] [ DOWN ]
```

图 3-3-16　IO 地址分配文件恢复（二）

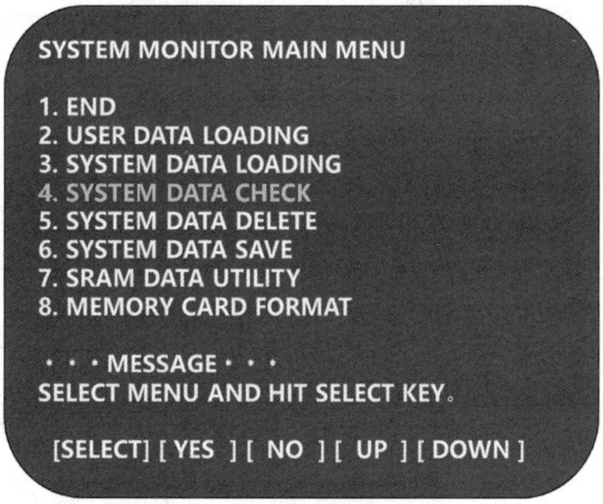

```
SYSTEM MONITOR MAIN MENU

1. END
2. USER DATA LOADING
3. SYSTEM DATA LOADING
4. SYSTEM DATA CHECK
5. SYSTEM DATA DELETE
6. SYSTEM DATA SAVE
7. SRAM DATA UTILITY
8. MEMORY CARD FORMAT

· · ·MESSAGE · · ·
SELECT MENU AND HIT SELECT KEY。

[SELECT] [ YES ] [ NO ] [ UP ] [ DOWN ]
```

图 3-3-17　用户文件检查（一）

步骤 6：按下"SELECT"键，进入该页面，如图 3-3-18 所示，"1"为 FROM 中文件。

步骤 7：选择"1. FROM SYSTEM"进入页面，向下翻页检查是否有恢复的两个文件，如图 3-3-19 所示。

```
SYSTEM  DATA  CHECK

1.FROM SYSTEM    FROM中文件
2.MEMORY CARD SYSTEM
3.CNC BACKUP MENU
4.END




• • • MESSAGE • • •
SELECT FILE AND HIT SELECT KEY。

[SELECT] [ YES ] [ NO ] [ UP ] [ DOWN ]
```

图 3-3-18 用户文件检查（二）

```
SYSTEM  DATA  CHECK
FROM DIRECTORY
31 PD95256K   (0002)  *
32 IO CONF    (0001)
33 PMC1       (0001)
34 AT3 BKUP   (0024)
35 FPF002     (0002)
36 PD01256K   (0002)
37 AT1 BKUP   (0024)
38 AT2 BKUP   (0024)
39 ATB PROG   (0020)
40 ATA PROG   (0020)
• • • MESSAGE • • •
SELECT FILE AND HIT SELECT KEY。

[SELECT] [ YES ] [ NO ] [ UP ] [ DOWN ]
```

图 3-3-19 用户文件检查（三）

步骤 8：文件恢复完成，选择"END"结束。

三、在数控机床上完成数据自动备份与恢复

数据自动备份功能是 0i-F Plus 的标准功能（图 3-3-20），可以将 CNC 的 SRAM/FROM 中所保存的数据自动备份到不需要电池的 FROM 中，并根据需要加以恢复。在由于电池耗尽等导致 CNC 数据丢失时，可以简单恢复数据。此外，通过参数设定，最多可以保存 3 个备份数据。数据自动备份功能可以将 CNC 数据迅速切换到机床调整后的状态和任意的备份状态。

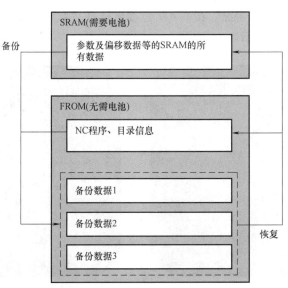

图 3-3-20 数据自动备份

1．数据自动备份时的关键参数

1）参数 10342，设置备份数据的个数。

10342	备份数据的个数（1~3 个）

设为 0 时，默认不进行备份。标准值设为 3。

将出厂时或机床调整后的状态作为原始数据进行保存。这一功能要求保存备份数据的次数（参数 10342）为 2 以上的值。"原始数据"保存在备份数据 1 区域，电源开启时数据自动备份不对这一数据进行改写。

2）参数 10340，对 FROM 中的加工程序和目录信息备份进行设置。在急停状态下修改以下参数，可以不切断电源进行数据备份的手动操作。

	#7	#6	#5	#4	#3	#2	#1	#0
10340						AAP		

#2　AAP：开启电源时，对 FROM 中的加工程序和目录信息：

#0：不备份。

#1：备份标准值设为 1。

3）相关诊断号 DGN1016，各部分含义如下：

		#7	#6	#5	#4	#3	#2	#1	#0
诊断	DGN1016	ANG	ACM			DT3	DT2	DT1	AEX

#0 AEX：正在执行自动数据。

#1 DT1：在上次的备份中更新了数据 1。

#2 DT2：在上次的备份中更新了数据 2。

#3 DT3：在上次的备份中更新了数据 3。

#6 ACM：数据自动备份已经执行完毕。

#7 ANG：数据自动备份中发生了错误。

2. 数据自动备份的方法

数据自动备份的方法见表 3-3-3。

表 3-3-3　数据自动备份的方法

时期	方法	参数
电源开启时	自动	参数 10340#0 参数 10341
	初始数据	参数 10340#1,#6
急停时	手动操作	参数 10340#7

1）接通电源时每次都自动备份数据。接通电源时可以备份该时刻的 CNC 数据，可以将新机床调整后的状态作为禁止覆盖的备份数据加以保存，作为备份数据 1。要将本功能设定有效需要进行如下设定：

步骤 1：数控机床上电，将参数 No. 10342 设为 3。

步骤 2：同时备份 FROM 中的 NC 程序和目录信息时，将参数 No. 10340#2 设为 1。

步骤 3：将参数 No. 10340#0 设为 1，参数 No. 10340#6 设为 1。

步骤 4：数控机床重新上电，接通电源时，自动更新第 1 个备份数据，参数 No. 10340#6 变为 0。

2）接通电源时，每经过指定天数自动备份数据。可以在经过从上次进行数据备份之日起所设定的天数后接通电源时，自动备份该时刻的 CNC 数据。要将本功能设定为有效，需要进行如下设定：

步骤 1：以在参数（No.10341）中设定的天数，周期地进行自动数据备份，例如 No.10341 设为 7。

步骤 2：将参数 No.10340#0 设为 1，则从上次备份之日起间隔 7 天后接通电源时，备份 CNC 数据。

3）在紧急停止时通过操作进行数据自动备份。该操作可以备份该时刻下的 CNC 数据。在加工的预先准备完成时和节假日前等任意时刻，无须切断 CNC 电源就可以进行数据备份。

步骤 1：在机床操作面板上按下紧急停止按钮。

步骤 2：参数 No.10340#7 设为 1，则开始数据的备份。一旦开始数据备份，这一参数马上恢复为 0。

步骤 3：查看诊断号 1016#6 = 1，数据自动备份已经执行完毕。

3. 数据自动恢复的方法

数据自动恢复在 BOOT 页面下进行，如图 3-3-21 所示。

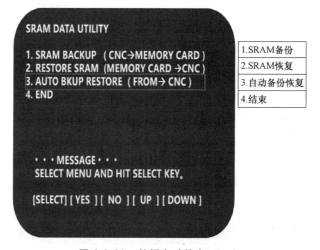

图 3-3-21   数据自动恢复（一）

在进行备份恢复时，注意备份的方法、相关参数的设定，注意这 3 个文件的区别。数据自动恢复时，通过 3 个文件的类别和时间先后顺序来选择要恢复的文件，如图 3-3-22 所示。

AUTO BACKUP DATA RESTORE

1. BACKUP DATA1 yyyy/mm/dd **:**:**
2. BACKUP DATA2 yyyy/mm/dd **:**:**
3. BACKUP DATA3 yyyy/mm/dd **:**:**
4. END

图 3-3-22   数据自动恢复（二）

问题探究

1. 数控机床维修中的数据备份有什么作用？在什么情况下需要进行数据备份？
2. BOOT 页面数据备份与系统页面数据备份有什么区别？
3. 在数控机床维修中如何运用数据自动备份？其有什么优势？

任务4　数控装置接口的连接

任务描述

通过学习 0i-F Plus 数控装置接口的知识，了解数控装置各接口的功能、硬件回路的连接，了解数控装置熔断器的规格，能够独立完成数控装置与外设硬件连接以及数控装置熔断器的更换。

学前准备

1. 查阅资料了解数控装置的工作原理。
2. 查阅资料了解数控装置的接线特点。
3. 查阅资料了解数控装置熔断器的作用及规格。

学习目标

1. 了解数控装置接口的位置及含义。
2. 熟悉数控装置与外设硬件的连接。
3. 掌握数控装置熔断器的更换方法。

实训设备、工量具、耗材清单

序号	设备名称	规格型号	数量
1	数控铣床	具有 X/Y/Z 三轴数控机床，配置 FANUC 0i -MF Plus 数控系统、横配式 10.4in 显示单元	1 台
2	资料	数控机床安全指导书及操作说明书、0i-F Plus 维修说明书	1 套
3	万用表	数字万用表，精度三位半以上	1 台
4	熔断器	FANUC 0i-F Plus 数控装置熔断器	1 只
5	清洁用品	棉纱布、毛刷	若干

任务学习

一、数控装置各接口的含义

数控装置的主要接口都在系统显示器的背面。数控装置的接口展示如图 3-4-1 所示，数控装置接口功能见表 3-4-1。

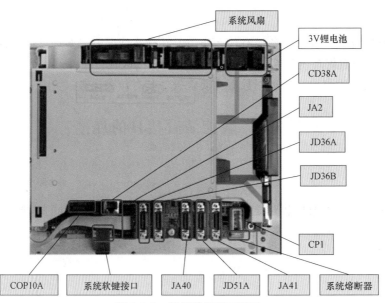

图 3-4-1　数控装置接口展示

表 3-4-1　数控装置接口功能

序号	系统部件/接口名称	功　能
1	系统风扇	用来安装系统散热风扇
2	3V 锂电池	系统断电后保持 SRAM 数据不丢失
3	COP10A	FSSB 光缆接口
4	系统软键接口	用于连接系统的软键
5	CD38A	内嵌以太网接口，用于机床信息的数据传输及采集
6	JA2	MDI 接口
7	JD36A 和 JD36B	JD36A 接口和 JD36B 接口同时使用，称为 RS232 串行接口 1/2，用于数据的传输与备份。JD36B 接口单独使用时，为触摸屏接口
8	JA40	高速跳转信号接口，连接数字测量仪，连接 8 个高速测量点。JA40 接口也可作为模拟主轴信号接口，转换为 ±10V 的模拟量
9	JD51A	I/O Link i 总线接口
10	JA41	模拟主轴的编码器反馈线接口
11	系统熔断器	系统熔断器为 5.0A。在电流异常升高到一定的程度时，自身熔断切断电流，保护电路安全
12	CP1	控制电源接口，控制电压为 DC24V，波动范围为 ±10%

二、控制电源

1. 电源的连接

数控装置的 DC24V 电源由外部电源供给，如图 3-4-2 所示。交流侧的控制回路为了避免电源噪声和电压波动对数控装置的影响，采用独立的电源单元对数控装置进行供电。

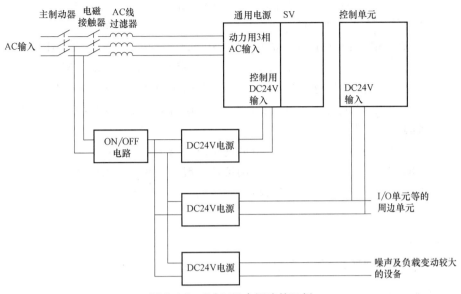

图 3-4-2 DC24V 电源连接示例

2. 接线

数控装置用电源线的接线图如图 3-4-3 所示。接线前应先确认各电源的输出电压及电源极性。

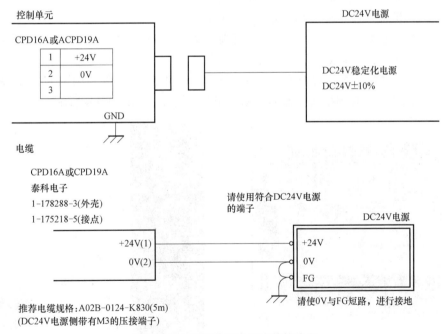

图 3-4-3 数控装置电源线的接线图

三、数控装置熔断器

1. 熔断器

熔断器是一种保护电器的电子元器件，它通常串联在电路中，当电路中出现较大的过载或短路电流时，其自身熔断而切断电路，达到保护电路中其他设备的目的。

2. 熔断器熔丝的基本技术参数

1）额定电流：熔丝的额定电流值通常有 100mA、160mA、200mA、315mA、400mA、500mA、630mA、800mA、1A、1.6A、2A、2.5A、3.15A、4A、5A 和 6.3A 等。

2）额定电压：熔丝的额定电压值通常有 24V、32V、63V、125V 和 250V 等。熔丝可以使用在等于或小于其额定电压的电压下，但一般不能使用在电路电压大于熔丝额定电压的电路中。

3. 熔断器熔丝的分类

1）按保护形式可分为：过电流保护与过热保护。用于过电流保护的熔丝就是平常说的保险丝（也叫电流保险丝），用于过热保护的熔丝一般被称为温度保险丝。

2）数控装置使用的熔丝属于电流保险丝。

任务实施

一、数控装置 24V 电源的连接

当数控装置安装后或者拆卸维修后需要恢复时，需要连接系统工作电源。

步骤 1：连接 DC24V 电源前须先测量电源插头的电压和极性。

步骤 2：万用表档位选择直流电压档，表的量程应 ≥50V。

步骤 3：系统上电，用万用表测量电源插头电压。

步骤 4：观察插头的电源电压、极性是否正确。

步骤 5：插头电源电压、极性正确，切断输入数控机床的 380V 总电源，用万用表测量数控机床 380V 电源输入接线端子，确认是否断电。

步骤 6：用手拿着插头，对着系统背后主板的 CP1 电源插座进行插接，注意插头与插座有导向槽，不能插反，直到插头侧面的锁紧卡子到位为止，如图 3-4-4 所示。

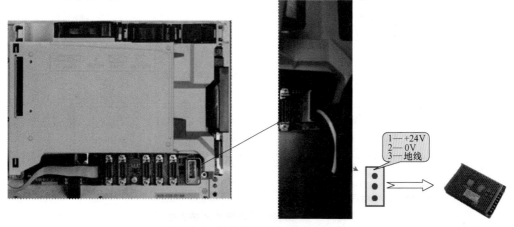

图 3-4-4　数控装置 24V 电源的连接

二、FSSB 串行总线（光缆）的连接

当数控装置进行安装或者拆卸维修需要恢复时，需要连接系统 FSSB 串行总线。

步骤1：切断输入数控机床的380V总电源，用万用表测量数控机床380V电源输入接线端子，确认是否断电。

步骤2：在数控装置左下方找到COP10A FSSB光缆接口。

步骤3：用手拿着光缆一端的插头，从下往上插入COP10A接口，注意插头与插座有导向槽，不能插反，直到插头上的锁紧卡子到位为止。光缆的另一端插头连接到主轴驱动单元的COP10B FSSB光缆接口，如图3-4-5所示。

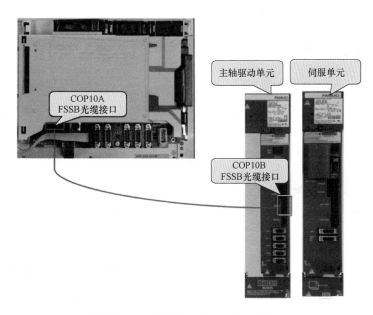

图 3-4-5 FSSB 串行总线（光缆）连接

三、I/O Link i 总线接口（JD51A）的连接

步骤1：切断数控机床380V交流电源。

步骤2：把I/O Link i电缆的一端插头接到JD51A接口插座，I/O Link i电缆的另一端插头接到I/O单元的JD1B接口插座，使插头与插座紧密连接无松动，如图3-4-6所示。

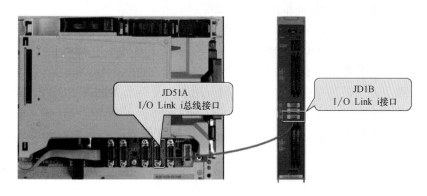

图 3-4-6 I/O Link i 总线连接

四、JD36A 接口和 JD36B 接口的连接

JD36A 接口和 JD36B 接口同时使用，称为 RS232 串行接口 1/2，用于数据的传输与备份。JD36B 接口单独使用时，为触摸屏接口。

步骤 1：切断数控机床 380V 交流电源。

步骤 2：根据功能选择，把接口电缆插头插入 JD36A 接口插座，使插头与插座紧密连接无松动，如图 3-4-7 所示。

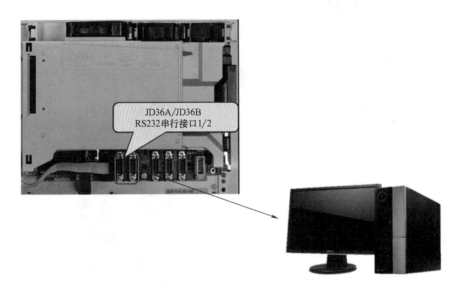

图 3-4-7　RS232 串行接口的连接

五、数控装置熔断器的更换

当启动数控装置时屏幕黑屏，风扇也不工作，需要检查系统熔断器。如果系统熔断器烧毁，需要更换新的熔断器。注意：在进行熔断器的更换作业之前，要排除熔断器烧断的原因后再更换。因此，此工作必须由在维修和安全方面受过充分培训的人员进行。打开电气柜更换熔断器时，切勿触碰高压电路部分，防止触电。

步骤 1：准备同品牌数控装置专用熔断器，额定电流值 5A，规格号 A02B-0236-K100。

步骤 2：切断数控机床 380V 交流电源。

步骤 3：在数控装置背面右下角找到并拆下熔断器，如图 3-4-8 所示。

步骤 4：数字万用表档位选择电阻档，用万用表测量熔断器的两个引脚，如果电阻为无穷大，则熔断器已经烧毁，如图 3-4-9 所示。

步骤 5：拿新的熔断器插入熔断器座内，将熔断器引脚压到熔断器座底部，引脚接触良好。

步骤 6：数控机床上电，系统正常启动，故障排除。

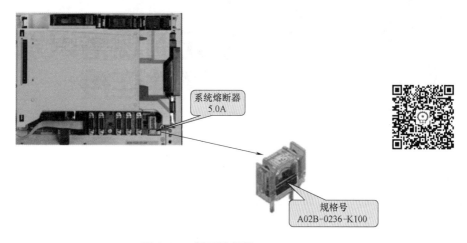

系统熔断器
5.0A

规格号
A02B-0236-K100

图 3-4-8　拆下熔断器

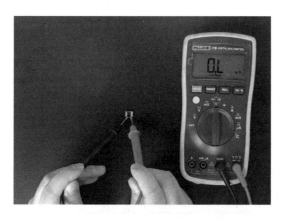

图 3-4-9　用万用表测量熔断器

问题探究

1. 在实际硬件连接过程中遇到了哪些问题？都是如何解决的？

2. 硬件连接的接线插头有什么特点？或者是特殊之处？

项目小结

1. 每个人以思维导图的形式，罗列出数控机床上数控装置的型号、订货号与序列号信息。

2. 绘制数控装置接口的连接图。

3. 分组对数控装置 SRAM 数据、PMC 梯形图的备份和恢复步骤进行手抄报的形式呈现。

4. 分组讨论：结合课程内容，谈谈您对关于国家发展"实施产业基础再造工程和重大技术装备攻关工程，支持专精特新企业发展，推动制造业高端化、智能化、绿色化发展"精神的理解。

项目4 电源单元的规格识别与硬件连接

项目教学导航

教学目标	1. 了解电源单元的规格 2. 熟悉电源单元规格的查询操作 3. 掌握电源单元接口连接
职业素养目标	1. 爱岗敬业，具有高度责任心 2. 具有安全防范意识 3. 爱护生产设备 4. 保持工作环境整洁有序，文明生产 5. 持续学习能力
知识重点	1. 电源单元规格的含义 2. 电源单元接口的含义 3. 更换电源单元熔断器的方法 4. 更换电源单元的方法
知识难点	1. 电源单元的接口连接 2. 电源单元的更换
拓展资源4	中国民营火箭，追逐星辰大海
教学方法	线上+线下（理论+实操）相结合的混合式教学法
建议学时	6学时
实训任务	任务1　电源单元规格的识别 任务2　电源单元规格的查询 任务3　电源单元的连接与更换
项目学习任务 综合评价	详见课本后附录项目学习任务综合评价表，教师根据教学内容自行调整表格内容

项目引入

数控系统的电源单元具有节能且功率大的特性。其采用能源再生技术，把电动机的再生能源送回电源；采用最新的低功率损耗元件，在节能的同时进一步提高功率。电源单元主要

用于伺服单元与主轴驱动单元的供电,其功用有 3 个:

1)提供伺服单元与主轴驱动单元的 24V 控制电源。

2)提供伺服单元与主轴驱动单元逆变所需要的主回路电压。

3)提供电动机制动的能量转换及回馈电网。

安装在机床电气柜中的电源单元分为 αi-B 系列和 βi-B 系列。αi-B 系列电源单元是独立结构,与伺服单元、主轴驱动单元分开,如图 4-1 所示。

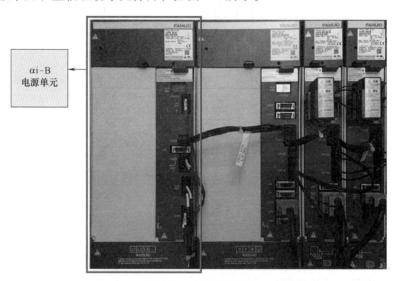

图 4-1   αi-B 电源单元

图 4-2 所示为电源单元、伺服单元与主轴驱动单元一体化结构的 βi SVSP-B 一体型单元。相比于 αi-B 系列,它没有独立的电源单元,省配线、省空间,具有电源再生功能,可实现节能运行。

图 4-2   βi SVSP-B 一体型单元

围绕电源单元的规格识别与硬件连接的工作任务包含的内容如知识图谱所示。本项目中，只围绕规格识别与硬件连接基础内容进行讲解，后续进阶的内容，请参考1+X中级教材进行学习。

知识图谱

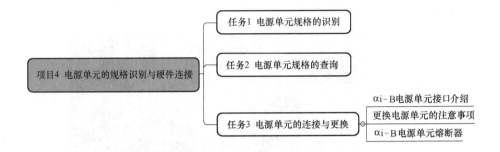

任务1　电源单元规格的识别

任务描述

通过对电源单元认知的学习，了解电源单元的特点，在生产场景中可以识别电源单元的种类，能够识别电源单元及其规格。

学前准备

1. 查阅资料了解电源单元的特性。
2. 查阅资料了解不同型号电源单元规格的区别。

学习目标

1. 了解电源单元的类型及其规格。
2. 了解电源单元规格的查看方式。
3. 能够识别电源单元规格。

实训设备、工量具、耗材清单

序号	设备名称	规格型号	数量
1	数控铣床	具有 X/Y/Z 三轴数控机床，配置 FANUC 0i -MF Plus 数控系统、横配式 10.4in 显示单元	1 台
2	资料	数控机床安全指导书及操作说明书、FANUC 0i-F Plus 维修说明书	1 套
3	清洁用品	棉纱布、毛刷	若干

任务学习

1. 电源单元规格的含义

αi-B 系列的电源单元是独立结构，与伺服单元、主轴驱动单元分开，其规格信息可以通过电源单元的实物进行查看，主要是查看电源单元上方的铭牌。其中，αi 表示其是 αi 系列的电源单元；B 表示其是升级后的电源单元，适用于 0i-F Plus 系列数控机床；PS（Power Supply）表示电源单元；7.5 表示额定功率 7.5kW；订货规格号是 A06B-6200-H008，购买备件时使用；输入电压类型为 200V 型，如图 4-1-1 所示。

αi-B 系列电源单元铭牌的左侧有闪电警示标志，表示直流母线充电 LED 灯亮时很危险，注意不要触摸电源单元内的部件、连接的电缆及直流母线排。

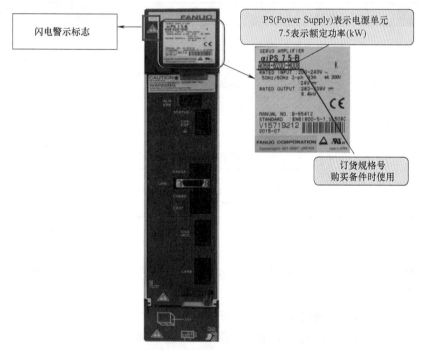

图 4-1-1　αi-B 系列电源单元铭牌

2. 电源单元规格的种类

αi-B 系列电源单元根据功率不同有多个型号，其规格号也各异，见表 4-1-1 和表 4-1-2。

表 4-1-1　αi-B 系列电源单元规格

项目		型号							
		αiPS 3-B	αiPS 7.5-B	αiPS 11-B	αiPS 15-B	αiPS 26-B	αiPS 30-B	αiPS 37-B	αiPS 55-B
电源	主电路	AC200~240V　+10%, −15%, 3φ　47~63Hz							
	控制电源	DC24V±10%							
电源容量	主电路/kV·A	5	12	16	22	38	44	54	80
	控制电源	0.5				0.8A			1.4A

（续）

项目	型号							
	αiPS 3-B	αiPS 7.5-B	αiPS 11-B	αiPS 15-B	αiPS 26-B	αiPS 30-B	αiPS 37-B	αiPS 55-B
连续额定功率/kW	3	7.5	11	15	26	30	37	55
30min额定功率/kW	3.7	11	15	18.5	30	37	45	60
短时间最大输出功率/kW	12	27	40	54	83	96	118	192
制动方式	再生制动（电源再生）							

表4-1-2　αi-B系列电源订货规格号

分类	订货规格号	名称
基本	A06B-6200-H003	αiPS 3-B
	A06B-6200-H008	αiPS 7.5-B
	A06B-6200-H011	αiPS 11-B
	A06B-6200-H015	αiPS 15-B
	A06B-6200-H026	αiPS 26-B
	A06B-6200-H030	αiPS 30-B
	A06B-6200-H037	αiPS 37-B
	A06B-6200-H055	αiPS 55-B

任务实施

通过查询电源单元、伺服单元和主轴驱动单元铭牌，了解电源单元、伺服单元和主轴驱动单元铭牌的含义。

步骤1：数控机床处于断电状态下，打开电气柜。

步骤2：在电气柜中找到电源单元、伺服单元和主轴驱动单元。

步骤3：观察主轴驱动单元、伺服单元和电源单元上方的铭牌，如图4-1-2所示，把各单元的系列、规格号、功用填入表4-1-3。

① ② ③

图4-1-2　主轴驱动单元、伺服单元、电源单元铭牌

124

表 4-1-3　数控机床各单元规格表

单元	铭牌	系列	铭牌含义	规格号	功用
主轴驱动单元	①	αi-B	15 表示主轴功率是 15kW	A06B-6220-H015	驱动主轴电动机运转
伺服单元	②	αi-B	20 表示伺服单元所属轴的最大输出电流是 20A	A06B-6240-H103	驱动伺服电动机运转
电源单元	③	αi-B	7.5 表示电源单元额定功率是 7.5kW	A06B-6200-H008	为伺服单元、主轴驱动单元供电

问题探究

1. αi-B 电源单元的铭牌上有哪些信息？
2. 不同类型的 αi-B 电源单元有什么区别？

任务 2　电源单元规格的查询

任务描述

通过电源单元规格型号的学习，了解电源单元规格的查询方式。在数控机床出现故障时能对电源单元型号进行识别读取，并及时反馈给机床维修人员，使用相同型号的备件进行更换，以及时恢复生产。

学前准备

1. 查阅资料了解电源单元规格的查询方式有哪些。
2. 查阅资料了解电源单元规格号的作用。

学习目标

1. 了解并掌握电源单元规格的查询方式。
2. 能够通过系统页面进行电源单元规格的查询和报备。

实训设备、工量具、耗材清单

序号	设备名称	规格型号	数量
1	数控铣床	具有 X/Y/Z 三轴数控机床，配置 FANUC 0i -MF Plus 数控系统、横配式 10.4in 显示单元	1 台
2	资料	数控机床安全指导书及操作说明书、FANUC 0i-F Plus 维修说明书	1 套
3	清洁用品	棉纱布、毛刷	若干

任务学习

数控机床电源单元出现故障时，通过查询系统页面中的主轴信息页面，确认 αi-B 电源单元（PSM）规格号信息是 A06B-6200-H008。此规格号与其铭牌上的规格号是一致的，如图 4-2-1 所示。根据此规格号向数控系统厂商咨询购买相同型号的备件进行更换。

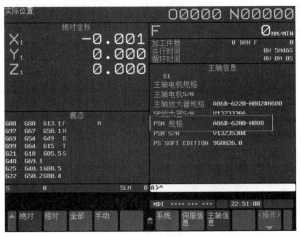

图 4-2-1 αi-B 电源单元规格

任务实施

分别通过两种方法（电源单元铭牌和 0i-F Plus 数控系统）查询数控机床电源单元的规格号，完成电源单元规格号的记录。

步骤 1：在数控机床处于断电状态下，在电气柜中找到 αi-B 电源单元，在其上方查看铭牌，记录电源单元的规格号。

步骤 2：数控机床上电，按下功能键"SYSTEM"→"系统"→"主轴信息"，记录电源单元规格号，确认与铭牌上的规格号是否一致。

步骤 3：对比两种规格信息的查询方式，填写表 4-2-1。

表 4-2-1 电源单元规格查询方式对比表

查询方式	电源单元铭牌	主轴信息页面
操作	直接查看，机床无须开机	机床开机后在主轴信息页面查看
记录	手写记录，易丢失	无须记录

问题探究

1. 简述通过系统页面查询电源单元规格信息的步骤。在系统页面除了电源单元规格信息，还可以查询到哪些信息？

2. 数控机床的电源单元出现故障需要更换，机床维修人员购买相同型号备件需要提供什么信息？

任务 3　电源单元的连接与更换

任务描述

通过对电源单元硬件的学习，了解电源单元实际接口的位置及含义，能够区分电源单元、伺服单元与主轴驱动单元，完成电源单元的硬件连接及更换。

学前准备

1. 查阅资料了解电源单元接口的含义。
2. 查阅资料了解电源单元的连接方法。

学习目标

1. 了解电源单元接口的含义，能够完成电源单元接口的连接。
2. 能够更换电源单元的熔断器。
3. 能够更换电源单元。

实训设备、工量具、耗材清单

序号	设备名称	规格型号	数量
1	数控铣床	具有 X/Y/Z 三轴数控机床，配置 FANUC 0i -MF Plus 数控系统、横配式 10.4in 显示单元	1 台
2	资料	数控机床安全指导书及操作说明书、FANUC 0i-F Plus 维修说明书	1 套
3	万用表	数字万用表，精度三位半以上	1 台
4	工具	十字螺钉旋具	1 把
5	熔断器	FANUC 0i-F Plus 电源单元熔断器	1 只
6	清洁用品	棉纱布、毛刷	若干

任务学习

一、αi-B 电源单元接口介绍

1. 电源单元接口的含义

电源单元接口如图 4-3-1 和图 4-3-2 所示。

1）DC Link 为直流母线排，输出直流为 300V，内含 LED。PSM、SPM、SVM 之间的短接棒是连接主回路直流 300V 电压用的连接线，一定要拧紧。如果拧得不够紧，轻则产生报警，重则烧坏电源单元和主轴驱动单元。电源单元的直流母线排传递直流主回路电压至主轴驱动单元与伺服单元，逆变主回路电源。

2）CX4 接口为放大器急停接口。该接口连接急停回路，用来控制 CX3 的回路。

3）CX3 接口为 MCC 控制回路接口，对伺服上电状态进行监测。该接口为常闭触点，依据电磁接触器电压选择，串接到 MCC 电磁接触器线圈回路。

4）CX48 接口为电源监控接口，用于监测相序是否正确，相序错误系统将会报警。

5）CXA2A 接口为跨接电缆接口，电压为 DC24V。

6）CXA2D 接口为控制电源接口，电压为 DC24V。

7）CX37 接口为重力轴断电检测接口，可有效防止重力轴下落。当外部三相电检测异常时，通过 CX37 的双触点回路，控制机床执行急停，重力轴的抱闸制动，减少机床轴下落。

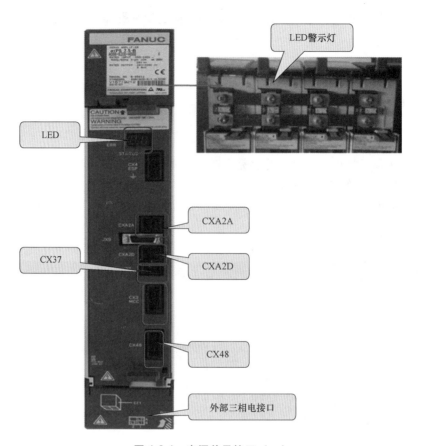

图 4-3-1　电源单元接口（一）

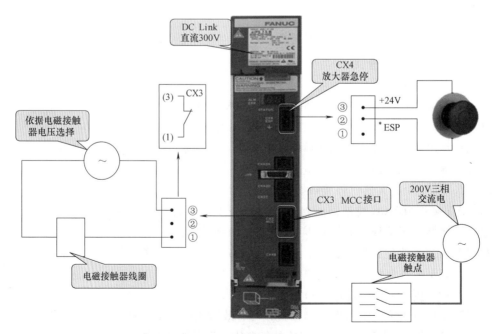

图 4-3-2　电源单元接口（二）

8）外部三相电接口为外部三相电交流 220V 输入接口。

2. 电源单元接口的连接

电源单元接口的连接图如图 4-3-3 所示。

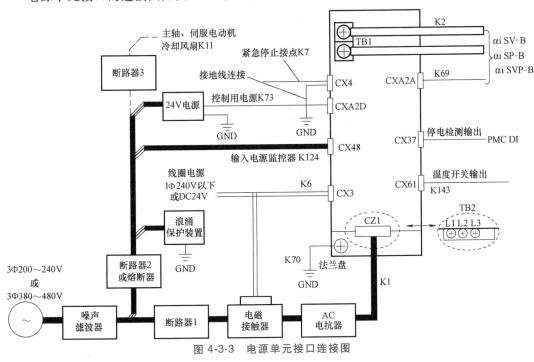

图 4-3-3 电源单元接口连接图

二、更换电源单元的注意事项

1）由接受过有关该机床、数控装置维护培训的人员实施更换电源单元及配线等作业。

2）更换电源单元前必须确认已放电完，若没有放电完，电源单元的电容会残留电荷，可能导致触电。更换电源单元时必须使用相同规格号的新电源单元。

3）确认电源单元是否切实地安装到电气柜上。如果电气柜与电源单元的安装面存有间隙，则可能会因自外部渗入的粉尘等影响电源单元的正常动作。

4）将电源线、信号线连接至正确的端子、连接器。

5）勿在接通电源的状态下插拔连接器，否则会使电源单元发生故障。

6）拆装电源单元时，请注意不要让手指夹在电源单元和电气柜之间。

7）注意拆下的螺钉不要丢失。如果在丢失的螺钉留在电源单元内部的状态下接通电源，则可能导致机床破损。

8）注意不要使电源线、动力线发生接地短路故障。

9）勿拆解和撞击电源单元。

10）定期清理和更换电源单元的风扇。

三、αi-B 电源单元熔断器

αiPS-B 电源单元控制电路板熔断器的安装位置如图 4-3-4 所示。熔丝规格为 3.2A，备件号为 A60L-0001-0290#LM32C，见表 4-3-1。

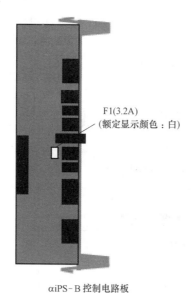

F1(3.2A)
(额定显示颜色：白)

αiPS-B 控制电路板

图 4-3-4 αiPS-B 电源单元控制电路板熔断器的安装位置

表 4-3-1 熔丝规格

记号	备件号	额定电流/电压
FU1	A60L-0001-0290#LM32C	3.2A/48V

任务实施

1）通过了解电源单元更换的注意事项，查看电源单元的接口连接图，完成数控机床电源单元的更换。

步骤 1：数控机床处于断电状态下，在电气柜中找到αiPS7.5-B 电源单元。务必注意电源单元、主轴驱动单元与伺服单元之间的短路棒是连接主回路直流 300V 电压的，一定要确认充电指示 LED（红色）熄灭才可以进行拆装，如图 4-3-5 所示。

步骤 2：拆下外部三相电电源线（CZ1 接口）、MCC接线（CX3 接口）、急停接线（CX4 接口）、DC24V 电源输入（CXA2D 接口）、DC24V 电源输出（CXA2A 接口）。

步骤 3：用十字螺钉旋具拧下 DC Link 直流母线排螺钉，拆下直流母线排，再拧下固定电源单元的螺钉，拆下电源单元。

步骤 4：更换相同规格型号的电源单元并进行安装。按照电缆线号连接全部接线，安装 DC Link 直流母线排和螺钉。螺钉一定要拧紧，如果拧得不够紧，轻则产生报警，重则烧坏电源单元。

步骤 5：检查电源单元安装情况，接线连接正确，确

图 4-3-5 αi-B 电源单元充电
指示 LED（红色）熄灭

认更换完成。

2）按照电源单元熔断器更换的操作步骤，完成数控机床电源单元熔断器的更换。

步骤1：数控机床处于断电状态下，拆下 αiPS7.5-B 电源单元控制电路板的连线，抓住控制电路板上下的挂钩，向前拉出控制电路板，如图 4-3-6 所示。

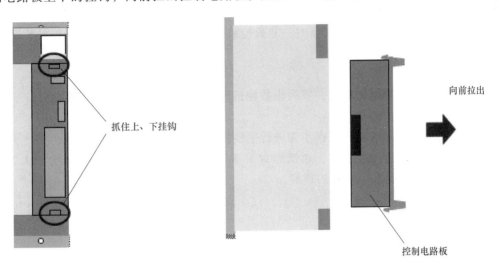

抓住上、下挂钩

向前拉出

控制电路板

图 4-3-6 拉出控制电路板

步骤2：拆下控制电路板的熔断器（3.2A），如图 4-3-7 所示。

步骤3：用数字万用表欧姆档进行测量，红黑表笔分别接触被测熔断器的两引脚，测试电阻值无穷大说明熔断器已坏，如图 4-3-8 所示。观察控制电路板没有损毁的情况，可以进行熔断器的更换。

图 4-3-7 拆下控制电路板熔断器　　　　图 4-3-8 用数字万用表测量熔断器

步骤4：更换相同型号的新熔断器。插入控制电路板，确认上、下挂钩已勾入壳体中。

步骤 5：进行控制电路板的接线，完成熔断器的更换。

问题探究

1. 简述 αi-B 电源单元主回路电源的上电过程。

2. 为什么确认 αi-B 电源单元充电指示 LED（红色）熄灭才可以进行电源单元拆装？

3. 更换 αi-B 电源单元的熔断器时，非数控系统厂商提供的熔断器产品能临时替换吗？

项目小结

1. 每个人以思维导图的形式，罗列出数控机床 αi-B 电源单元的全部规格信息。

2. 绘制电源单元的连接图。

3. 分组对电源单元的安装更换步骤进行手抄报的形式呈现。

4. 分组讨论：结合课程内容，谈谈您对关于"必须坚持科技是第一生产力、人才是第一资源、创新是第一动力"精神的理解。

项目5 交流伺服驱动装置的规格识别与硬件连接

项目教学导航

教学目标	1. 了解伺服驱动单元、伺服电动机与编码器的规格识别方法 2. 熟悉伺服驱动单元和伺服电动机的特点 3. 熟悉伺服驱动单元和伺服电动机的接口位置及含义 4. 熟悉伺服电动机运行状态的监控方法 5. 掌握伺服驱动单元和伺服电动机的硬件连接
职业素养目标	1. 对企业忠诚，有团队归属感 2. 自理和自律能力 3. 主人翁奉献精神 4. 专研技术，勇于创新 5. 热爱本职工作，终于职守
知识重点	1. 伺服驱动单元和伺服电动机的规格 2. 伺服驱动单元接口的含义 3. 伺服电动机接口的含义 4. 伺服驱动单元与伺服电动机的连接 5. 伺服电动机的运行监控
知识难点	1. 伺服驱动单元与伺服电动机接口的作用 2. 伺服驱动单元接口的连接 3. 伺服电动机的连接与更换
拓展资源5	火箭"心脏"焊接人高凤林
教学方法	线上+线下（理论+实操）相结合的混合式教学法
建议学时	12学时
实训任务	任务1 伺服驱动单元、伺服电动机与编码器规格的识别 任务2 伺服驱动单元硬件与软件规格的查询 任务3 伺服驱动单元的连接与更换 任务4 伺服电动机的连接 任务5 伺服电动机运行状态的监控
项目学习任务 综合评价	详见课本后附录项目学习任务综合评价表，教师根据教学内容自行调整表格内容

项目引入

　　交流伺服驱动装置是机床数控系统中，以交流伺服电动机作为执行元件，直接被控量为位移、速度、加速度、力或力矩的反馈控制装置。交流伺服驱动装置包含伺服驱动单元与伺服电动机。

　　数控系统的伺服驱动单元具有电气柜小型化的结构紧凑型节能的特点，其作用是驱动伺服电动机运行。安装在机床电气柜中的伺服驱动单元分为 αi-B 系列和 βi-B 系列。αi-B 系列的伺服驱动单元是独立结构，与电源单元、主轴驱动单元分开，按驱动电动机数分为单轴、双轴和三轴。图 5-1 所示的 αi-B 系列两个伺服驱动单元，左侧是双轴伺服驱动单元，右侧是单轴伺服驱动单元。

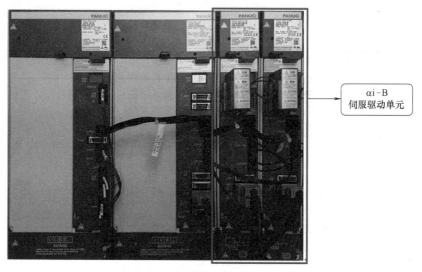

αi-B
伺服驱动单元

图 5-1　αi-B 系列两个伺服驱动单元

　　βi-B 系列伺服驱动单元分为两种类型，一种是图 5-2 所示左侧的多伺服轴/主轴一体型 βiSVSP-B 单元，可以驱动 3 台 βi-B 伺服电动机和一台 βiI-B 主轴电动机运行；还有一种是图 5-2 所示右侧的单独安装和使用的集成型伺服驱动单元——βiSV-B 伺服驱动单元，可以驱动一台 βi-B 伺服电动机运行。

图 5-2　βi-B 系列伺服驱动单元

伺服电动机具有平滑的旋转特性、优秀的加速能力以及高可靠性，搭配内置编码器可以实现高精度定位与控制，如图5-3所示。

图 5-3　伺服电动机

伺服电动机根据特性不同，还可以分为 αi 系列和 βi 系列两大类。αi 系列伺服电动机根据电动机转动惯量以及转速的不同，可以再划分为 αiF 系列与 αiS 系列；βi 系列伺服电动机根据电动机转动惯量以及转速的不同，可以再划分为 βiF 系列、βiS 系列与 βiSc 系列，全面升级了-B 系列产品，编码器分辨率得到进一步提高，更进一步提升了电动机运转的平滑性和定位精度。伺服电动机的分类见表 5-1。

表 5-1　伺服电动机的分类

电动机型号	电动机系列	驱动电压	电动机特点
αiF-B	αi	200V	中惯量，适用于进给驱动轴
αiS-B			小型、高速、大功率、优越的高加速性能
βiS-B	βi	200V	高性价比，紧凑型电动机
βiSc-B			高性价比电动机，无热敏电阻及 ID 信息
βiF-B			高性价比、中惯量、紧凑型电动机

围绕伺服驱动单元与伺服电动机的规格识别与硬件连接的工作任务包含的内容如知识图谱所示。本项目中，只围绕规格识别与硬件连接基础内容进行讲解，后续进阶的内容，请参考 1+X 中级教材进行学习。

知识图谱

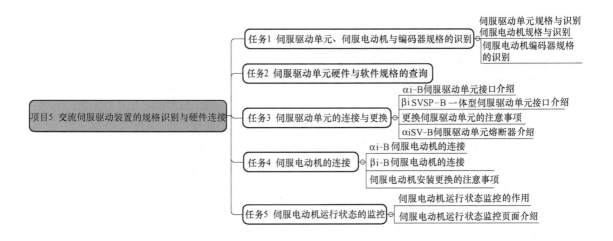

任务 1　伺服驱动单元、伺服电动机与编码器规格的识别

任务描述

通过对伺服驱动单元、伺服电动机与编码器的学习，了解伺服驱动单元、伺服电动机与编码器的特点，在生产场景中可以识别伺服驱动单元、伺服电动机与编码器的种类，能够识别哪种是伺服驱动单元与伺服电动机，能够识别伺服驱动单元、伺服电动机与编码器的规格。

学前准备

1. 查阅资料了解伺服驱动单元与伺服电动机的特性。
2. 查阅资料了解不同型号伺服驱动单元的区别。

学习目标

1. 了解伺服驱动单元、伺服电动机与编码器类型及其规格。
2. 熟悉伺服驱动单元、伺服电动机与编码器规格的查询方式。
3. 能够识别伺服驱动单元、伺服电动机与编码器的规格。

实训设备、工量具、耗材清单

序号	设备名称	规格型号	数量
1	数控铣床	具有 X/Y/Z 三轴数控机床，配置 FANUC 0i -MF Plus 数控系统、横配式 10.4in 显示单元	1 台
2	资料	数控机床安全指导书及操作说明书、FANUC 0i-F Plus 维修说明书	1 套
3	清洁用品	棉纱布、毛刷	若干

任务学习

一、伺服驱动单元规格的识别

1. 伺服驱动单元规格的含义

αi-B 系列伺服驱动单元的功用是驱动伺服电动机运行。αi-B 伺服驱动单元为独立结构，与主轴驱动单元、电源单元分开，其规格信息可以直接通过伺服驱动单元上方的铭牌进行查看。其中，αi 表示其是 αi 系列的伺服驱动单元；B 表示其是升级后的伺服驱动单元，适用于 0i-F Plus 系列数控机床；SV（Servo）表示伺服驱动单元，20 表示所属伺服轴的最大输出电流为 20A，订货规格号是 A06B-6240-H103，供购买备件时使用；输入电压类型为 200V 型，如图 5-1-1 所示。

伺服驱动单元铭牌的左侧有闪电警示标志，表示直流母线充电 LED 亮时很危险，注意不要触摸伺服驱动单元内的部件、连接电缆及直流母线排。

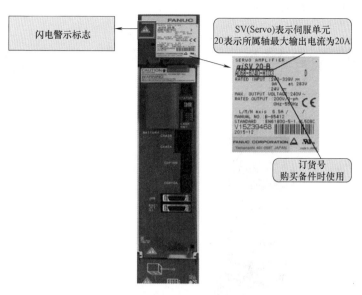

图 5-1-1 αi-B 系列伺服驱动单元

βiSV-B 系列伺服驱动单元是独立的结构，其规格信息可以直接通过伺服驱动单元上方的铭牌进行查看。其中，βi 表示其是 βi 系列的伺服驱动单元；B 表示其是升级后的伺服驱动单元，适用于 0i-F Plus 系列数控机床；SV（Servo）表示伺服驱动单元，20 表示所属伺服轴的最大输出电流为 20A，订货规格号是 A06B-6160-H002，供购买备件时使用；输入电压类型为 200V 型；如图 5-1-2 所示。

137

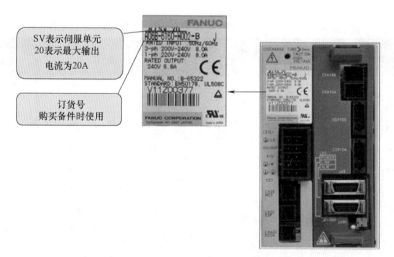

图 5-1-2 βiSV-B 系列伺服驱动单元

βiSVSP-B 系列一体型单元是电源单元、伺服驱动单元与主轴驱动单元的一体化结构，其规格信息可以通过一体型单元上方的铭牌查看。其中，βi 表示其是 βi 系列的伺服驱动单元；B 表示其是升级后的伺服驱动单元，适用于 0i-F Plus 系列数控机床；SVSP（Servo Spindle）表示伺服主轴一体型单元；40/40/40 表示所属 3 个伺服轴的最大输出电流为 40A，11 表示所属主轴额定功率为 11kW；订货规格号是 A06B-6320-H332，供购买备件时使用；输入电压类型为 200V 型，如图 5-1-3 所示。

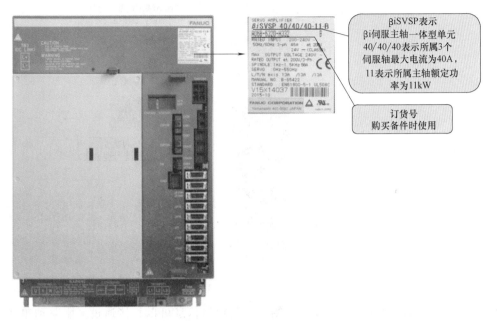

βiSVSP表示
βi伺服主轴一体型单元
40/40/40表示所属3个
伺服轴最大电流为40A，
11表示所属主轴额定功
率为11kW

订货号
购买备件时使用

图 5-1-3　βiSVSP-B 伺服主轴一体型单元

2. 伺服驱动单元规格的种类

αi-B 系列伺服驱动单元包括单轴、双轴和三轴。根据所属轴输出电流不同有多个型号，其规格号也各异，见表 5-1-1。

表 5-1-1　αi-B 系列伺服驱动单元规格

轴数	伺服放大器名称	HRV2	HRV3/4	外形（TYPE）	额定输出电流/A	峰值输出电流/A	订货号
单轴	αiSV 4-B	○	○	I	2.5	4	A06B-6240-H101
	αiSV 20-B	○	○	I	6.5	20	A06B-6240-H103
	αiSV 40-B	○	○	II	13	40	A06B-6240-H104
	αiSV 80-B	○	○	II	22.5	80	A06B-6240-H105
	αiSV 160-B	○	○	II	45	160	A06B-6240-H106
	αiSV 360-B	○	○	IV	130	360	A06B-6240-H109
双轴	αiSV 4/4-B	○	○	I	2.5/2.5	4/4	A06B-6240-H201
	αiSV 4/20-B	○	○	I	2.5/6.5	4/20	A06B-6240-H203
	αiSV 20/20-B	○	○	I	6.5/6.5	20/20	A06B-6240-H205
	αiSV 20/40-B	○	○	II	6.5/13	20/40	A06B-6240-H206
	αiSV 40/40-B	○	○	II	13/13	40/40	A06B-6240-H207
	αiSV 40/80-B	○	○	II	13/22.5	40/80	A06B-6240-H208
	αiSV 80/80-B	○	○	II	22.5/22.5	80/80	A06B-6240-H209
	αiSV 80/160-B	○	○	III	22.5/45	80/160	A06B-6240-H210
	αiSV 160/160-B	○	○	III	45/45	160/160	A06B-6240-H211

（续）

轴数	伺服放大器名称	HRV2	HRV3/4	外形（TYPE）	额定输出电流/A	峰值输出电流/A	订货号
三轴	αiSV 4/4/4-B	○	○	I	2.5/2.5/2.5	4/4/4	A06B-6240-H301
	αiSV 20/20/20-B	○	○	I	6.5/6.5/6.5	20/20/20	A06B-6240-H305
	αiSV 20/20/40-B	○	○	II	6.5/6.5/13	20/20/40	A06B-6240-H306
	αiSV 40/40/40-B	○	○	II	13/13/13	40/40/40	A06B-6240-H308
	αiSV 4/4/4-B	○	○	I	2.5/2.5/2.5	4/4/4	A06B-6240-H321
	αiSV 20/20/20-B	○	○	I	6.5/6.5/6.5	20/20/20	A06B-6240-H325
	αiSV 20/20/40-B	○	○	II	6.5/6.5/13	20/20/40	A06B-6240-H326
	αiSV 40/40/40-B	○	○	II	13/13/13	40/40/40	A06B-6240-H328
	αiSV 80/80/80-B	○	○	III	22.5/22.5/22.5	80/80/80	A06B-6240-H331

　　βi-B 系列伺服驱动单元包括单轴、双轴。根据所属轴输出电流不同有多个型号，其规格号也各异，见表 5-1-2。

表 5-1-2　βi-B 系列伺服驱动单元规格

轴数	接口类型	放大器名称	伺服放大器额定输出电流/A	伺服放大器最大输出电流/A	动力电源输入容量/kV·A	放大器尺寸/mm	订货号
单轴	FSSB	βiSV 4-B	0.9	4	0.2	W75×H150×D172	A06B-6160-H001
		βiSV 20-B	6.8	20	2.8	W75×H150×D172	A06B-6160-H002
		βiSV 40-B	13	40	4.7	W60×H380×D272	A06B-6160-H003
		βiSV 80-B	18.5	80	6.5	W60×H380×D272	A06B-6160-H004
	I/O Link i	βiSV 4-B	0.9	4	0.2	W75×H150×D172	A06B-6162-H001
		βiSV 20-B	6.8	20	2.8	W75×H150×D172	A06B-6162-H002
		βiSV 40-B	13	40	4.7	W60×H380×D272	A06B-6162-H003
		βiSV 80-B	18.5	80	6.5	W60×H380×D272	A06B-6162-H004
		βiSV 4-B *1	0.9	4	0.2	W75×H150×D172	A06B-6172-H001
		βiSV 20-B *1	6.8	20	2.8	W75×H150×D172	A06B-6172-H002
		βiSV 40-B *1	13	40	4.7	W60×H380×D272	A06B-6172-H003
		βiSV 80-B *1	18.5	80	6.5	W60×H380×D272	A06B-6172-H004
双轴	FSSB	βiSV 20/20-B	6.5/6.5	20/20	2.7	W60×H380×D172	A06B-6166-H201#A
		βiSV 40/40-B	13/13	40/40	4.8	W90×H380×D172	A06B-6166-H203

二、伺服电动机规格的识别

1. 伺服电动机规格的含义

　　αiS-B 伺服电动机具有高速和优越的高加速性能，其规格信息可以直接通过伺服电动机上方的铭牌进行查看。如图 5-1-4 所示，AC SERVO MOTOR 表示交流伺服电动机，αiS 表示

其是 αiS 系列的伺服电动机；B 表示其是升级后的伺服电动机，适用于 0i-F Plus 系列数控机床；8 表示伺服电动机的堵转转矩为 8N·m，4000 表示伺服电动机的最大转速是 4000r/min；订货规格号是 A06B-2235-B100，供购买备件时使用；输入电压类型为 200V 型，连续电流为 11A，输出功率为 2.5kW，额定转速是 4000r/min。

βiS-B 伺服电动机是高性价比、紧凑型的电动机，其规格信息可以直接通过伺服电动机上方的铭牌进行查看。如图 5-1-5 所示，AC SERVO MOTOR 表示交流伺服电动机，βiSc 表示其是 βiS 系列的伺服电动机，无热敏电阻及 ID 信息；B 表示其是升级后的伺服电动机，适用于 0i-F Plus 系列数控机床；4 表示堵转转矩为 3.5N·m，4000 表示最大转速是 4000r/min；订货规格号是 A06B-2063-B407（带抱闸），供购买备件时使用；输入电压类型为 200V 型，连续电流为 4.7A，输出功率为 0.75kW，额定转速是 3000r/min。

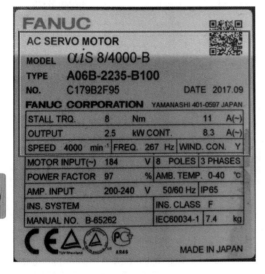

图 5-1-4　αiS8/4000-B 伺服电动机铭牌

图 5-1-5　βiSc4/4000-B 伺服电动机铭牌

2. 伺服电动机规格的种类

αiS-B 系列伺服电动机根据所属轴转矩不同有多个型号，见表 5-1-3。

表 5-1-3　αiS-B 系列伺服电动机

连续转矩（低速旋转时）/N·m		2	4	8	12	22	30	40	50	60	150	300	500
法兰盘尺寸 /mm		90		130			174				265		
αiS-B/αiS	200V	αiS 2/5000-B	αiS 4/5000-B	αiS 8/4000-B	αiS 12/4000-B	αiS 22/4000-B	αiS 30/4000-B	αiS 40/4000-B	αiS 50/2000-B　αiS 50/3000-B	αiS 60/2000-B　αiS 60/3000-B	αiS 150/3000-B	αiS 300/2000-B	αiS 500/2000-B
		αiS 2/6000-B	αiS 4/6000-B	αiS 8/6000-B	αiS 12/6000-B	αiS 22/6000-B			αiS 50/3000 FAN-B	αiS 60/3000 FAN-B			

βiSc-B 系列伺服电动机根据所属轴转矩不同有多个型号，见表 5-1-4。

表 5-1-4 βiSc-B 系列伺服电动机

连续转矩（低速旋转时）/N·m	0.16	0.32	0.4	0.65	1.2	2	3.5	3.5	7	11	11	20	27	36
法兰盘尺寸 /mm	40		60			90			130			174		
βiSc-B 200V						βiSc 2/4000-B	βiSc 4/4000-B		βiSc 8/3000-B	βiSc 12/2000-B / βiSc 12/3000-B		βiSc 22/2000-B		

3. 伺服电动机订购规格号

（1）αiS-B 伺服电动机订购规格号及含义

$$A06B\text{-}2\square\square\square\text{-}B\triangle \bigcirc \bigtriangledown \#abcd$$

其中，△ 的数值及含义如下：

0：锥形轴；

1：直轴；

2：直轴有键槽；

3：锥形轴、带 DC24V 制动器；

4：直轴、带 DC24V 制动器；

5：直轴有键槽、带 DC24V 制动器。

○ 的数值及含义如下：

0：标准；

1：带风扇；

2：带大转矩小齿隙的制动器；

3：带大转矩小齿隙的制动器、带风扇。

▽ 的数值及含义如下：

0：脉冲编码器 αiA4000；

2：脉冲编码器 αiA32000。

a 取 0 表示标准。

b 取 0 表示标准；取 1 表示 IP67 规格。

cd 取 00 表示标准。

（2）βiS-B 伺服电动机订购规格号及含义

$$A06B\text{-}\square\square\square\square\text{-}B\triangle 0 \bigtriangledown \#abcd$$

△ 的数值及含义如下：

0：锥形轴；

1：直轴；

2：直轴有键槽；

3：锥形轴、带 DC24V 制动器；

4：直轴、带 DC24V 制动器；

5：直轴有键槽、带 DC24V 制动器。

▽的数值及含义如下：

3：脉冲编码器 βA64B（βiS0.2，βiS0.3），脉冲编码器 βiA64（βiS0.4-B～βiS1-B），脉冲编码器 βiA1000（βiS2-B～βiS40-B，βiF4-B～βiF30-B）；

7：脉冲编码器 βiA1000（βiSc-B 专用）（βiSc2-B～βiSc22-B）。

a 取 0 表示标准。

b 取 0 表示标准；取 1 表示 IP67 规格（βiS0.2，βiS0.3 除外）。

cd 取 00 表示标准。

三、伺服电动机编码器规格的识别

1. 脉冲编码器简介

所有的 AC 伺服电动机 αi-B/βi-B 系列中，都内置有脉冲编码器（光学式编码器），从脉冲编码器输出位置信息和报警信号。

2. 脉冲编码器分类

脉冲编码器分类见表 5-1-5。

表 5-1-5　脉冲编码器分类

编码器类型	分辨率/（脉冲/转）	绝对式/增量式	可适用电动机类型
αiA4000	4000000	绝对式	αi 全系列电动机
αiI4000	4000000	增量式	
αiA32000	32000000	绝对式	
βiA64	65536	绝对式	βiS0.4～βiS1
βiA1000	1000000	绝对式	βiS2～βiS40

任务实施

1）通过查看数控机床的伺服驱动单元和伺服电动机铭牌，了解伺服驱动单元和伺服电动机铭牌的含义。

步骤 1：在数控机床处于断电状态下，打开电气柜。

步骤 2：在电气柜中找到 X 轴/Y 轴/Z 轴伺服驱动单元；在数控机床上分别找到 X 轴/Y 轴/Z 轴伺服电动机，如图 5-1-6 所示。

步骤 3：观察伺服驱动单元和伺服电动机上方的铭牌，如图 5-1-7 所示，把伺服驱动单元和伺服电动机的系列、名称含义、规格号和轴名称填入表 5-1-6。

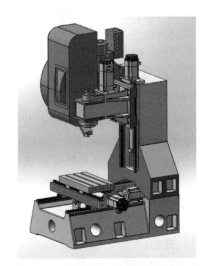

图 5-1-6　数控机床伺服电动机位置

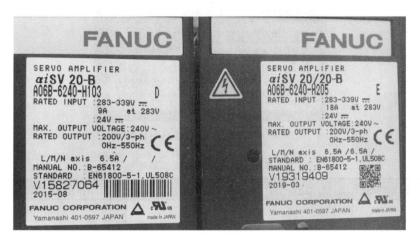

图 5-1-7 伺服驱动单元和伺服电动机铭牌

表 5-1-6 伺服驱动单元和伺服电动机规格

序号	名称	系列	名称含义	规格号	轴名称
1	伺服驱动单元	αiSV-B	20 表示伺服驱动单元所属轴的最大输出电流为 20A	A06B-6240-H205	X/Y
2	伺服驱动单元	αiSV-B	20 表示伺服驱动单元所属轴的最大输出电流为 20A	A06B-6240-H103	Z
3	伺服电动机	βiSc-B	4 表示堵转转矩是 3.5N·m, 4000 表示最大转速是 4000r/min	A06B-2063-B107 (1 表示直轴)	X/Y
4	伺服电动机	βiSc-B	4 表示堵转转矩是 3.5N·m, 4000 表示最大转速是 4000r/min	A06B-2063-B407 (4 表示直轴、带 DC24V 制动器)	Z

2）观察伺服电动机编码器的铭牌，如图 5-1-8 所示，将编码器类型、编码器规格号和轴名称填入表 5-1-7。

图 5-1-8　伺服电动机编码器铭牌

表 5-1-7　伺服电动机编码器规格

编码器类型	编码器规格号	轴名称
βiA1000	A860-2070-T371	*X/Y/Z*

问题探究

1. 不同类型的伺服驱动单元之间有什么区别？
2. 同一个伺服驱动单元能驱动不同型号的伺服电动机吗？

任务2　伺服驱动单元硬件与软件规格的查询

任务描述

　　通过伺服驱动单元规格型号的学习，了解伺服驱动单元硬件与软件规格的查询方式。数控机床出现故障时能对伺服驱动单元型号进行识别读取，并及时反馈给机床维修人员，选用同型号的备件进行更换，以及时恢复生产。

学前准备

1. 查阅资料了解伺服驱动单元规格的查询方式。
2. 查阅资料了解伺服驱动单元规格号的作用。

学习目标

1. 掌握伺服驱动单元规格的查询方式。
2. 能够通过伺服信息页面进行伺服驱动单元规格的查询和报备。

实训设备、工量具、耗材清单

序号	设备名称	规格型号	数量
1	数控铣床	具有 X/Y/Z 三轴数控机床，配置 FANUC 0i -MF Plus 数控系统、横配式 10.4in 显示单元	1台
2	资料	数控机床安全指导书及操作说明书、FANUC 0i-F Plus 维修说明书	1套
3	清洁用品	棉纱布、毛刷	若干

任务学习

1. 伺服驱动单元硬件规格

数控机床伺服驱动单元出现故障时，通过查询系统页面中的伺服信息页面，确认 αi-B 伺服驱动单元（SVM）规格号信息是 A06B-6240-H103。此规格号与其铭牌上的规格号是一致的。根据此规格向数控系统厂商咨询购买相同型号的备件进行更换，如图 5-2-1 所示。伺服信息被保存在 FLASH-ROM 中。页面所显示的 ID 信息与实际 ID 信息不一致的项目，在项目的左侧显示 "＊"。

2. 伺服驱动单元软件规格

通过系统配置（软件）页面，查看伺服（SERVO）软件规格信息是 90J5 系列，2.0 版本，如图 5-2-2 所示。

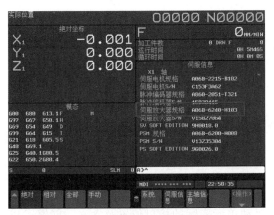

图 5-2-1　伺服驱动单元硬件规格

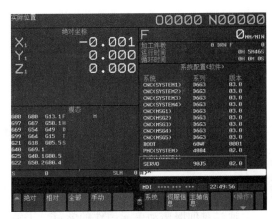

图 5-2-2　伺服驱动单元软件规格

任务实施

分别通过两种方法（伺服驱动单元铭牌和 0i-F Plus 数控系统）查询数控机床伺服驱动单元，完成伺服驱动单元硬件与软件规格的记录。

步骤 1：在数控机床处于断电状态下，在设备电气柜中找到 X 轴/Y 轴/Z 轴的 αi-B 伺服驱动单元，在其上方查看铭牌，记录伺服驱动单元的规格号。

步骤 2：数控机床上电，按下功能键 "SYSTEM"→"系统"→"伺服信息"→▣，分别记录 X 轴/Y 轴/Z 轴的伺服驱动单元规格号（图 5-2-1），确认与铭牌上的规格号是否一致，填写表 5-2-1。

表 5-2-1　伺服驱动单元规格表

序号	伺服驱动单元名称	伺服驱动单元规格号	轴名称
1	αiSV 20/20-B	A06B-6240-H205	X/Y
2	αiSV 20-B	A06B-6240-H103	Z

步骤 3：对比两种规格信息的查询方式，填写表 5-2-2。

145

表 5-2-2　伺服驱动单元查询方式对比

查询方式	伺服驱动单元铭牌	伺服信息页面
操作	直接查看,机床无须开机	机床开机后在伺服信息页面查看
记录	手写记录,易丢失	无须记录

步骤 4：按下功能键 "SYSTEM"→"系统"→"系统"→![PAGE], 记录系统配置（软件）页面伺服驱动单元软件规格信息（图 5-2-2），将伺服软件规格信息填入表 5-2-3。

表 5-2-3　伺服软件规格信息

伺服软件	系列	版本
SERVO	90J5	2.0

问题探究

1. 简述通过系统页面和伺服信息页面查询伺服驱动单元硬件与软件规格信息的步骤。

2. 数控机床的伺服驱动单元出现故障需要更换，机床维修人员购买同型号备件需要提供伺服驱动单元的什么信息？

任务 3　伺服驱动单元的连接与更换

任务描述

通过对伺服驱动单元硬件的学习，了解伺服驱动单元实际的接口位置及含义，能够完成伺服驱动单元的硬件连接及更换。

学前准备

1. 查阅资料了解伺服驱动单元接口的含义。

2. 查阅资料了解伺服驱动单元更换的注意事项。

学习目标

1. 了解伺服驱动单元接口的含义，能够完成伺服驱动单元接口的连接。

2. 能够更换伺服驱动单元的熔断器。

3. 能够更换伺服驱动单元。

实训设备、工量具、耗材清单

序号	设备名称	规格型号	数量
1	数控铣床	具有 X/Y/Z 三轴数控机床，配置 FANUC 0i -MF Plus 数控系统、横配式 10.4in 显示单元	1 台
2	资料	数控机床安全指导书及操作说明书、FANUC 0i-F Plus 维修说明书	1 套

（续）

序号	设备名称	规格型号	数量
3	万用表	数字万用表，精度三位半以上	1 台
4	工具	十字螺钉旋具	1 把
5	熔断器	FANUC 0i-F Plus 伺服驱动单元熔断器	1 只
6	清洁用品	棉纱布、毛刷	若干

任务学习

一、αi-B 伺服驱动单元接口介绍

1. 伺服驱动单元接口的含义

αi-B 伺服驱动单元接口如图 5-3-1 所示。

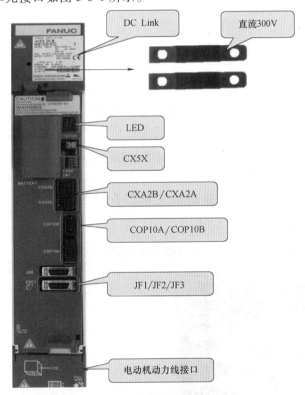

图 5-3-1　αi-B 伺服驱动单元接口

1）DC Link 为直流母线排，输出直流为 300V，包括直流母线充电显示 LED。

2）CX5X 接口为伺服驱动单元电池接口，电压为 +6V，连接内置型绝对脉冲编码器电池。

3）CXA2B/CXA2A 接口为跨接电缆接口，电压为直流 +24V。

4）COP10A/COP10B 接口为 FSSB 光缆接口。

5）JF1/JF2/JF3 接口为电动机反馈线接口。

6）电动机动力线接口为输出电动机三相电接口。

2. 伺服驱动单元接口的连接

αi-B 伺服驱动单元连接图如图 5-3-2 所示。

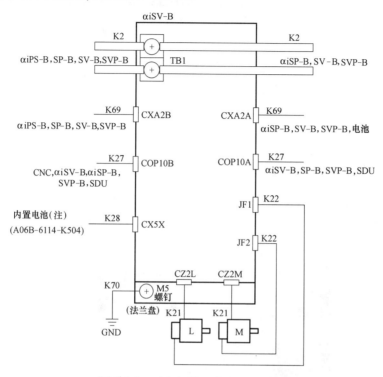

图 5-3-2　αi-B 伺服驱动单元连接图

二、βiSVSP-B 一体型伺服驱动单元接口介绍

1. 伺服驱动单元接口的含义

βiSVSP-B 一体型伺服驱动单元接口如图 5-3-3 和图 5-3-4 所示。

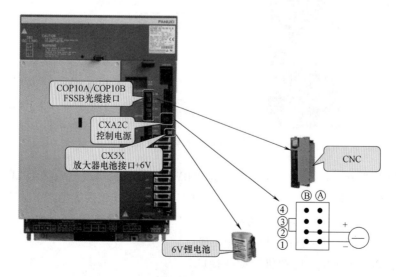

图 5-3-3　βiSVSP-B 一体型伺服驱动单元接口（一）

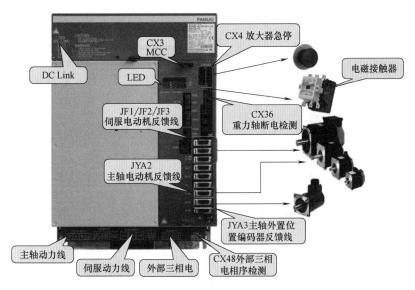

图 5-3-4 βiSVSP-B 一体型伺服驱动单元接口（二）

1）DC Link 为直流母线排，输出直流为 300V，包括直流母线充电显示 LED。PSM、SPM、SVM 之间的短接片是连接主回路直流 300V 电压用的连接线，一定要拧紧。如果拧得不够紧，轻则产生报警，重则烧坏电源单元和主轴驱动单元。其作用是传递直流主回路至主轴驱动单元、伺服驱动单元，逆变主回路电源。

2）CX4 接口为放大器急停接口。该接口连接急停回路，用来控制 CX3 的回路。

3）CX3 接口为 MCC 控制回路接口，对伺服上电状态进行监测，有无报警。该接口为常闭触点，依据电磁接触器电压选择，串接到 MCC 电磁接触器线圈回路。

4）CX48 接口为电源监控接口，监测相序是否正确，若错误则系统产生报警。

5）CXA2C 接口为控制电源接口，电压为 +24V。

6）CX36 接口为重力轴断电检测接口，可有效防止重力轴下落。当外部三相电检测异常时，通过 CX36 的双触点回路，控制机床执行急停，重力轴的抱闸制动，减少机床轴下落。

7）COP10A/COP10B 接口为 FSSB 光缆接口。

8）JF1/JF2/JF3 接口为伺服电动机反馈线接口。

9）JYA2 接口为主轴电动机内置传感器反馈线。

10）JYA3 接口为主轴外置位置编码器反馈线．

11）外部三相电接口为外部三相电输入接口。

12）主轴动力线接口为输出主轴电动机三相电接口。

13）伺服动力线接口为输出伺服电动机三相电接口。

14）CX5X 接口为伺服驱动单元电池接口，电压为 +6V，连接内置型绝对脉冲编码器电池。

2. 伺服驱动单元接口的连接

βiSVSP-B 一体型伺服驱动单元连接图如图 5-3-5 所示。

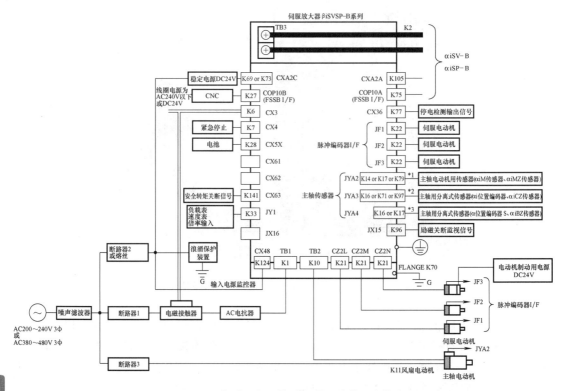

图 5-3-5 βiSVSP-B 一体型伺服驱动单元连接图

三、βiSV-B 伺服驱动单元接口介绍

1. 伺服驱动单元接口的含义

βiSV-B 伺服驱动单元接口如图 5-3-6、图 5-3-7 和图 5-3-8 所示。

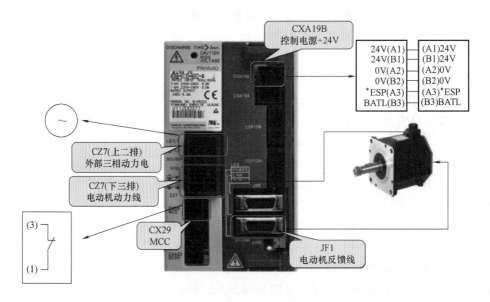

图 5-3-6 βiSV-B 伺服驱动单元接口（一）

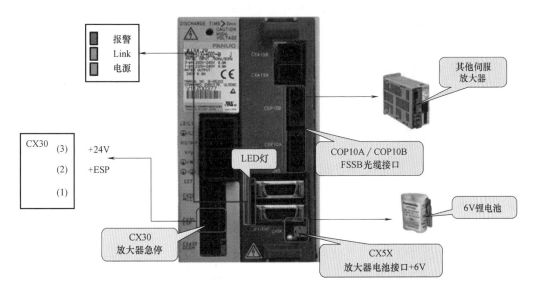

图 5-3-7　βiSV-B 伺服驱动单元接口（二）

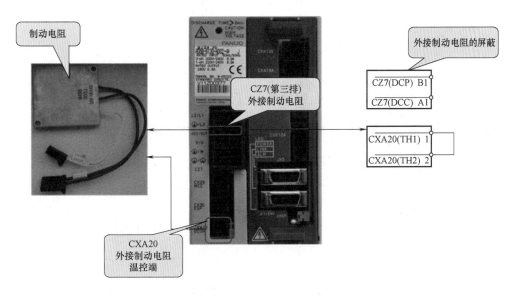

图 5-3-8　βiSV-B 伺服驱动单元接口（三）

1）CZ7（上二排）接口为外部三相动力电输入接口。

2）CZ7（下三排）接口为电动机动力线接口，输出电动机三相电接口。

3）CX29 接口为 MCC 控制回路接口，对伺服上电状态进行监测，有误报警。该接口为常闭触点，依据电磁接触器电压选择，串接到 MCC 电磁接触器线圈回路。

4）CXA19B 接口为控制电源接口，电压为直流+24V。

5）JF1 接口为电动机反馈线接口。

6）CX5X 接口为伺服电池接口，电压为+6V，连接内置型绝对脉冲编码器电池。

7）CXA19B 接口为控制电源接口，电压为直流+24V。

8）COP10A/COP10B 接口为 FSSB 光缆接口。

9）CX30 接口为放大器急停接口。该接口连接急停回路，用来控制 CX29 的回路。

10）CZ7（第三排）接口为外接制动电阻接口。

11）CXA20 接口为外接制动电阻温控端接口。

2. 伺服驱动单元接口的连接

βiSV-B 伺服驱动单元连接图如图 5-3-9 所示。

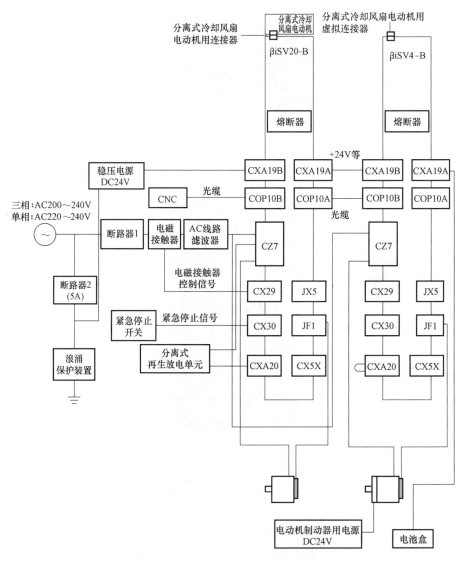

图 5-3-9　βiSV-B 伺服驱动单元连接图

四、更换伺服驱动单元的注意事项

1）由接受过有关该机床、数控系统维护培训的人员实施更换伺服驱动单元及配线等作业。

2）更换伺服驱动单元前必须确认电源单元已放电完，若没有放电完，电源单元的电容会残留电荷，可能导致触电。更换伺服驱动单元时必须使用相同规格号的新伺服驱动单元。

3）确认伺服驱动单元是否切实地安装到电气柜上。如果电气柜与伺服驱动单元的安装面存有间隙，则可能会因自外部渗入的粉尘等影响伺服驱动单元的正常动作。

4）将电源线、信号线连接至正确的端子、连接器。

5）勿在接通电源的状态下插拔连接器，否则会使伺服驱动单元发生故障。

6）拆装伺服驱动单元时，请注意不要让手指夹在伺服驱动单元和电气柜之间。

7）注意拆下的螺钉不要丢失。如果在丢失的螺钉留在伺服驱动单元内部的状态下接通电源，则可能导致机床破损。

8）注意不要使电源线、动力线发生接地短路故障。

9）勿拆解和撞击伺服驱动单元。

10）定期清理和更换伺服驱动单元的风扇。

五、αiSV-B 伺服驱动单元熔断器的介绍

αiSV-B 伺服驱动单元熔断器的安装位置如图 5-3-10 所示。熔丝规格为 3.2A，备件号为 A60L-0001-0290#LM32C，见表 5-3-1。

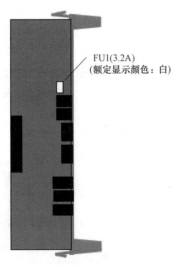

FU1(3.2A)
（额定显示颜色：白）

αiSV-B控制电路板

图 5-3-10　αiSV-B 伺服驱动单元控制电路板熔断器的安装位置

表 5-3-1　熔丝规格

记号	备件号	额定电流/电压
FU1	A60L-0001-0290#LM32C	3.2A/48V

任务实施

1）通过了解伺服驱动单元更换的注意事项，查看伺服驱动单元的接口连接图，完成数

控机床伺服驱动单元的更换。

步骤 1：在数控机床处于断电状态下，在电气柜中找到 αi-B 伺服驱动单元。务必注意伺服驱动单元、主轴驱动单元与电源单元之间的短路棒是连接主回路直流 300V 电压的，所以一定要确认充电指示 LED（红色）熄灭才可以进行拆装，如图 5-3-11 所示。

步骤 2：拆下跨接电缆线（CXA2B/CXA2A 接口），FSSB 光缆线（COP10A/COP10B 接口），电动机反馈线（JF1/JF2 接口），电动机动力线（CZ2L/CZ2M 接口）和 6V 锂电池（CX5X 接口）。

步骤 3：用十字螺钉旋具拧下 DC Link 直流母线排和螺钉，再拧下固定伺服驱动单元的螺钉，拆下伺服驱动单元。

步骤 4：更换相同规格型号的伺服驱动单元并进行安装，按照电缆线号连接全部接线，安装 DC Link 直流母线排和螺钉，螺钉一定要拧紧。如果拧得不够紧，轻则产生报警，重则烧坏伺服驱动单元。

图 5-3-11　αi-B 伺服驱动单元
充电指示 LED（红色）熄灭

步骤 5：检查伺服驱动单元安装情况，接线连接正确，安装 6V 锂电池，确认更换完成。

步骤 6：更换完伺服驱动单元会造成伺服轴零点丢失，需进行回零操作。

2）按照伺服驱动单元熔断器更换的操作步骤，完成数控机床伺服驱动单元熔断器的更换。

步骤 1：在数控机床处于断电状态下，拆下伺服驱动单元的连线，抓住电路板上下的挂钩，向前拉出电路板，如图 5-3-12 所示。

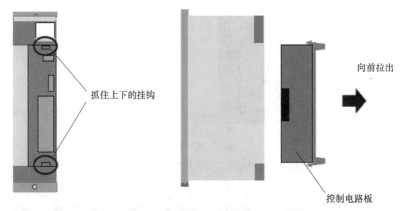

抓住上下的挂钩

向前拉出

控制电路板

图 5-3-12　拉出伺服驱动单元控制电路板

步骤 2：拆下控制电路板的熔断器（3.2A），如图 5-3-13 所示。

步骤 3：用数字万用表欧姆档进行测量，红黑表笔分别接触被测熔断器的两引脚，测试电阻值无穷大说明熔断器已坏，如图 5-3-14 所示。观察控制电路板，如没有损毁的情况，可以进行熔断器的更换。

图 5-3-13　拆下控制电路板熔断器　　　　　图 5-3-14　用数字万用表测量熔断器

步骤4：更换相同型号的新熔断器。插入电路板，确认上下挂钩已勾入壳体中。

步骤5：进行电路板的接线，完成熔断器的更换。

问题探究

1. 简述 αi-B 伺服驱动单元和 βiSVSP-B 一体型单元接口的区别。

2. 为什么确认充电指示 LED（红色）熄灭才可以进行 αi-B 伺服驱动单元的拆装？

3. 更换 αi-B 伺服驱动单元的熔断器时，非数控系统厂商提供的熔断器产品能临时替换吗？

任务4　伺服电动机的连接

任务描述

通过伺服电动机连接的学习，了解伺服电动机的接口位置及含义，能够区分不同的伺服电动机，能够完成伺服驱动单元与伺服电动机的连接。

学前准备

1. 查阅资料了解伺服电动机的特性。

2. 查阅资料了解伺服电动机接口的含义。

学习目标

1. 熟悉各类型伺服电动机接口的含义。
2. 能够完成伺服电动机和伺服驱动单元的硬件连接。
3. 能够更换伺服电动机。

实训设备、工量具、耗材清单

序号	设备名称	规格型号	数量
1	数控铣床	具有 X/Y/Z 三轴数控机床，配置 FANUC 0i -MF Plus 数控系统、横配式 10.4in 显示单元	1 台
2	资料	数控机床安全指导书及操作说明书、FANUC 0i-F Plus 维修说明书	1 套
3	万用表	数字万用表，精度三位半以上	1 台
4	工具	十字螺钉旋具	1 把
5	工具	内六方扳手	1 套
6	清洁用品	棉纱布、毛刷	若干

任务学习

一、αi-B 伺服电动机的连接

1. αi-B 伺服电动机接口的含义

1）伺服电动机的动力线接口给电动机提供动力电，注意电动机相序不能接错。

2）伺服电动机的反馈线接口在脉冲编码器上，反馈电动机的速度和位置信号。

αi-B 伺服驱动单元按驱动电动机数分为单轴、双轴和三轴。

单轴驱动单元：L 轴的电动机动力线接口对应电动机反馈线接口 JF1。

双轴驱动单元：L 轴的电动机动力线接口对应电动机反馈线接口 JF1，M 轴的电动机动力线接口对应电动机反馈线接口 JF2。

三轴驱动单元：L 轴的电动机动力线接口对应电动机反馈线接口 JF1，M 轴的电动机动力线接口对应电动机反馈线接口 JF2，N 轴的电动机动力线接口对应电动机反馈线接口 JF3。αi-B 伺服电动机接口如图 5-4-1 所示。

2. 伺服电动机连接图

AC 伺服电动机 αi-B 系列，需要将电动机的动力线和脉冲编码器的信号线连接到伺服驱动单元上，如图 5-4-2 所示。数控机床（加工中心）X 轴与 Y 轴不带制动器，Z 轴带制动器。

二、βi-B 伺服电动机的连接

1. βi-B 伺服电动机接口的含义

1）伺服电动机的动力线接口给电动机提供动力电，注意电动机相序不能接错。

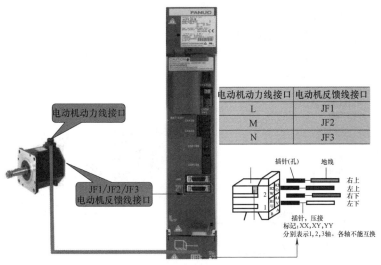

图 5-4-1 αi-B 伺服电动机接口

电动机动力线接口	电动机反馈线接口
L	JF1
M	JF2
N	JF3

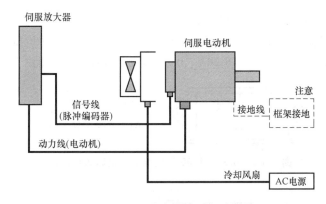

图 5-4-2 αi-B 伺服电动机连接图

2) 伺服电动机的反馈线接口在脉冲编码器上,反馈电动机的速度和位置信号。βi-B 伺服电动机接口如图 5-4-3 所示。

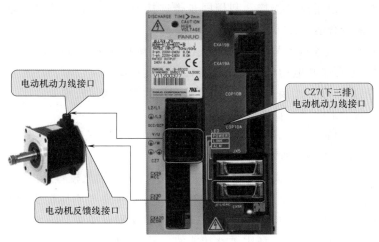

图 5-4-3 βi-B 伺服电动机接口

2. βi-B 伺服电动机连接图

AC 伺服电动机 βi-B 系列，需要将电动机的动力线和脉冲编码器的信号线连接到伺服驱动单元上，如图 5-4-4 所示。数控机床（加工中心）X 轴与 Y 轴不带制动器，Z 轴带制动器。

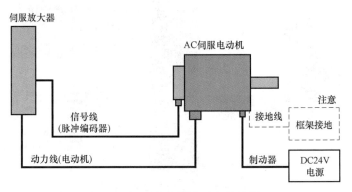

图 5-4-4　βi-B 伺服电动机连接图

3. βiSc4/4000-B 伺服电动机动力线连接

βiSc4/4000-B 伺服电动机的动力线接口如图 5-4-5 所示。该电动机制动器的接口内置于动力线接口中，将制动器用电源（DC24V、0V）连接到 BK。制动器没有极性。

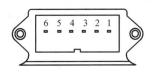
连接：5=BK, 6=BK
（连接到动力连接器内）
(1=U, 2=V, 3=W, 4=GND)

图 5-4-5　βiSc4/4000-B 伺服电动机动力线接口

三、伺服电动机安装更换的注意事项

1. 伺服电动机的安装

经常使用以下 4 种方法作为电动机轴与机械滚珠丝杠的连接方法：柔性接头直接连接、刚性接头直接连接、使用齿轮连接、利用同步带连接。要注意在考虑各方法的得失的基础上，采用机械方面最合适的连接方法。

（1）柔性接头直接连接　与齿轮连接相比，利用柔性接头直接连接具有以下优点。

1）一定程度上可吸收电动机轴与滚珠丝杠的角度偏离。

2）由于是间隙较小的连接，因此从连接部产生的驱动噪声较小。

另一方面，利用柔性接头直接连接也有如下缺点。

1）不容许电动机轴与滚珠丝杠有径向偏离（为单接头时）。

2）如组装松弛，则刚性有可能降低。

在直接连接电动机轴和滚珠丝杠时，若使用柔性接头，则比较容易进行电动机的安装调整。但使用单接头时，须确保两者的轴线准确对齐。（单接头与刚体接头相同，基本不允许轴之间的相对偏心。）当两者的轴线很难对齐时，需要使用双接头，图 5-4-6 所示。

（2）刚性接头直接连接　与利用柔性接头直接连接相比，利用刚性接头直接连接有以下优点。

1）比较廉价。

2）可提高连接刚性。

3）在相同刚性下，可减小惯量。

另一方面，利用刚性接头直接连接也有如下缺点。

1）不容许电动机轴与滚珠丝杠有径向偏离。

2）不容许有角度偏离。

因此，在使用刚性接头时，须充分注意接头的安装。滚珠丝杠的轴振摆最好在 0.01mm 以下，在将刚性接头安装在电动机轴上时，也需要通过调整胀紧套的拧紧力矩将滚珠丝杠用的孔振摆控制在 0.01mm 以下。两者轴的径向振摆可通过挠曲在一定程度上调整吸收，但角度的偏离很难进行调整、测量，因此须设计为可充分确保精度的结构。

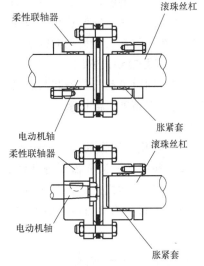

图 5-4-6　利用柔性接头直接连接

（3）齿轮连接　因与机械之间的干扰问题而无法与滚珠丝杠同轴配置电动机时，或是想要减速来得到更大的推力时，经常使用齿轮连接。使用齿轮连接时，要特别注意如下几点。

1）齿轮应尽量进行磨削精加工来减小偏心、齿距误差、齿形误差等。这些精度要以 JIS 一级程度为基准。

2）要适当进行齿隙量的调整。通常，若齿隙量过小，则高速旋转时将会产生尖锐的噪声；相反，若齿隙量过大，则在加速、减速时会产生敲击齿面的声音。这些噪声因齿隙量而微妙地发生变化，因此需要确保其具备在组装时可调整齿隙的构造。

（4）同步带连接　使用同步带连接的情况与齿轮连接相同，但与齿轮连接相比，其具有成本较低、驱动时噪声较小等优点。为了维持高精度，需要正确理解同步带的特性后适当使用。

通常，与进给系统整体的刚性相比，同步带的刚性足够高，无须担心固有频率过低导致控制性的降低。将位置检测器设置在电动机轴上并使用同步带时，因同步带齿与带轮齿之间的游隙、同步带随时间的变化而引起的精度下降等有可能成为问题，因此要充分确认这些因素与所需精度之间的关系中，这些误差是否成为问题。通常，将位置检测器安装在同步带的后侧（如滚珠丝杠轴）时，不会发生精度方面的问题。同步带的寿命随安装精度、张力的调整存在较大偏差。使用时，应参阅制造商的操作说明书正确使用。在使用同步带时，需注意径向负载。

2. 轴的固定方法

（1）锥形轴　要将锥形轴设置成以锥面承受负荷。因此，锥面的测量仪表接触率要确保在 70% 以上。此外，要适当调节锥形轴前端螺钉的拧紧力矩，以确保有充分的轴向力。

（2）直轴　在接头与轴的连接中，无键槽的直轴要使用胀紧套。

胀紧套是利用由螺钉的拧紧产生的摩擦力进行连接的，凭借无晃动、无应力集中等可实现可靠性较高的连接。

为了利用胀紧套得到充分的传递转矩，螺钉的拧紧力矩、螺钉的大小、颗数、拧紧法兰盘、连接零件的刚性等成为重要的因素，因此要参阅制造商的说明书正确使用。

在通过胀紧套安装接头、齿轮等的情况下，拧紧螺钉时，应边进行调整边拧紧，以消除包括轴在内的接头、齿轮的振摆。

3. 伺服电动机安装的注意事项

进行伺服电动机的安装与更换务必注意人身安全。伺服电动机内置有精密的检测器，为了得到所需精度，需慎重地进行加工、组装。为了维持精度并防止检测器破损，要注意以下事项。

1）使用设置在前法兰盘的 4 个螺栓孔来将伺服电动机均匀地固定。

2）机械的安装面需要有良好的平面度。当将伺服电动机安装在机器上时，需注意避免冲击施加到电动机上，如图 5-4-7 所示。

3）当将作为动力传递要素的齿轮、带轮、联轴器等连接到轴上时，要避免冲击施加到轴上，如图 5-4-8 所示。

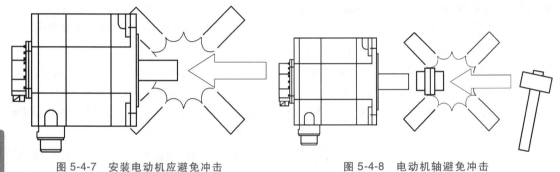

图 5-4-7　安装电动机应避免冲击　　　　　图 5-4-8　电动机轴避免冲击

4）拆装伺服电动机时应平稳安放，避免摔坏电动机本体和脉冲编码器。

任务实施

1）根据伺服电动机连接图，完成伺服驱动单元和伺服电动机的硬件连接。

步骤 1：在数控机床处于断电状态下，找到 X 轴伺服电动机，如图 5-4-9 所示。

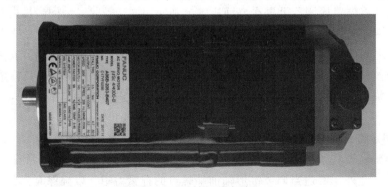

图 5-4-9　X 轴伺服电动机

步骤 2：将 X 轴伺服电动机动力线的一端接到 X 轴伺服电动机的动力线接口，另一端接到 X 轴伺服驱动单元的动力线接口，如图 5-4-10 所示。

步骤 3：将 X 轴伺服电动机反馈线的一端接到 X 轴伺服电动机脉冲编码器接口，另一端

接到 X 轴伺服驱动单元反馈线接口，如图 5-4-11 所示。

图 5-4-10 连接伺服电动机动力线

图 5-4-11 连接伺服电动机反馈线

2）根据伺服电动机更换步骤和注意事项，完成 X 轴伺服电动机的更换。

步骤 1：在数控机床处于断电状态下，找到 X 轴伺服电动机。

步骤 2：用十字螺钉旋具拆下 X 轴伺服电动机的动力线和反馈线，用内六方扳手拧下 X 轴伺服电动机的 4 个螺栓，如图 5-4-12 所示。

步骤 3：拧下联轴器和丝杠的固定螺钉（若螺钉位置不适合拆卸，可以手动让电动机转一下，直至螺钉位置适合拆卸），拆下 X 轴伺服电动机和联轴器，如图 5-4-13 所示。

步骤 4：拆下 X 轴伺服电动机和联轴器的固定螺钉，拆下 X 轴伺服电动机，如图 5-4-14 所示。

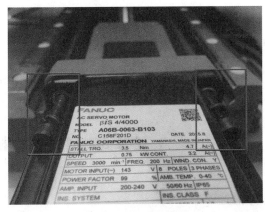

图 5-4-12 拧下螺栓

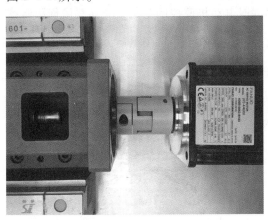

图 5-4-13 拆下 X 轴伺服电动机和联轴器

图 5-4-14 拆下 X 轴伺服电动机

161

步骤 5：更换相同规格型号的伺服电动机，安装联轴器，如图 5-4-15 所示。

步骤 6：完成伺服电动机、联轴器和丝杠的固定连接安装，用内六方扳手拧上 4 个螺栓，连接动力线和反馈线，完成伺服电动机的更换，如图 5-4-16 所示。

 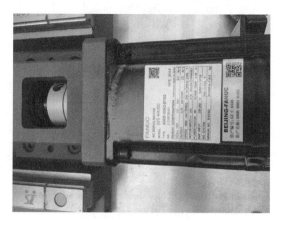

图 5-4-15　安装联轴器　　　　　　　图 5-4-16　安装电动机

步骤 7：数控机床上电，伺服轴正常运行，无异常声音，查看伺服调整和负载页面，负载正常。

问题探究

1. αi-B 和 βi-B 系列伺服电动机都可以用 αi-B 系列伺服驱动单元驱动吗？
2. 简述 βi-B 系列伺服电动机的更换步骤。

任务5　伺服电动机运行状态的监控

任务描述

通过伺服电动机运行状态监控的学习，了解伺服电动机监控的意义，能够看懂伺服监控页面。

学前准备

1. 查阅资料了解伺服电动机有哪些运行状态。
2. 查阅资料了解伺服电动机运行状态监控的作用。

学习目标

1. 熟悉伺服电动机运行状态各项目的含义。
2. 掌握伺服电动机运行状态监控的查看方法。

实训设备、工量具、耗材清单

序号	设备名称	规格型号	数量
1	数控铣床	具有 X/Y/Z 三轴数控机床，配置 FANUC 0i -MF Plus 数控系统、横配式 10.4in 显示单元	1 台
2	资料	数控机床安全指导书及操作说明书、FANUC 0i-F Plus 维修说明书	1 套
3	清洁用品	棉纱布、毛刷	若干

任务学习

一、伺服电动机运行状态监控的作用

在数控机床加工过程中，不但要求数控机床具有更高的技术性能和功能，还要求其有更高的安全性和可靠性。作为工厂的设备维护人员，需要了解伺服电动机的速度、电流和负载等情况，可以在运行状态监控页面实时查看，对于伺服电动机处于异常状态和报警情况下，及时制止电动机运行和分析故障原因。通过数控系统的伺服电动机运行状态监控页面，可对伺服电动机速度与负载等进行监控，对机床、刀具和工件起到安全保护作用。

二、伺服电动机运行状态监控页面介绍

1）数控系统伺服电动机运行调整页面如图 5-5-1 所示。

① 电流（%）：以相对于伺服电动机额定值的百分比表示电流值。

② 电流（A）：以 A（峰值）表示伺服电动机实际电流。

③ 速度（RPM）：表示伺服电动机实际转速。

2）数控系统伺服电动机负载表页面如图 5-5-2 所示。此页面可以监控各轴伺服电动机运行的负载状态。绿色区域表示电动机正常运行，黄色区域表示电动机过载状态，红色区域

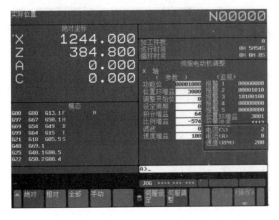

图 5-5-1　伺服电动机运行调整页面

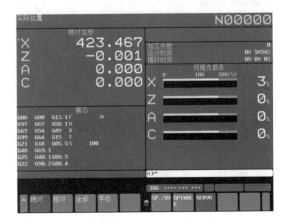

图 5-5-2　数控系统伺服电动机负载表页面

163

表示电动机异常状态。设备维修人员发现电动机运行时的负载长时间处于红色区域，应及时检查机床，避免电动机损坏。

任务实施

查看数控机床 X 轴伺服电动机调整页面与负载表页面，记录 X 轴伺服电动机的运行状态数据，填写表 5-5-1。

表 5-5-1　伺服电动机运行监控数据

X 轴伺服电动机实际速度（r/min）	200
X 轴伺服电动机实际电流（%）	2
X 轴伺服电动机实际电流/A	1
X 轴伺服电动机实际负载（%）	3

步骤 1：数控机床通电，设定参数 No. 3111#0 = 1，显示伺服设定页面，如图 5-5-3 所示。

步骤 2：在 MDI 方式下运行 X 轴伺服电动机。按下 "SYSTEM" → ">" → "伺服设定" → "伺服调整" 键，进入伺服电动机调整页面，观察电动机运行的实际电流和实际速度，如图 5-5-4 所示。

步骤 3：设定参数 No. 3111 # 5 = 1，No. 4542#7 = 1，显示伺服电动机负载页面，如图 5-5-5 和图 5-5-6 所示。

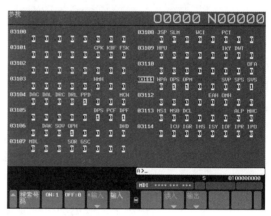

图 5-5-3　伺服设定页面

步骤 4：按下 "POS" → ">" → "监控" → "SERVO" 键，进入伺服电动机负载表页面，观察电动机实际负载，如图 5-5-7 所示。

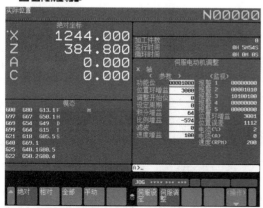

图 5-5-4　伺服电动机调整页面

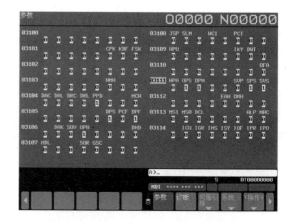

图 5-5-5　伺服电动机负载页面

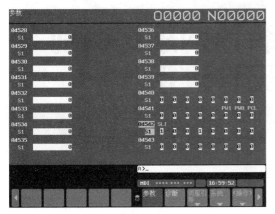

图 5-5-6 伺服电动机负载参数

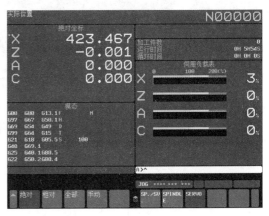

图 5-5-7 伺服电动机负载表页面

问题探究

1. 简述如何查看伺服电动机调整页面和负载表页面。

2. 伺服电动机运行监控的意义是什么？

项目小结

1. 每个人以思维导图的形式，罗列出数控机床的伺服驱动单元、伺服电动机与编码器的规格信息。

2. 绘制伺服驱动单元与伺服电动机的连接图。

3. 分组对伺服驱动单元与伺服电动机的安装更换步骤进行手抄报的形式呈现。

4. 分组讨论：结合课程内容，谈谈您对关于"加快建设国家战略人才力量，努力培养造就更多大师、战略科学家、一流科技领军人才和创新团队、青年科技人才、卓越工程师、大国工匠、高技能人才"精神的理解。

项目6 主轴驱动装置的规格识别与硬件连接

项目教学导航

教学目标	1. 了解主轴驱动单元、主轴电动机与传感器的规格识别 2. 熟悉主轴驱动单元和主轴电动机的特点 3. 熟悉主轴驱动单元和主轴电动机的接口位置及含义 4. 熟悉主轴电动机运行状态的监控 5. 掌握主轴驱动单元和主轴电动机的硬件连接
职业素养目标	1. 良好的职业道德和创新精神 2. 对技术精益求精 3. 提升执行力,快速完成任务 4. 具有大局意识 5. 积极的心态
知识重点	1. 主轴驱动单元和主轴电动机的规格 2. 主轴驱动单元接口的含义 3. 主轴电动机接口的含义 4. 与主轴电动机的连接 5. 主轴电动机的运行监控
知识难点	1. 主轴驱动单元与主轴电动机各接口的作用 2. 主轴驱动单元各接口的连接 3. 主轴电动机的连接与更换
拓展资源6	蛟龙号载人潜水器,创造世界第一
教学方法	线上+线下(理论+实操)相结合的混合式教学法
建议学时	12 学时
实训任务	任务1　主轴驱动单元、主轴电动机与传感器规格的识别 任务2　主轴驱动单元硬件与软件规格的查询 任务3　主轴驱动单元的连接与更换 任务4　主轴电动机的连接 任务5　主轴电动机运行状态的监控
项目学习任务 综合评价	详见课本后附录项目学习任务综合评价表,教师根据教学内容自行调整表格内容

项目引入

由主轴驱动单元、主轴电动机、传感器等构成的装置称为交流主轴驱动装置，简称主轴驱动装置。主轴驱动单元的功用是驱动主轴电动机运行，主轴电动机和主轴相连，带着刀具进行零件的加工。安装在机床电气柜中的主轴驱动单元分为 αi-B 系列和 βi-B 系列。αi-B 系列主轴驱动单元是独立结构，与电源单元、伺服驱动单元是分开的，如图 6-1 所示。

图 6-1 αi-B 系列主轴驱动单元

βi-B 系列主轴驱动单元是图 6-2 所示的多伺服轴/主轴一体型 βiSVSP-B 单元，可以驱动 3 台 βi-B 伺服电动机和一台 βiI-B 主轴电动机运行。

主轴电动机具有平滑的旋转特性、优秀的加速能力以及高可靠性，搭配内置传感器可以实现高精度定位与控制，如图 6-3 所示。

主轴电动机根据特性不同，还可以分为 αiI 系列和 βiI 系列 2 大类，主轴电动机的分类见表 6-1。

围绕主轴驱动单元与主轴电动机的规格识别与硬件连接的工作任务包含的内容如知识图谱所示。本项目中，只围绕规格识别与硬件连接基础内容进行讲解，后续进阶的内容，请参考 1+X 中级教材进行学习。

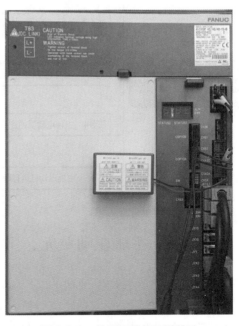

图 6-2 一体型 βiSVSP-B 单元

图 6-3 主轴电动机

表 6-1 主轴电动机的分类

主轴电动机类型	特　点
αiI-B/βiI-B	小型、轻量,适合数控高性能主轴电动机,通过采用主轴 HRV 控制,可实现高效、低发热驱动,采用符合国际标准(IEC)的防水设计和耐压设计,可靠性和耐环境性进一步提高
αiIP-B/βiIP-B	在低速领域实现了高转矩的主轴电动机,应用于低速高转矩的场合
αiIT-B/βiIT-B	通过将附带贯通孔的主轴电动机与主轴进行直接连接,实现主轴的高速化,并且可进行高效率的中心出水加工
αiIL-B	一款具有低温升、可高速旋转、低速大转矩、低振动特点的液冷主轴电动机。通过与加工中心的主轴直接连接,可实现无齿轮化、高精度化

知识图谱

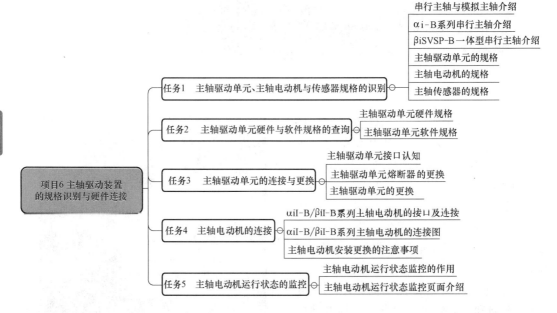

任务1　主轴驱动单元、主轴电动机与传感器规格的识别

任务描述

通过学习主轴驱动单元、主轴电动机与传感器的规格，能够区分不同的伺服驱动器与主

轴电动机，能了解它们的区别和应用场合。

学前准备

1. 查阅资料了解什么是主轴驱动单元。
2. 查阅资料了解有哪些不同的主轴驱动单元、主轴电动机与传感器。
3. 查阅资料了解主轴驱动单元、主轴电动机与传感器的规格、命名规则。

学习目标

1. 了解不同类型的主轴驱动单元。
2. 了解不同类型的主轴电动机与传感器。
3. 能够识别主轴驱动单元、主轴电动机与传感器的规格。

实训设备、工量具、耗材清单

序号	设备名称	规格型号	数量
1	数控铣床	具有 X/Y/Z 三轴数控机床，配置 FANUC 0i -MF Plus 数控系统、横配式 10.4in 显示单元	1 台
2	资料	数控机床安全指导书及操作说明书、FANUC 0i-F Plus 维修说明书	1 套
3	清洁用品	棉纱布、毛刷	若干

任务学习

一、串行主轴与模拟主轴介绍

全功能数控机床的主轴传动系统大多采用无级变速。目前，无级变速系统根据控制方式的不同主要有变频主轴和串行主轴两种，一般采用交流主轴电动机，通过带传动带动主轴旋转，或通过带传动和主轴箱内的减速齿轮（以获得更大的转矩）带动主轴旋转。另外，根据主轴速度控制信号的不同，主轴驱动装置可分为模拟量控制的主轴驱动装置和串行数字控制的主轴驱动装置两类。

全功能数控机床采用数控系统数字量输出+主轴驱动单元+交流主轴电动机的形式，机床功能非常强大，称为串行主轴，如图 6-1-1 所示。

模拟量控制的主轴驱动装置采用变频器实现主轴电动机控制，有通用变频器控制通用电动机和专用变频器

图 6-1-1　串行主轴

控制专用电动机两种形式。经济型机床采用数控系统模拟量输出+变频器+感应电动机的形式，性价比很高，称为模拟主轴，也称为变频主轴，如图 6-1-2 所示。

图 6-1-2 模拟主轴

二、αi-B 系列串行主轴介绍

αi-B 系列主轴驱动单元如图 6-1-3 所示，它有如下特点。

1. 小型化

1）通过采用最新的低损耗功率元件和新开发的高效率散热器，实现了机身的小型化。

2）通过改进电缆连接器的形状，缩短了控制盘内电缆的长度。

2. 节能

1）从小容量到大容量，所有型号均采用电源再生方式，从而实现节能。

2）采用最新的低损耗功率元件，从而有效降低了发热量。

3. 节省配线

1）由于主轴放大器实现了 FSSB 化，只通过光缆就能将伺服放大器和主轴放大器与 CNC 相连接。

2）放大器之间的连接电缆只需 1 根。

3）内置电动机输出接线板和法兰之间的接地，无须使用电缆进行外部连接（必须从法兰连接强电盘上的系统地线）。

图 6-1-3 αi-B 系列
主轴驱动单元

4. 动力线使用连接器装配

使用连接器装配输入电源线及电动机的动力线（大容量的型号则采用端子台），从而大幅缩短将动力线安装到伺服放大器强电盘上所需的时间，以及从伺服放大器强电盘拆卸动力线所需的时间。

5. 易于维护

1）更换散热器冷却风扇电动机时，无须从强电盘上拆下整个单元。

2）通过故障诊断功能，可在 CNC 页面上确认诊断信息，有助于查明伺服报警及主轴报警的原因。

3）可以监控通用电源的输入电源电压。因输入电源异常而发生报警时，容易查明原因。

三、βiSVSP-B 一体型串行主轴介绍

βiSVSP-B 一体型单元如图 6-1-4 所示，它是一种可靠性强、性价比卓越、多伺服轴/主轴一体型单元，有如下特点。

1. 节能

1）所有型号均采用电源再生方式，从而实现节能。

2）采用最新的低损耗功率元件，从而有效降低了发热量。

2. 维护方便

1）更换散热器冷却风扇的电动机时，无须从强电盘上拆下伺服单元。

图 6-1-4　βiSVSP-B 一体型单元

2）利用故障诊断功能，能够在 CNC 页面上得到相关诊断信息，有助于确定伺服报警、主轴报警的原因。

3）通过监视 βiSVSP-B 的输入电源电压，在由于输入电源异常而发生报警时，很容易确定原因。

3. 提高易用性

1）利用附加轴连接 αi-B 放大器时，以往采用电缆连接来连接直流母线，但 βiSVSP-B 系列伺服放大器可采用短路棒连接直流母线。

2）放大器的宽度除了以往的 260mm 宽以外，还推出了小型化至 180mm 宽系列。

4. 无缝化

βiSVSP-B 系列通过无缝组合，可使用以下数控系统和电动机。

适用数控系统：30i/31i/32i-B 系列、0i-F 系列、0i-F Plus 系列。

适用电动机：伺服电动机 βi-B 系列、主轴电动机 βiI-B 系列。

四、主轴驱动单元的规格

图 6-1-5 所示为 αiSP-B 系列主轴驱动单元铭牌，图 6-1-6 所示为 βiSVSP-B 一体型单元铭牌。

图 6-1-5　αiSP-B 系列主轴驱动单元铭牌

图 6-1-6　βiSVSP-B 一体型单元铭牌

171

1. 铭牌含义

αiSP15-B：αi 表示 αi 系列主轴驱动单元；SP（Spindle）表示主轴驱动单元；15 表示额定输出功率为 15kW；B 表示其是升级后的主轴驱动单元，适用于 0i-F Plus 系列数控机床；订货规格号是 A06B-6220-H015#H600；输入电压类型为 200V 型。

βiSVSP40/40/40-11-B：βi 表示 βi 系列主轴驱动单元；SV（Servo）SP（Spindle）表示伺服、主轴驱动一体型单元；40/40/40 表示所属 3 个伺服轴最大电流为 40A；11 表示主轴电动机功率为 11kW；B 表示其是升级后的一体型单元，适用于 0i-F Plus 系列数控机床；订货规格号是 A06B-6320-H332；输入电压类型为 200V 型。

2. αiSP-B 系列主轴驱动单元规格

αiSP-B 系列主轴驱动单元规格见表 6-1-1。

表 6-1-1　αiSP-B 系列主轴驱动单元规格

分类	订购规格号	名称
基本	A06B-6220-H002#H600	αiSP2.2-B
	A06B-6220-H006#H600	αiSP5.5-B
	A06B-6220-H011#H600	αiSP11-B
	A06B-6220-H015#H600	αiSP15-B
	A06B-6220-H022#H600	αiSP22-B
	A06B-6220-H026#H600	αiSP26-B
	A06B-6220-H030#H600	αiSP30-B
	A06B-6220-H037#H600	αiSP37-B
	A06B-6220-H045#H600	αiSP45-B
	A06B-6220-H055#H600	αiSP55-B

3. βiSVSP-B 系列主轴驱动单元规格

βiSVSP-B 系列一体型单元规格见表 6-1-2 和表 6-1-3。

表 6-1-2　βiSVSP-B 系列一体型单元规格（260mm 宽）

分类	名称	订购规格号
基本	βiSVSP 20/20-7.5-B	A06B-6320-H201
	βiSVSP 20/20-11-B	A06B-6320-H202
	βiSVSP 40/40-15-B	A06B-6320-H223
	βiSVSP 40/40-18-B	A06B-6320-H224
	βiSVSP 80/80-18-B	A06B-6320-H244
	βiSVSP 20/20/40-7.5-B	A06B-6320-H311
	βiSVSP 20/20/40-11-B	A06B-6320-H312
	βiSVSP 40/40/40-11-B	A06B-6320-H332
	βiSVSP 40/40/40-15-B	A06B-6320-H333
	βiSVSP 40/40/80-15-B	A06B-6320-H343
	βiSVSP 40/40/80-18-B	A06B-6320-H344
	βiSVSP 80/80/80-18-B	A06B-6320-H364

表 6-1-3   βiSVSP-B 系列一体型单元规格（180mm 宽）

分类	名称	订购规格号
基本	βiSVSP 20/20-7.5-B	A06B-6321-H201
	βiSVSP 20/20-11-B	A06B-6321-H202
	βiSVSP 20/20/40-7.5-B	A06B-6321-H311
	βiSVSP 20/20/40-11-B	A06B-6321-H312
	βiSVSP 40/40/40-11-B	A06B-6321-H332

五、主轴电动机的规格

1. 主轴电动机铭牌的含义

βiI-B 主轴电动机铭牌如图 6-1-7 所示，各部分含义如下。

AC SPINDLE MOTOR：交流主轴电动机。

βiI3/12000-B：主轴电动机为 βiI-B 系列，额定功率为 3.7kW/5.5kW，最高转速为 12000r/min，订货号是 A06B-2444-B103，输入电压类型为 200V 型。

△：电动机绕组为三角形联结。

S1 CONT：主轴电动机连续运行至 2000～4500r/min 时，电动机连续运转的输出功率为 3.7kW，最大额定电流为 18A；主轴电动机运行至 12000r/min 时，功率为 1.5kW。

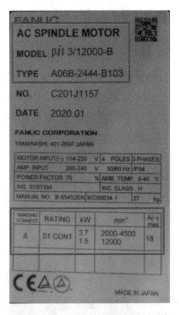

图 6-1-7   βiI-B 主轴电动机铭牌

2. 主轴电动机订购规格号

αiI-B/βiI-B 系列主轴电动机的订购规格号及含义如下。

A06B-2□□□-B△○▽（#abcd）

△的数值及含义：

1：带法兰盘。

2：带底座。

8：底座法兰盘安装型。

○的数值及含义：

0：标准、无键。

1：高速、无键。

2：标准、高精度、低振动、无键。

3：高速、高精度、低振动、无键。

4：超高速、高精度、低振动、无键。

5：标准、带键。

▽的数值及含义：

0：αiM 传感器、后方排气风扇。

1：αiM 传感器、前方排气风扇。

2：αiM 传感器、无冷却风扇。

3：αiMZ 传感器、后方排气风扇。

4：αiMZ 传感器、前方排气风扇。

5：αiMZ 传感器、无冷却风扇。

六、主轴传感器的规格

αiM／αiMZ 传感器是内置在标准主轴电动机中的检测器。αiM 传感器无单圈检测信号，αiMZ 传感器有单圈检测信号。它们的齿轮齿数都有 64λ、128λ、256λ，且都为主轴内置传感器，如图 6-1-8 所示。

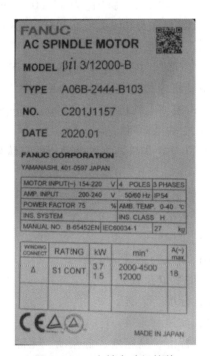

传感器罩

图 6-1-8　主轴内置传感器

任务实施

根据数控机床硬件情况，找出机床上的主轴驱动单元和主轴电动机，写出其型号并解释含义，填写表 6-1-4。

步骤 1：在数控机床上分别找到主轴驱动单元和主轴电动机。

步骤 2：观察主轴驱动单元和主轴电动机上的铭牌，如图 6-1-9 和图 6-1-10 所示。

图 6-1-9　主轴驱动单元铭牌

图 6-1-10　主轴电动机铭牌

表 6-1-4　主轴驱动单元和主轴电动机规格

名称	型号	型号含义	订货号
主轴驱动单元	αiSP5.5-B	αi-B 系列主轴驱动单元,额定功率为 5.5kW	A06B-6220-H006#H600
主轴电动机	βiI 3/12000-B	βiI-B 系列主轴电动机,额定功率为 3.7kW/ 5.5kW,最高转速为 12000r/min	A06B-2444-B103

问题探究

1. 不同类型的主轴驱动单元之间有什么区别?
2. 不同型号的主轴电动机能用于同一个主轴驱动单元吗?

任务2 主轴驱动单元硬件与软件规格的查询

任务描述

通过对主轴驱动单元硬件与软件规格查询的学习,了解主轴驱动单元硬件与软件规格的查询方法,能够正确识别不同种类的主轴驱动单元硬件与软件规格。

学前准备

1. 查阅资料了解主轴驱动单元硬件的查询方法。
2. 查阅资料了解主轴驱动单元软件的查询方法。

学习目标

1. 了解主轴驱动单元硬件与软件规格。
2. 能够掌握主轴驱动单元硬件与软件规格的查询方法。

实训设备、工量具、耗材清单

序号	设备名称	规格型号	数量
1	数控铣床	具有 X/Y/Z 三轴数控机床,配置 FANUC 0i -MF Plus 数控系统、横配式 10.4in 显示单元	1 台
2	资料	数控机床安全指导书及操作说明书、FANUC 0i-F Plus 维修说明书	1 套
3	清洁用品	棉纱布、毛刷	若干

任务学习

一、主轴驱动单元硬件规格

实训机床主轴驱动单元出现故障时,通过查询系统页面中的主轴信息页面,确认 αi-B 主轴驱动单元(SPM)规格号信息是 A06B-6220-H002#H600,如图 6-2-1 所示。此规格号与其铭牌上的规格号是一致的。根据此规格向数控系统厂商咨询购买相同型号的备件进行更换。主轴驱动单元信息被保存在 FLASH-ROM 中。页面所显示的 ID 信息与实际 ID 信息不一致的项目,在项目的左侧显示 "∗"。主轴电动机的规格信息在主轴信息页面无法显示。

二、主轴驱动单元软件规格

通过系统配置(软件)页面,查看主轴(SPINDLE-1)软件规格信息是 9DA0 系列,25

版本，如图 6-2-2 所示。

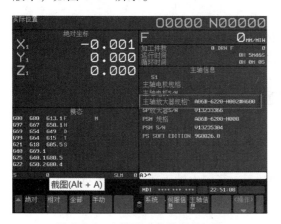

图 6-2-1　主轴驱动单元硬件规格

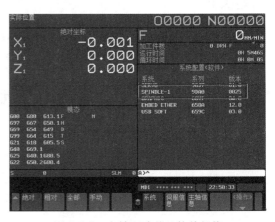

图 6-2-2　主轴驱动单元软件规格

三、在主轴驱动单元上查询主轴软件规格

主轴驱动单元上的 LED 能显示主轴软件规格，接通控制电源后大约显示 3s 主轴控制软件的系列和版本。最初的 1s 显示 A，下 1s 显示软件系列后两位，例如"A0"，表示软件类型为 9DA0，再下 1s 显示主轴软件版本，例如"25"，表示软件版本为 25 版，如图 6-2-3 所示。

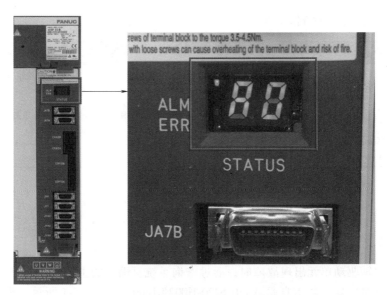

图 6-2-3　主轴驱动单元 LED 显示软件规格

任务实施

分别通过两种方法（主轴驱动单元铭牌和 0i-F Plus 数控系统）查询数控机床主轴驱动单元硬件与软件规格，完成主轴驱动单元硬件与软件规格的记录。

步骤 1：在数控机床处于断电状态下，在电气柜中找到 αi-B 主轴驱动单元，在其上方查看铭牌，记录主轴驱动单元的规格号。

步骤2：数控机床上电，按下功能键"SYSTEM"→"系统"→"主轴信息"，如图6-2-4所示。记录主轴驱动单元规格号，确认与铭牌上的规格号是否一致，填写表6-2-1。

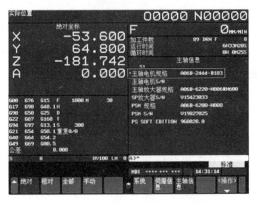

图6-2-4 主轴硬件信息页面

表6-2-1 主轴驱动单元规格表

主轴驱动单元名称	主轴驱动单元规格号	主轴名称
αiSP5.5-B	A06B-6220-H006#H600	SP1

步骤3：将参数13112#0设置为1，在主轴信息页面输入主轴电动机规格号，按下软键"操作"→">"→"保存"，主轴电动机规格号在主轴电动机铭牌上可以找到。主轴电动机规格号输入完后将参数13112#0设置为0。

步骤4：按下功能键"SYSTEM"→"系统"→"系统"→▢，系统配置（软件）页面记录主轴软件规格信息（图6-2-2），将主轴软件规格信息填入表6-2-2。

表6-2-2 主轴软件规格表

伺服软件	系列	版本
SPINDLE-1	9DA0	25

步骤5：数控机床重新上电，接通控制电源后立即查看主轴驱动单元LED，其将显示主轴控制软件的系列和版本（大约显示3s），确认是否和系统信息页面上查询的一致，将主轴驱动单元LED显示软件信息填入表6-2-3。

表6-2-3 主轴驱动单元LED显示软件信息

最初的1s LED显示	下1s LED显示	再下1s LED显示
"A"	"A0"，软件类型为9DA0	"25"，软件版本为25版

问题探究

1. 如何正确查询主轴驱动单元的软件和硬件规格信息？

2. 如果在0i-F Plus系统中查询的主轴驱动单元硬件信息与实际单元的规格不同，会有何显示？

任务3　主轴驱动单元的连接与更换

任务描述

通过主轴驱动单元的硬件学习，了解它们实际的接口位置及含义，能够区分不同的主轴驱动单元，能够完成主轴驱动单元与各单元之间的连接。

学前准备

1. 查阅资料了解主轴驱动单元有哪些接口。
2. 查阅资料了解主轴驱动单元与其他单元如何连接。

学习目标

1. 了解不同类型的主轴驱动单元的接口。
2. 熟悉不同的主轴驱动单元接口的含义。
3. 掌握主轴驱动单元与各单元的硬件连接。

实训设备、工量具、耗材清单

序号	设备名称	规格型号	数量
1	数控铣床	具有 X/Y/Z 三轴数控机床，配置 FANUC 0i -MF Plus 数控系统、横配式 10.4in 显示单元	1 台
2	资料	数控机床安全指导书及操作说明书、FANUC 0i-F Plus 维修说明书	1 套
3	万用表	数字万用表，精度三位半以上	1 台
4	工具	十字螺丝刀	1 把
5	熔断器	FANUC 0i-F Plus 主轴驱动单元熔断器	1 只
6	清洁用品	棉纱布、毛刷	若干

任务学习

一、主轴驱动单元接口认知

1. αi-B 主轴驱动单元接口介绍

αi-B 主轴驱动单元接口如图 6-3-1 和图 6-3-2 所示。

1）DC Link 为直流母线排，输出为直流 300V，内含 LED 报警灯。

2）CXA2A/CXA2B 接口为跨接电缆接口，电压为直流+24V。

3）COP10A/COP10B 接口为 FSSB 光缆接口。

4）JYA2 接口为主轴电动机反馈线接口。

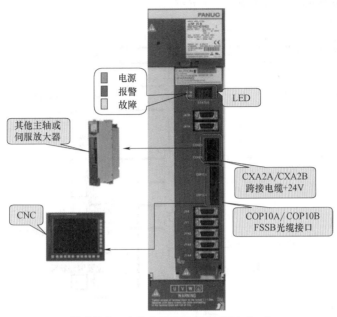

图 6-3-1 αi-B 主轴驱动单元接口（一）

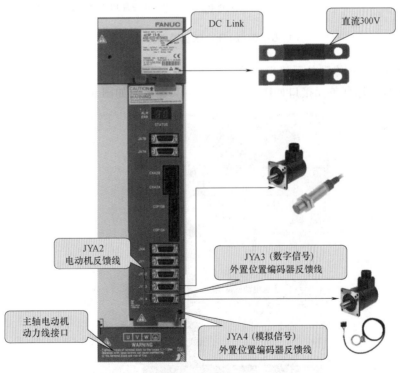

图 6-3-2 αi-B 主轴驱动单元接口（二）

5）JYA3、JYA4 接口为主轴电动机外置位置编码器反馈线接口。

6）主轴电动机动力线接口为输出主轴电动机三相电接口。

αi-B 主轴驱动单元连接图如图 6-3-3 所示。

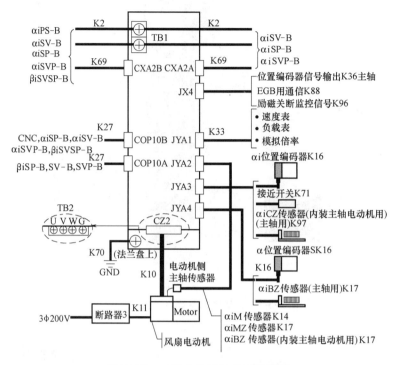

图 6-3-3　αi-B 主轴驱动单元连接图

2. βi SVSP-B 一体型单元接口介绍

βi SVSP-B 一体型单元接口如图 6-3-4 所示，其连接图如图 6-3-5 所示。

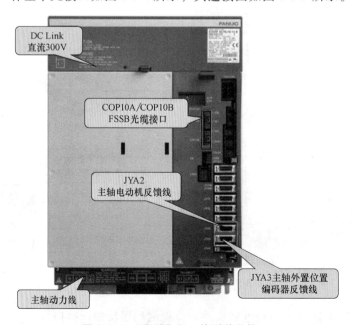

图 6-3-4　βiSVSP-B 一体型单元接口

1）DC Link 为直流母线排，输出为直流 300V，内含 LED。PSM、SPM、SVM 之间的短接片是连接主回路直流 300V 电压用的连接线，一定要拧紧。如果拧得不够紧，轻则产生报警，重则烧坏电源供应模块和主轴放大器模块。DC Link 传递直流主回路至主轴、伺服放大器、逆变主回路电源。

2）COP10A/COP10B 接口为 FSSB 光缆接口。

3）JYA2 接口为主轴电动机内置传感器反馈接口。

4）JYA3 接口为主轴外置位置编码器反馈接口。

5）主轴动力线接口为输出主轴电动机三相电接口。

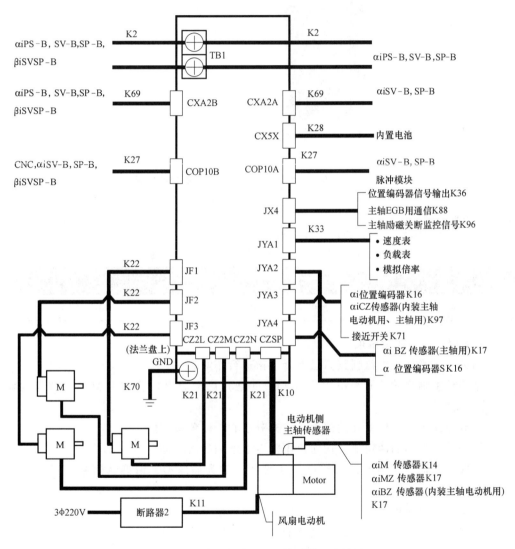

图 6-3-5 βi SVSP-B 一体型单元连接图

二、主轴驱动单元熔断器的更换

主轴驱动单元中的控制电路板上安装有熔断器，如图 6-3-6 所示。如果熔断器损坏，将

181

会产生报警，所以学会更换主轴驱动单元的熔断器是机床维修人员必备的技能。

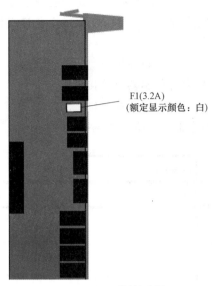

F1(3.2A)
(额定显示颜色：白)

αiSP-B 控制电路板

图 6-3-6　αiSP-B 主轴驱动单元控制电路板熔断器

1. 熔断器的规格

αi-B 主轴驱动单元熔断器的订购规格号见表 6-3-1。

表 6-3-1　αi-B 主轴驱动单元熔断器的订购规格号

部件编号	订购规格号	额定电流/电压
F1	A60L-0001-0290#LM32C	3.2A/48V

2. 更换熔断器的注意事项

1）请务必先确认强电盘断路器已断开，再进行作业。

2）请确认主轴驱动单元充电中显示 LED（红）已经熄灭。该 LED 灯亮时留有危险电压，可能会发生触电。

3）印制电路板上有温度高的部件，应充分小心，以免烫伤。

4）请确认熔断器的额定值，切勿使用额定值不同的熔断器。

5）更换熔断器后，请确认螺钉已切实拧紧。如为插座型，请确认熔断器已经插入至根部。

6）更换印制电路板后，请确认对连接器的插入情况。

7）请确认动力线、电源线、连接器的连接情况完好。

三、主轴驱动单元的更换

当主轴驱动单元出现故障时，需要更换主轴驱动单元。更换时应注意以下事项。

1）务必在断开外部供给电源的状态下进行更换。若不断开电源，会导致触电。在仅仅断开控制单元电源的情况下，伺服装置等电源有可能尚处在导通状态，在更换单元时，可能会导致单元的损坏。

2）为了预防静电引起的破损，触摸印制电路板或单元以及连接电缆时，应采取适当措施，如戴上腕带，因为人体产生的静电有时会损坏电路。

3）主轴驱动单元即使在断开电源后仍然有残余电压，触摸这类机床会导致触电，所以请在断开电源 20min 后再更换主轴驱动单元。

4）更换单元时，应使更换前的单元与更换后的单元的设定和参数保持一致，否则会因为机床预想不到的动作而损坏工件和机床，或导致操作者受伤。

5）通电中发生异常响声、异味、冒烟、起火、异常发热等从外观来看明显是硬件故障的现象时，应迅速断开电源，否则会导致火灾，元破损、破裂，误动作等。

6）伺服驱动单元、主轴驱动单元的散热片即使在断开电源后也可能处于高温状态，会导致烫伤，请在确认冷却后再进行操作。

7）更换重物时，必须有 2 名以上的作业人员配合进行。如果仅由 1 名作业人员进行更换，有时会由于更换单元的落下而导致作业人员受伤。

8）要注意避免损坏电缆，否则会导致触电等。

9）要穿着安全的服装进行作业，否则会导致受伤、触电等。

10）请勿以湿手进行作业，否则会导致触电或损坏电路。

任务实施

1）通过了解主轴驱动单元更换的注意事项，查看主轴驱动单元的接口连接图，完成数控机床主轴驱动单元的更换。

步骤 1：在数控机床处于断电状态下，在电气柜中找到 αiSP-B 主轴驱动单元。务必注意伺服驱动单元、主轴驱动单元与电源单元之间的短路棒是连接主回路直流300V 电压的，所以一定要确认充电指示 LED（红色）熄灭才可以进行拆装，如图 6-3-7 所示。

步骤 2：拆下跨接电缆线（CXA2A/CXA2B 接口）、FSSB 光缆线（COP10A/COP10B 接口）、电动机内置传感器反馈线（JYA2 接口）、主轴电动机动力线（CZ2 接口），如图 6-3-8 所示。

步骤 3：用十字螺钉旋具拧下 DC Link 直流母线排螺钉，再拧下固定主轴驱动单元的螺钉，如图 6-3-9 所示，拆下主轴驱动单元。

步骤 4：更换相同规格型号的主轴驱动单元并进行安装，按照电缆线号连接全部接线，安装 DC Link 直流母线排和螺钉，螺钉一定要拧紧，如果拧得不够紧，轻则产生报警，重则烧坏主轴驱动单元。

图 6-3-7　αiSP-B 主轴驱动单元
充电指示 LED（红色）

步骤 5：检查主轴驱动单元安装情况，接线连接正确，确认更换完成。

2）按照主轴驱动单元熔断器更换的操作步骤，完成数控机床主轴驱动单元熔断器的更换。

步骤 1：在数控机床处于断电状态下，拆下 αiSP5.5-B 主轴驱动单元的连线，抓住电路板上下的挂钩，向前拉出电路板，如图 6-3-10 所示。

图 6-3-8　拆下 αi-B 主轴驱动单元连线

图 6-3-9　拆下主轴驱动单元

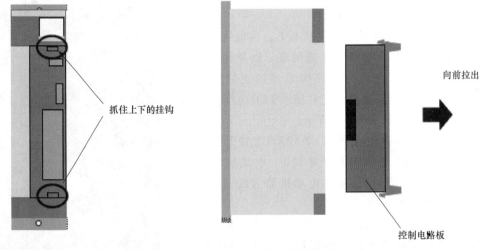

抓住上下的挂钩

向前拉出

控制电路板

图 6-3-10　拉出主轴驱动单元电路板

步骤 2：拆下电路板熔断器（3.2A），如图 6-3-11 所示。

步骤 3：用数字万用表欧姆档进行测量，红黑表笔分别接触被测熔断器的两引脚，测试电阻值无穷大说明熔断器已坏，如图 6-3-12 所示。观察电路板，如没有损毁的情况，可以进行熔断器的更换。

步骤 4：更换相同型号的新熔断器。插入电路板，确认上下挂钩已勾入壳体中。

步骤 5：进行电路板的接线，完成熔断器的更换。

问题探究

1. αi-B 和 βi-B 系列主轴驱动单元接口有何区别？
2. 在硬件连接的过程中找到了哪些连接技巧？接线是按照 A 出 B 入的接线原则吗？

图 6-3-11　拆下电路板熔断器

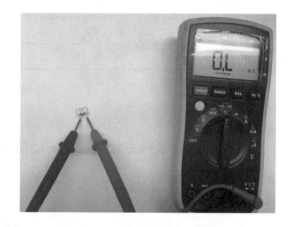

图 6-3-12　用数字万用表测量熔断器

任务4　主轴电动机的连接

任务描述

　　通过主轴电动机的连接的学习，了解主轴电动机的接口位置及含义，能够区分不同的主轴电动机，能够完成主轴驱动单元与主轴电动机的连接。

学前准备

1. 查阅资料了解主轴电动机的接口有哪些。
2. 查阅资料了解主轴电动机接口的含义。
3. 查阅资料了解主轴电动机与主轴驱动单元如何连接。

学习目标

1. 熟悉各类型主轴电动机接口的含义。
2. 能够完成主轴电动机和主轴驱动单元的硬件连接。
3. 能够更换主轴电动机。

实训设备、工量具、耗材清单

序号	设备名称	规格型号	数量
1	数控铣床	具有 X/Y/Z 三轴数控机床，配置 FANUC 0i -MF Plus 数控系统、横配式 10.4in 显示单元	1 台
2	资料	数控机床安全指导书及操作说明书、FANUC 0i-F Plus 维修说明书	1 套
3	万用表	数字万用表，精度三位半以上	1 台
4	工具	十字螺钉旋具	1 把
5	工具	内六方扳手	1 套
6	清洁用品	棉纱布、毛刷	若干

任务学习

一、αiI-B/βiI-B 系列主轴电动机的接口及连接

拆开主轴电动机上面的接线盒，接线盒内接口如图 6-4-1 所示。

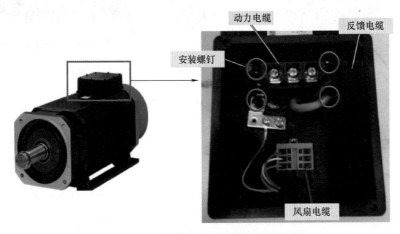

图 6-4-1　主轴电动机接线盒内的接口

1）动力电缆：给主轴电动机提供动力电，连接主轴驱动单元的动力线接口。

注意：接线时相序要正确。

2）反馈电缆：主轴电动机内置的传感器接口，连接主轴驱动单元的 JYA2 接口。

3）风扇电缆：给主轴风扇供电。风扇的作用是在主轴电动机工作时给主轴电动机散热。

二、αiI-B/βiI-B 系列主轴电动机的连接图

AC 主轴电动机 αiI-B/βiI-B 系列，需要将电动机的动力线和检测器的信号线连接到主轴

驱动单元上。此外，还需将冷却风扇连接到规定的电源上，如图6-4-2所示。

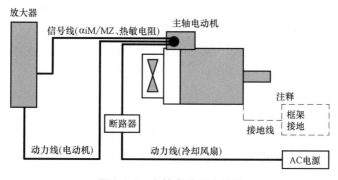

图 6-4-2 主轴电动机连接图

三、主轴电动机安装更换的注意事项

1. 主轴电动机的安装

1）带轮的安装（图6-4-3）。

① 带轮内径与输出轴之间有间隙，安装时要将此间隙设定为 $10 \sim 15 \mu m$。

② 若间隙过大则会在高速旋转中发生振动，有时会损坏电动机轴承。

③ 此外，若振动变大，有时会在上述间隙处发生微振磨损，致使带轮和轴粘合在一起。

④ 带轮的固定，请使用胀紧套或夹紧连接轴套等摩擦止动件。

2）在将带轮安装到电动机上后，调整带槽的振摆，使其在 $20 \mu m$ 以下。

3）建议用户在套上传动带之前进行动态平衡（现场平衡）修正。

4）传动带张力作用到电动机轴的径向负载，要设定为各系列的允许值以下。若超过允许值，有时会在短期内导致轴承损坏，或轴折损。

5）传动带会因数小时内的运转导致初期磨损等，致使带张力值下降。为了在张力值下降后不影响转矩的传递，应将传动带运转前的初期张力设定为最终所需张力的 1.3 倍。

6）应使用适当的张力计测量传动带张力。

7）尽量减小电动机带轮和主轴端带轮的轴向位置偏移，并充分确保轴线的平行度。

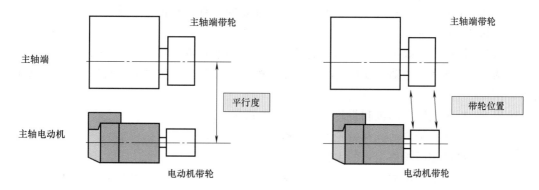

图 6-4-3 主轴电动机带轮的安装

2. 主轴电动机的外周

1）若切削液和润滑油飞溅到电动机上，将会对电动机表面的密封性造成不良影响，会导致切削液进入电动机内而损坏电动机。

2）要避免电动机的表面始终被切削液和润滑油侵蚀，且要避免液体积存在电动机的周围。若有可能被侵蚀，则需要设置盖罩。

任务实施

1）根据主轴电动机的连接图，完成主轴驱动单元和主轴电动机的硬件连接。

步骤1：在数控机床处于断电状态下，找到主轴电动机。

步骤2：将主轴电动机动力线的一端接到主轴电动机接线盒内的动力线接线端子上，另一端接到主轴驱动单元的动力线接口上，如图6-4-4所示。

步骤3：将主轴电动机反馈线的一端接到主轴电动机接线盒内的内置传感器接口上，另一端接到主轴驱动单元JYA2的反馈线接口上，如图6-4-5所示。

图6-4-4　主轴电动机动力线接线端子

图6-4-5　主轴电动机内置传感器接口

2）根据主轴电动机更换步骤和注意事项，完成主轴电动机的更换。

步骤1：在数控机床处于断电状态下，找到主轴电动机。

步骤2：用十字螺钉旋具拧下主轴电动机接线盒的螺钉，再拆下主轴电动机的动力线和反馈线，如图6-4-6所示。

步骤3：用内六方扳手拧下主轴上盖板的螺钉，拆下盖板，如图6-4-7所示。

步骤4：拧下固定主轴电动机的4个螺栓，松开主轴电动机和主轴的同步带，如图6-4-8所示。

步骤5：拆下主轴电动机和带轮，如图6-4-9所示。

步骤6：拧下主轴电动机和带轮的固定螺钉，拆下带轮。

步骤7：更换相同规格型号的主轴电动机，安装带轮。

步骤8：完成主轴电动机和主轴同步带的安装，调整同步带为合适位置和松紧度，用内六方扳手拧上4个螺栓，连接动力线和反馈线，完成主轴电动机的更换。

步骤9：机床上电，主轴正常运行，无异常声音，查看主轴监控页面，负载正常。

图 6-4-6 拆下主轴电动机动力线、反馈线

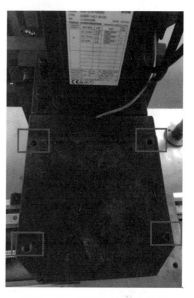

图 6-4-7 拆下主轴上的盖板

图 6-4-8 松开主轴电动机和
主轴的同步带

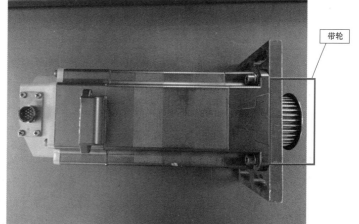

图 6-4-9 拆下主轴电动机和带轮

问题探究

1. αiI-B 和 βiI-B 系列主轴电动机都可以用 αiI-B 系列主轴驱动单元驱动吗？
2. 简述 βiI-B 系列主轴电动机的更换步骤。

任务5　主轴电动机运行状态的监控

任务描述

通过主轴电动机运行状态监控的学习，了解主轴电动机监控的意义，能够看懂主轴监控

189

页面。

学前准备

1. 查阅资料了解主轴电动机运行状态有哪些。
2. 查阅资料了解主轴电动机运行状态如何监控。

学习目标

1. 熟悉主轴电动机运行状态各项目的含义。
2. 掌握主轴电动机运行状态监控的查看方法。

实训设备、工量具、耗材清单

序号	设备名称	规格型号	数量
1	数控铣床	具有 X/Y/Z 三轴数控机床，配置 FANUC 0i -MF Plus 数控系统、横配式 10.4in 显示单元	1 台
2	资料	数控机床安全指导书及操作说明书、FANUC 0i-F Plus 维修说明书	1 套
3	清洁用品	棉纱布、毛刷	若干

任务学习

一、主轴电动机运行状态监控的作用

在数控机床加工过程中，不但要求数控机床具有更高的技术性能和功能，还要求其有更高的安全性和可靠性。就主轴控制而言，若在切削中出现由于背吃刀量过大或刀钝导致的主轴突然堵转、主轴电动机故障或"使能"信号断开导致主轴转速下降或停止等情况时，应使主轴电动机及进给坐标轴立即停止。通过数控系统的主轴电动机运行状态监控页面，可以对主轴电动机转速与负载进行监控，对机床、刀具和工件起到安全保护作用。

二、主轴电动机运行状态监控页面介绍

1. 数控系统主轴电动机的运行监控页面

主轴监控页面如图 6-5-1 所示。

1）主轴报警：显示主轴报警号。

2）运行方式：显示主轴运行方式为速度控制。其他的运行方式有定向、刚性攻螺纹和 CS 轮廓控制。

3）主轴速度：主轴实际转速。

4）电机速度：主轴电动机实际转速。

5）负载表：主轴的实际负载。

6）控制输入信号：SFR 表示主轴正转信号；MRDY 表示机床准备就绪信号； * ESP 表示紧急停止信号。

7）控制输出信号：SAR 表示速度到达信号。

2. 数控系统的主轴电动机负载表页面

主轴电动机负载表页面如图 6-5-2 所示。智能型负载表可以同时显示当前负载对连续额定功率的比率，以及对最大功能的比率，在任何速度下都能正确掌握主轴的负载情况。

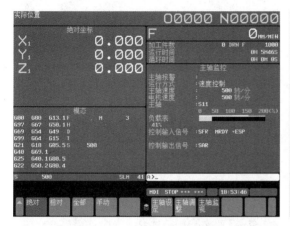

图 6-5-1　主轴监控页面　　　　　　图 6-5-2　主轴电动机负载表页面

1）当前值：负载表的当前值（连续额定功率＝100%）。

2）最大值：在当前速度下负载表的最大值（连续额定功率＝100%）。

3）可持续加工时间：在当前的负载条件下可以连续加工的时间。

① 根据电动机温度、电流、负载等数据，计算并显示在保持当前的切削条件时，检测出过载相关报警所需的时间（秒）。显示范围为 0~999s。

② 可持续加工时间大于 999s 时，以 * * * 显示。

③ 在主轴的加减速（速度控制）中不显示（空白显示）。

4）主轴速度表：显示主轴或主轴电动机的速度。参数 No. 3111#6 = 1，显示主轴速度；参数 No. 3111#6 = 0，显示主轴电动机速度。

任务实施

查看数控机床主轴电动机的监控页面与负载表页面，记录主轴电动机的运行状态数据，填写表 6-5-1。

步骤 1：数控机床通电，设定参数 No. 3111#1 = 1，显示主轴设定页面，如图 6-5-3 所示。

步骤 2：在 MDI 方式下按下 "PROG"→"程序" 键，输入指令 "M03 S500"，按下机床操作面板上的循环启动按钮运行主轴，如图 6-5-4 所示。

步骤 3：按下 "SYSTEM"→">"→"主轴设定"→"主轴监控"键，进入主轴电动机监控页面，观察主轴速度、电机速度与负载表，如图 6-5-5 所示。

步骤 4：设定参数 No. 3111#5 = 1，No. 3111#6 = 1，No. 4542#7 = 1，显示主轴智能负载页面，如图 6-5-6 和图 6-5-7 所示。

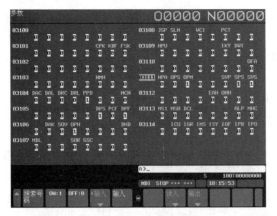

图 6-5-3 主轴设定页面

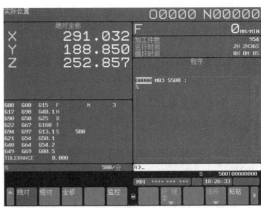

图 6-5-4 MDI 方式下运行主轴

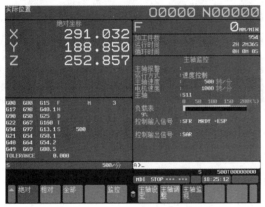

图 6-5-5 主轴电动机监控页面

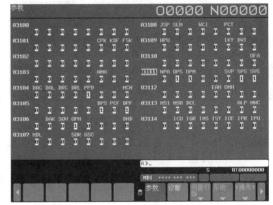

图 6-5-6 操作监控显示参数

步骤 5：按下"POS"→">"→"监控"→"SPINDLE"键，进入主轴智能负载表页面，观察主轴运行负载表的当前值、在当前速度下负载表的最大值、在当前负载条件下可持续加工时间与主轴速度，如图 6-5-8 所示。

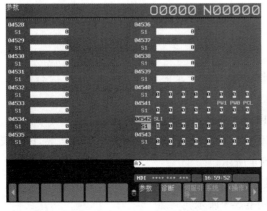

图 6-5-7 主轴智能负载显示参数

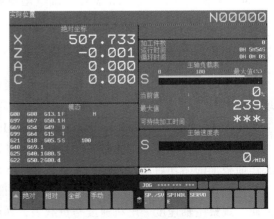

图 6-5-8 主轴智能负载表页面

表 6-5-1 主轴运行监控表

主轴报警	无
运行方式	速度控制
主轴速度	500r/min
电机速度	1000r/min
主轴负载表当前值	41%
主轴负载表最大值	239%
可持续加工时间	>999s

问题探究

1. 简述如何查看主轴监控页面和主轴智能负载表页面。

2. 主轴运行监控的意义是什么？

项目小结

1. 每个人以思维导图的形式，罗列出数控机床的主轴驱动单元、主轴电动机与传感器的规格信息。

2. 绘制主轴驱动单元与主轴电动机的连接图。

3. 分组对主轴驱动单元与主轴电动机的安装更换步骤进行手抄报的形式呈现。

4. 分组讨论：结合课程内容，谈谈您对关于"统筹职业教育、高等教育、继续教育协同创新，推进职普融通、产教融合、科教融汇，优化职业教育类型定位"精神的理解。

PLC参数设定与硬件连接

项目教学导航

教学目标	1. 了解 PLC 工作原理及信号构成 2. 掌握 PLC 参数的类型和含义 3. 熟悉定时器、计数器、K 继电器、数据表的页面操作和输入方法 4. 了解常用 I/O 模块的类型及区别 5. 熟悉常用 I/O 模块的硬件连接 6. 掌握更换常用 I/O 模块及其熔断器的方法
职业素养目标	1. 爱岗敬业，诚实守信，奉献社会 2. 对技术精益求精 3. 对工作认真负责，一丝不苟 4. 团队协作意识 5. 良好的应急应变能力
知识重点	1. PLC 信号构成 2. 定时器、计数器、K 继电器、数据表的含义 3. 定时器、计数器、K 继电器、数据表的页面操作 4. 常用 I/O 模块的接口及硬件连接 5. 常用 I/O 模块上熔断器的安装位置
知识难点	1. 定时器的定时精度理解 2. 数据表的含义及设定 3. 常用 I/O 模块的接口名称、功能及硬件连接
拓展资源 7	"蛟龙号"上的"两丝"钳工顾秋亮
教学方法	线上+线下（理论+实操）相结合的混合式教学法
建议学时	9 学时
实训任务	任务 1 PLC 工作原理及信号构成 任务 2 定时器、计数器等参数的设定 任务 3 I/O 模块的连接与更换

（续）

项目学习任务综合评价	详见课本后附录项目学习任务综合评价表，教师根据教学内容自行调整表格内容

项目引入

数控机床作为自动化控制设备，是在自动控制下进行工作的。数控机床所受的控制可分为两类，一类是最终实现对各坐标轴运动进行的数字控制，另一类是顺序控制。顺序控制是在数控机床运行过程中，以机床各行程开关、传感器、按钮、继电器等的开关量信号状态为条件，按照预先规定的逻辑顺序对诸如主轴的起停、换向，刀具的更换，工件的夹紧、松开，液压、冷却、润滑系统的运行等进行的控制。与数字控制相比，顺序控制的信息主要是开关量信号。

顺序控制主要依靠编制 PLC 程序来实现。PLC 就是内置于 CNC 用来执行数控机床顺序控制操作的可编程序机床控制器。PLC 的信息交换是以 PLC 为中心，在 CNC、PLC 和机床 3 者之间进行信息交换，如图 7-1 所示。

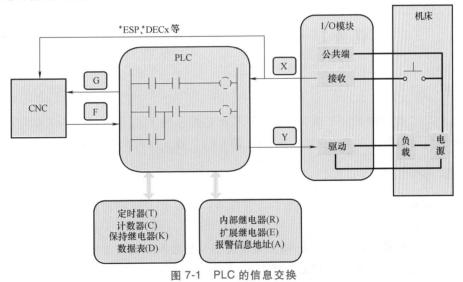

图 7-1　PLC 的信息交换

常把数控机床分为 NC 侧和机床侧两大部分。NC 侧包括 CNC 系统的硬件和软件，与 CNC 系统连接的外围设备如显示器、MDI 面板等。机床侧则包括机床机械部分及其液压、气动、冷却、润滑、排屑等辅助功能，以及机床操作面板、继电器电路、机床强电线路等。PLC 则处于 NC 侧与机床侧之间，对 NC 和机床的输入、输出信号进行处理。

PLC 程序的编制离不开 Counter（C 计数器）、Timer（T 定时器）、Keep relay（保持继电器）、Data table（D 数据表）等 PLC 参数，本项目主要介绍 PLC 工作原理及信号构成，定时器、计数器等 PLC 参数的设定，以及 I/O 模块各接口的连接等内容。

围绕 PLC 参数设定与硬件连接的学习任务包含的内容如知识图谱所示。本项目中，只围绕 PLC 参数设定与硬件连接基础内容进行讲解，后续进阶的内容，请参考 1+X 中级教材进行学习。

知识图谱

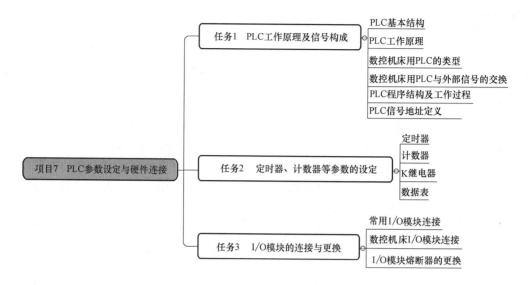

任务1　PLC工作原理及信号构成

任务描述

通过 PLC 工作原理及信号构成的学习，了解数控系统 PLC 硬件构成、工作原理，掌握 PLC 与外部信号的交换方式，正确认识 PLC 信号的类型、构成及应用场合。

学前准备

1. 查阅资料了解数控机床用 PLC 的工作原理，了解 PLC 顺序控制方式与采用硬件的继电控制方式的区别。

2. 查阅资料整理数控系统输入/输出模块类型及与数控系统的连接方式。

3. 查阅资料了解数控机床 PLC 有哪些信号。

学习目标

1. 了解数控机床用 PLC 的原理及特点。

2. 正确判断数控机床用 PLC 的常用信号类型。

实训设备、工量具、耗材清单

序号	设备名称	规格型号	数量
1	数控铣床	具有 X/Y/Z 三轴数控机床，配置 FANUC 0i -MF Plus 数控系统、横配式 10.4in 显示单元	1 台
2	资料	数控机床安全指导书及操作说明书、FANUC 0i-F Plus PMC 编程说明书	1 套
3	清洁用品	棉纱布、毛刷	若干

任务学习

一、PLC 基本结构

1. PLC 硬件结构

PLC（可编程序控制器）是一种工业控制用的专用计算机，由硬件系统和软件系统两大部分组成。PLC 基本构成如图 7-1-1 所示。CPU 是 PLC 的核心部件，还有内存储器 RAM 和系统程序存储器 EPROM。CPU、各种存储器和输入/输出（I/O）模块之间采用总线结构。

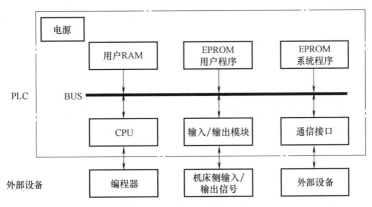

图 7-1-1 PLC 基本构成

2. PLC 软件结构

PLC 软件结构包括系统程序和用户程序。

（1）系统程序 系统程序包括监控程序、编译程序及诊断程序等。监控程序又称为管理程序，主要用于管理整机；编译程序用来把程序语言翻译成机器语言；诊断程序用来诊断机器故障。系统程序由 PLC 生产厂家提供，并固化在 EPROM 中，用户不能直接存取，故也不需要用户干预。

（2）用户程序 用户程序是用户根据机床控制需要，用 PLC 程序语言编制的应用程序，用以实现各种控制要求。数控系统 PLC 用户程序可以通过数控系统梯形图编辑页面在线编辑或通过 LADDER 专用软件编辑。小型数控机床 PLC 用户程序比较简单，不需要分段，可按顺序编制；多轴联动数控机床 PLC 用户程序很长，比较复杂，为使用户程序编制简单清晰，可按功能结构或使用目的将用户程序划分成各个程序模块（子程序），每个模块用来解决一个确定的技术功能，从而使程序编制变得容易，同时能方便地对程序进行调试和修改。

二、PLC 工作原理

用户程序输入到用户存储器，CPU 对用户程序进行循环扫描并顺序执行，这是 PLC 的基本工作原理。所谓扫描与顺序执行是指，只要 PLC 接通电源，CPU 就对用户存储器中的程序进行扫描，即从第一条用户程序开始顺序执行，直到最后一条用户程序，形成一个扫描周期，周而复始。用梯形图形象地说就是从上至下、从左至右，逐行扫描执行梯形图所描述的逻辑功能。目前在 PLC 中，执行每条指令的平均时间可达 μs 级。

PLC 对用户程序的扫描执行过程可分为 3 个阶段，即输入采样、程序执行和输出刷新。

无论是哪个阶段，均采用扫描的工作方式，如图 7-1-2 所示。

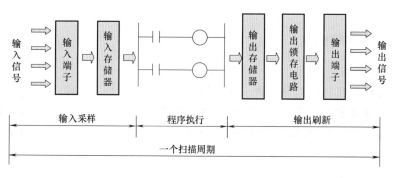

图 7-1-2　PLC 的一个扫描周期

1. 输入采样

在输入采样阶段，PLC 以扫描的方式将所有输入端的输入信号状态（ON/OFF 状态）读入到输入存储器中，称为对输入信号的采样。接着转入程序执行阶段，在程序执行期间，即使外部信号状态变化，输入存储器的内容在一个扫描周期中也不会改变，输入状态的变化只能在下一个工作周期的输入采样阶段才被重新读入。

2. 程序执行

在程序执行阶段，PLC 对程序按顺序进行扫描。如程序用梯形图表示，则总是按先上后下、先左后右的顺序扫描。每扫描到一条指令时，所需要的输入信号状态或其他元素的状态从输入存储器中读入，然后进行相应的逻辑或算术运算，运算结果再存入专用寄存器。若执行程序输出指令，则将相应的运算结果存入输出存储器中。

3. 输出刷新

在所有指令执行完毕后，输出存储器中的状态就是欲输出的状态。在输出刷新阶段，将输出存储器状态转存到输出锁存电路，再经输出端子输出信号去驱动用户输出设备，这就是 PLC 的实际输出。

PLC 重复地执行上述 3 个阶段，每重复 1 次就是 1 个工作周期（或称扫描周期），工作周期的长短与程序的长短有关。

三、数控机床用 PLC 的类型

数控机床用 PLC 分为两类：一类是专为实现数控机床顺序控制而设计制造的内装型 PLC，另一类是那些输入/输出技术规范、输入/输出点数、程序存储容量以及运算和控制功能等均能满足数控机床控制要求的独立型 PLC。

1. 内装型 PLC

内装型 PLC 从属于 CNC 装置，PLC 与 NC 之间的信号传送在 CNC 装置内部就可完成，而 PLC 与机床侧的信息传送则要通过输入/输出接口来完成。

内装型 PLC 具有如下特点：

1）内装型 PLC 实际上是作为 CNC 装置带有的 PLC 功能，一般是作为一种可选功能提供给用户。

2）内装型 PLC 的性能指标（如输入/输出点数、程序最大步数、每步执行时间、程序扫描周期、功能指令数目等）是根据所从属的 CNC 系统的规格、性能、适用机床的类型等确定的，其硬件和软件部分是被作为 CNC 系统的基本功能或附加功能与 CNC 系统一起统一设计制造的。因此系统硬件和软件整体结构十分紧凑，PLC 所具有的功能针对性强，技术指标较合理、实用，较适用于单台数控机床等场合。

3）在系统结构上，内装型 PLC 既可以与 CNC 共用一个 CPU，也可以单独使用一个 CPU，此时的 PLC 对外有单独配置的输入/输出电路，而不使用 CNC 装置的输入/输出电路。

4）采用内装型 PLC，扩大了 CNC 内部直接处理的通信窗口功能，可以使用梯形图的编辑和传送等高级控制功能，且造价便宜，提高了 CNC 的性能价格比。

内装型 PLC 与数控系统之间的信息交换是通过公共 RAM 区完成的，因此内装型 PLC 与数控系统之间没有连线，信息交换量大，安装调试更加方便，且结构紧凑，可靠性好。内装型 PLC 与外部信号的连接示意图如图 7-1-3 所示。

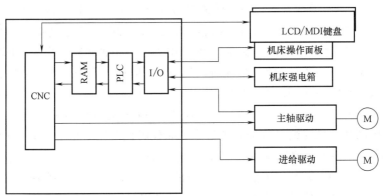

图 7-1-3　内装型 PLC 与外部信号的连接示意图

2. 独立型 PLC

独立型 PLC 又称通用型 PLC。独立型 PLC 独立于 CNC 装置，具有完备的硬件和软件结构，能独立完成规定的控制任务。数控机床用独立型 PLC，一般采用模块化结构，装在插板式笼箱内，它的 CPU 系统程序、用户程序、输入/输出电路、通信等均设计成独立的模块。独立型 PLC 主要用于 FMS、CIMS 形式中的 CNC 机床，具有较强的数据处理、通信和诊断功能，成为 CNC 与上级计算机联网的重要设备。独立型 PLC 与外部信号连接如图 7-1-4 所示。

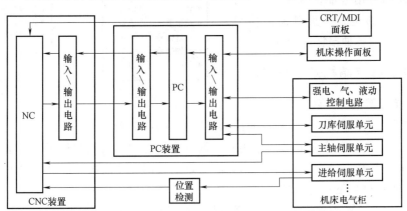

图 7-1-4　独立型 PLC 与外部信号的连接

四、数控机床用 PLC 与外部信号的交换

数控机床用 PLC 与外部信号的交换包括 PLC 与 CNC 的信号交换以及 PLC 与机床侧的信号交换，如图 7-1-5 所示。

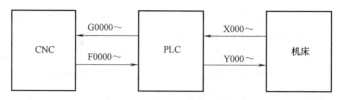

图 7-1-5　PLC 与外部信号的交换

1. PLC 与 CNC 的信号交换

（1）来自 CNC 侧的 F 信号　PLC 接收来自 CNC 侧的信号用地址符号 F 表示。系统部分将伺服电动机和主轴电动机的状态，以及请求相关机床动作的信号（如移动中信号、位置检测信号、系统准备完成信号等），反馈到 PLC 中去进行逻辑运算，作为机床动作的条件及进行自诊断的依据。例如各种功能指令代码 M、S、T 信息，手动、自动方式信息以及各种使能信号等都属于 CNC 反馈到 PLC 的 F 信号。

（2）发送至 CNC 侧的 G 信号　PLC 发送至 CNC 侧的信号用地址符号 G 表示，包括对系统部分进行控制和信息反馈（如轴互锁信号、M 代码执行完毕信号等），例如实现 M、S、T 功能的应答信号，各坐标轴对应的机床参考点信号等。

所有 CNC 送至 PLC 或 PLC 送至 CNC 信号的含义及地址均由数控系统厂家定义，PLC 编程用户只能够使用这些信号，不能改变或删增这些信号。

2. PLC 与机床的信号交换

（1）来自机床侧的 X 信号　PLC 接收来自机床侧的信号用地址符号 X 表示，包括机床操作面板输入信号和机床状态输入信号两大部分，如图 7-1-6 所示。

（2）发送至机床侧的 Y 信号　PLC 发送给机床侧的信号用地址符号 Y 表示，包括驱动电磁阀、继电器、接触器的信号，状态指示信号以及各种报警信号等。

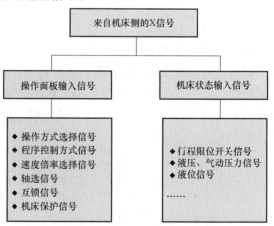

图 7-1-6　来自机床侧的 X 信号

五、PLC 程序结构及工作过程

1. PLC 梯形图包含要素

PLC 程序常用梯形图表达，梯形图结构要素如图 7-1-7 所示。

图 7-1-7 中，左右两条竖直线为电力轨，两电力轨之间的横线为梯级，每个梯级又由一行或数行构成。每行由触点（常开、常闭）、继电器线圈、功能指令模块等构成。

2. PLC 程序结构及执行过程

PLC 程序由第 1 级程序、第 2 级程序和若干个子程序构成，如图 7-1-8 所示。

（1）第 1 级程序　第 1 级程序又称高级程序，每 8ms 执行 1 次，用于处理短脉冲信号，

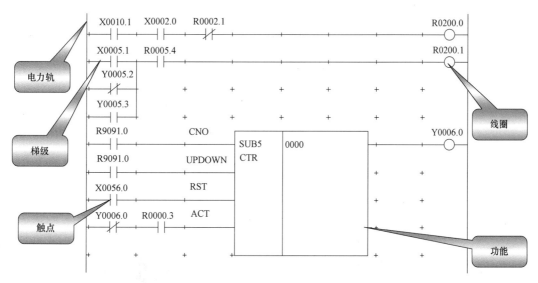

图 7-1-7　PLC 梯形图结构要素

包括急停、各轴超程、返回参考点减速、外部减速、跳步、到达测量位置和进给暂停等信号。第 1 级程序用功能符号 END1 结束。

（2）第 2 级程序　第 2 级程序称为通常程序，其处理的优先级别低于第 1 级程序。第 1 级程序在每个 8ms 扫描周期都先扫描执行，每个 8ms 当中 1.25ms 时间内扫描完第 1 级程序后，剩余时间再扫描第 2 级程序。如果第 2 级程序在 1 个 8ms 规定时间内不能扫描完成，它会被分割成 n 段来执行。第 2 级程序用功能符号 END2 结束。

（3）PLC 程序扫描周期　第 1 级程序的长短决定了第 2 级程序的分隔数，也就决定了整个程序的循环处理周期。因此第 1 级程序编制应尽量短，只把一些需要快速响应的程序放在第 1 级程序中。PLC 程序扫描周期如图 7-1-9 所示。

（4）PLC 功能模块　在 PLC 程序中使用了结构化功能模块编程，将每一个功能模块用子程序表达。子程序必须在第 2 级程序后指定，以 SP 开始，以 SPE 结束。整个子程序必须在顺序程序结束指令 END 之前结束。子程序结构如图 7-1-10 所示。

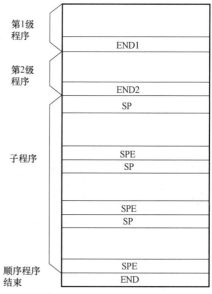

图 7-1-8　PLC 程序结构

201

六、PLC 信号地址定义

1. PLC 信号地址表示

PLC 信号地址由地址号和位号（0～7）组成，如图 7-1-11 所示。地址号的首字符代表信号类型，如"X"代表输入信号。如果在功能指令中指定字节单位的地址，则位号忽略，如 X127。

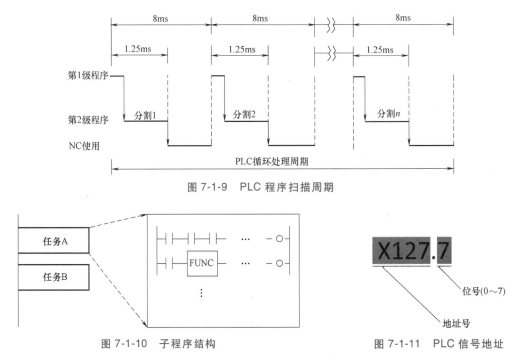

图 7-1-9　PLC 程序扫描周期

图 7-1-10　子程序结构

图 7-1-11　PLC 信号地址

　　PLC 与外部设备之间的信号交换包括来自机床侧的输入信号 X、来自数控系统侧的输入信号 F、向机床侧的输出信号 Y、向数控系统侧的输出信号 G。有些来自机床侧的输入信号，其接口地址是固定的，直接从机床侧输入到 CNC 中，成为高速处理信号。由于 CNC 直接读取 X 信号，不需要 PLC 处理，因此即时响应性更好。这些 X 信号是 CNC 软件确定的，诸如急停信号（＊ESP）、跳转信号（SKIP）、参考点减速信号（＊DECx）等均为此类信号。由机床侧向 NC 的输入信号（DI）的传递关系如图 7-1-12 所示。

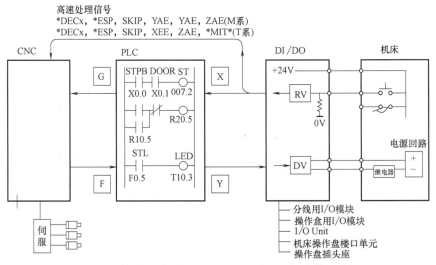

图 7-1-12　NC 与机床之间的信号传递

2. PLC 信号地址定义

数控系统信号地址是用一个指定的字母表示信号的类型，用字母后的数字表示信号地址。数控系统 PLC 信号地址见表 7-1-1。

表 7-1-1　数控系统 PLC 信号地址

信号的种类	符号	0i-FPlus（1）PLC	0i-FPlus（5）PLC/L
从机床侧向 PLC 的输入信号	X	X0～X127 X200～X327 X400～X527（※） X600～X727（※） X1000～X1127（※）	X0～X127 X200～X327（※） X1000～X1127（※）
从 PLC 向机床侧的输出信号	Y	Y0～Y127 Y200～Y327 Y400～Y527（※） Y600～Y727（※） Y1000～Y1127（※）	Y0～Y127 Y200～Y327（※） Y1000～Y1127（※）
从 CNC 向 PLC 的输入信号	F	F0～F767 F1000～F1767 F2000～F2767（※） F3000～F3767（※） F4000～F4767（※） F5000～F5767（※） F6000～F6767（※） F7000～F7767（※） F8000～F8767（※） F9000～F9767（※）	F0～F767 F1000～F1767（※）
从 PLC 向 CNC 的输出信号	G	G0～G767 G1000～G1767 G2000～G2767（※） G3000～G3767（※） G4000～G4767（※） G5000～G5767（※） G6000～G6767（※） G7000～G7767（※） G8000～G8767（※） G9000～G9767（※）	G0～G767 G1000～G1767（※）
内部继电器	R	R0～R7999	R0～R1499
系统继电器	R	R9000～R9499	R9000～R9499
扩展继电器	E	E0～E9999	E0～E9999
信息显示 ・显示请求 ・状态显示	A	A0～A249 A9000～A9249	A0～A249 A9000～A9249
定时器 ・可变定时器 ・可变定时器精度用（※）	T	T0～T499 T9000～T9499	T0～T79 T9000～T9079
计数器 ・可变计数器 ・固定计数器	C	C0～C399 C5000～C5199	C0～C79 C5000～C5039

（续）

信号的种类	符号	0i-FPlus（1）PLC	0i-FPlus（5）PLC/L
保持型继电器 ·用户区 ·系统区	K	K0～K99 K900～K999	K0～K19 K900～K999
数据表	D	D0～D9999	D0～D2999
标签	L	L1～L9999	L1～L9999
子程序	P	P1～P5000	P1～P512

注：表中带※的地址请勿在用户程序中使用，是作为 PLC 管理软件的预留区。

3. DI 地址固定的输入信号定义

数控系统从机床侧输入的高速信号地址是固定的，这些信号包括各轴测量位置到达信号、各轴返回参考点减速信号、跳转信号以及急停信号等，见表 7-1-2。在硬件连接时，务必保证这些信号连接在指定的地址上，确保 NC 在运行时能够直接引用这些地址信号。

表 7-1-2　接口地址固定的输入信号

信号		符号	地址	
			当使用 I/O Link 时	当使用内装 I/O 卡时
T（车床）系列	X 轴测量位置到达信号	XAE	X4.0	X1004.0
	Z 轴测量位置到达信号	ZAE	X4.1	X1004.1
	刀具补偿测量值直接输入功能 B（+X 方向信号）	+MIT1	X4.2	X1004.2
	刀具补偿测量值直接输入功能 B（-X 方向信号）	-MIT1	X4.3	X1004.3
	刀具补偿测量值直接输入功能 B（+Z 方向信号）	+MIT2	X4.4	X1004.4
	刀具补偿测量值直接输入功能 B（-Z 方向信号）	-MIT2	X4.5	X1004.5
M（铣床）系列	X 轴测量位置到达信号	XAE	X4.0	X1004.0
	Y 轴测量位置到达信号	YAE	X4.1	X1004.1
	Z 轴测量位置到达信号	ZAE	X4.2	X1004.2
M、T（车床、铣床）系列共用	跳转（SKIP）信号	SKIP	X4.7	X1004.7
	急停信号	※ESP	X8.4	X1008.4
	第 1 轴参考点返回减速信号	※DEC1	X9.0	X1009.0
	第 2 轴参考点返回减速信号	※DEC2	X9.1	X1009.1
	第 3 轴参考点返回减速信号	※DEC3	X9.2	X1009.2
	第 4 轴参考点返回减速信号	※DEC4	X9.3	X1009.3
	第 5 轴参考点返回减速信号	※DEC5	X9.4	X1009.4
	第 6 轴参考点返回减速信号	※DEC6	X9.5	X1009.5
	第 7 轴参考点返回减速信号	※DEC7	X9.6	X1009.6
	第 8 轴参考点返回减速信号	※DEC8	X9.7	X1009.7

4. 典型信号应用说明

（1）内部继电器、系统继电器信号 R　在梯形图中，经常需要中间继电器作为辅助运算用。数控系统的内部继电器作为通用中间继电器使用，但有些地址 R9000 以上的继电器作为 PLC 系统继电器, 是 PLC 管理软件为控制顺序程序而使用的区域, 并且作为功能指令运算结果等部分地址, 在顺序程序中也可以作为控制条件使用。系统继电器不能用作梯形图中的线圈使用。

R9091 作为系统定时器, 有 4 个信号可供使用, R9091 信号如图 7-1-13 所示, 其中 R9091.0 为常 0 信号, R9091.1 为常 1 信号。

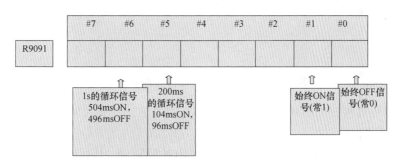

图 7-1-13 R9091 信号

R9091.5、R9091.6 为周期循环信号, 信号周期变化脉冲宽度如图 7-1-14 所示。

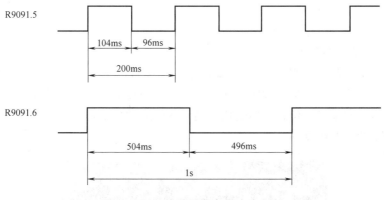

图 7-1-14 信号周期变化脉冲宽度

(2) 信息显示请求信号 A A 地址用来表示信息显示请示地址, 其中 A0 ~ A249 共 250 字节用于显示请求, A9000 ~ A9249 共 250 字节用于显示状态。数控机床厂家把不同的机床结构所能预见的异常汇总后, 编写出错误代码和报警信息。PLC 通过从机床侧各检测装置反馈的信号和系统部分状态信号, 经过程序逻辑运算后对机床所处的状态进行自诊断, 若发现与正常状态有异时, 则将机床当时情况判定为异常, 并将对应于该种异常的 A 地址置 1。当指定的 A 地址被置 1 后, 报警显示屏幕便会出现相关的信息, 有助于查找和排除故障。而该故障信息是由机床制造厂家在编辑 PLC 程序时编写的。

【例 7-1-1】 进行主轴刀具夹紧、松开异常报警信息设定, 设计思路是故障触发信息显示继电器 A, 然后显示相应报警。

如图 7-1-15 所示梯形图, X0.0 为主轴刀具夹紧, X0.1 为主轴刀具松开, X0.2 为异常复位, A1.0 为主轴刀具夹紧、松开异常。TMRB 为定时器, 时间设定为 4s。

主轴刀具夹紧、松开是由一个液压缸控制的, 当液压缸动作不正常而影响主轴正常夹紧、松开刀具时，如液压缸卡在中间，夹紧和松开检测开关的状态都为 0，当这个状态持续超过 4s 以后，A1.0 置 1，同时屏幕上出现报警信息。

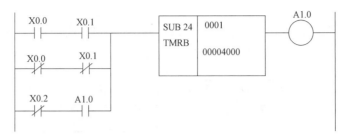

图 7-1-15　刀具夹紧、松开异常报警信息

只要 A1.0 一直保持 1 的状态，报警信息将一直显示，直到故障被排除，按下异常复位按钮后，方可消除报警。

故障报警显示有助于定位故障点。当显示器出现报警时，其相应 A 地址也会置 1，查阅相关梯形图，找出使 A 置 1 的因素，就可以定位故障点。

任务实施

在 MDI 方式下运行加工程序，从信号状态页面、梯形图页面查看循环启动 G 信号、F 信号、X 信号、Y 信号状态，理解这些信号之间的关系。

1. 在 MDI 方式下运行程序

步骤 1：在 MDI 方式下编写程序。在 MDI 方式下编写程序：G01 X200.0 F100.0；。

步骤 2：在 MDI 方式下运行程序。按下机床操作面板上的循环启动按钮，程序运行，坐标轴在运动，显示器上显示位置坐标变化，同时循环启动指示灯亮，机床操作面板循环启动后指示灯状态如图 7-1-16 所示。

图 7-1-16　机床操作面板

2. 查看循环启动相关信号状态

在程序运行过程中，按照以下步骤操作，查看数控机床循环启动相关信号状态。

步骤 1：进入信号状态页面，按下 "SYSTEM"→ ">"→ "PMC 维护"→ "信号"→ "操作" 键，进入信号状态显示页面，如图 7-1-17 所示。

步骤 2：查看循环启动相关信号状态。在信号状态页面，依次对循环启动信号（ST）G7.2、自动运行信号（OP）F0.7、循环启动指示灯 Y2.1 进行状态查询：

1）G7.2，按 "W-搜索" 键。

2）F0.7，按 "搜索" 键。

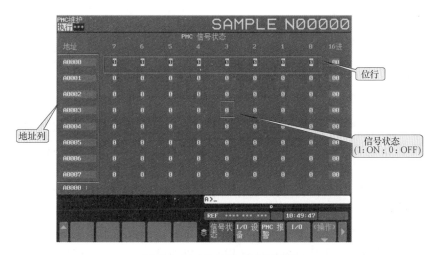

图 7-1-17 信号状态显示页面

3）Y2.1，按"W-搜索"键。

显示器分别切换至 G7.2、F0.7、Y2.1 信号显示页面，如图 7-1-18、图 7-1-19 和图 7-1-20所示。可以看到，循环启动程序运行时，G7.2信号状态为1，F0.7信号状态为1，Y2.1信号状态为1。

3. 查看程序循环启动后关联梯形图状态

我们还可以通过梯形图观察这些信号的状态。按照以下步骤进入梯形图页面并搜索相关信号页面。

按下"SYSTEM"→">"→"PMC梯图"→"列表"键，选择级"2"→"梯形图"→"操作"，分别输入信号地址 G7.2、Y2.1→"W-搜索"键，所显示梯形图信号状态如图 7-1-21 所示。

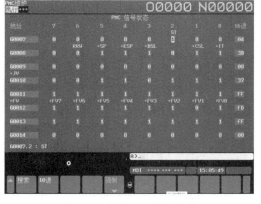

图 7-1-18 G7.2 信号状态

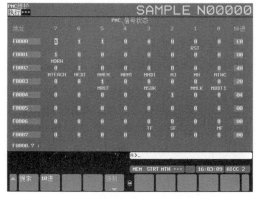

图 7-1-19 F0.7 信号状态

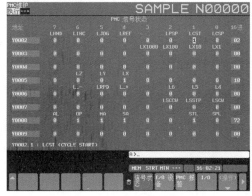

图 7-1-20 Y2.1 信号状态

207

图 7-1-21　梯形图信号状态

从梯形图可以看出，按下循环启动按钮后，循环启动信号（ST）G7.2 导通，数控系统处于程序运行状态，即使松开了循环启动按钮，数控系统仍然运行程序；此时自动运行信号（OP）F0.7 导通，并由这个信号点亮了机床操作面板上的循环启动指示灯 Y2.1。

通过以上任务实施可以看出，机床操作面板循环启动按钮 X2.1，对 PLC 而言是输入信号，按下该按钮，触发循环启动信号 G7.2，数控系统就能够运行加工程序，因此循环启动信号 G7.2 是 PLC 向数控系统发出的循环启动请求信号，是数控系统针对循环启动专门定义的信号；自动运行信号 F0.7 是数控系统向 PLC 发出的循环启动应答信号，也是数控系统针对循环启动专门定义的输出信号，只要数控系统处于循环启动状态，该信号就为 1。通过 F0.7 点亮循环启动指示灯 Y2.1，Y2.1 对 PLC 而言是输出信号。

问题探究

1. 画图并讨论如何理解数控系统 PLC 扫描工作方式。

2. 针对学校配置的数控机床设备，说出数控系统 PLC 输入信号 X、输出信号 Y 有哪些，并对信号意义进行说明。

3. 根据图 7-1-22 所示梯形图程序，分析当输入信号 X25.7 由 0 变为 1 时，内部继电器信号 R1.0、R1.1 的时序变化和状态结果。

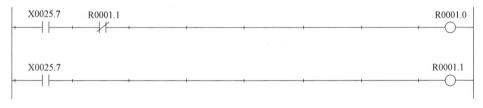

图 7-1-22　梯形图程序

任务 2　定时器、计数器等参数的设定

任务描述

通过对定时器、计数器、K 继电器、数据表这 4 类 PLC 参数的含义以及应用场合的学习，掌握进入这 4 类参数页面的方法以及根据需要修改对应参数的方法。

学前准备

1. 查阅资料了解数控系统的 PLC 类型及处理逻辑。

2. 查阅资料了解 PLC 的数据类型及设定方法。

3. 查阅资料熟悉数控系统 PLC 的作用。

学习目标

1. 了解数控系统 PLC 的参数类型，熟练掌握 PLC 数据设定方法和注意事项。

2. 能够独立完成 PLC 参数的设定。

实训设备、工量具、耗材清单

序号	设备名称	规格型号	数量
1	数控铣床	具有 X/Y/Z 三轴数控机床，配置 FANUC 0i -MF Plus 数控系统、横配式 10.4in 显示单元	1 台
2	资料	数控机床安全指导书及操作说明书、FANUC 0i-F Plus PMC 编程说明书	1 套
3	清洁用品	棉纱布、毛刷	若干

任务学习

PLC 参数种类包括定时器、计数器、K 继电器、数据表，这 4 类数据主要用于对机床的定时、计数、刀具信息等进行存储。

一、定时器

定时器用于做时间的延时导通，即在满足触发条件时定时器起动，经过定时设定的时间时，输出即接通。

实际机床控制中，例如对润滑泵泵油时间的设定，就需要用到定时器。定时器设定页面如图 7-2-1 所示。

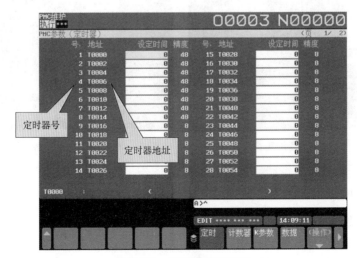

图 7-2-1　定时器设定页面

不同定时器的定时精度也不一样。定时器精度分为 1ms、8ms、10ms、48ms、100ms、1s、1min。定时器号 1~8 的初始值是 48ms，定时器号 9 以上的初始值是 8ms。定时器的精度种类见表 7-2-1。在图 7-2-1 的基础上按软键"操作"→"精度"，可以设定光标所在位置定时器的精度，如图 7-2-2 所示。

表 7-2-1　定时器的精度种类

种类	设定时间范围	备注
1ms	1ms~32.7s	
8ms	8ms~262.1s	定时器号 9 以上的初始值
10ms	10ms~327.7s	
48ms	48ms~1572.8s	定时器号 1~8 的初始值
100ms	100ms~54.6min	
1s	1s~546min	
1min	1min~546h	

在精度设定上有固定的设定格式："时"——H、"分"——M、"秒"——S，例如：设定 1 小时 23 分 45 秒时，输入格式为"1H23M45S"。图 7-2-2 中精度一列所对应各定时器的数值及其含义见表 7-2-1。（注：当精度为 48ms 时，设定时间只能是 48 的倍数。例如当输入 100 时，定时时间自动设为 96ms。）

在图 7-2-2 所示页面上按下"转换"软键时，能显示该页面上光标所在定时器对应的注释，如图 7-2-3 所示。图中，1 号定时器 T0 的作用是设定润滑启动时间，此处精度为 1ms，定时时间为 5000ms，即 5s；2 号定时器 T2 的作用是设定润滑停止时间，此处精度为 1s，定时时间为 10min。

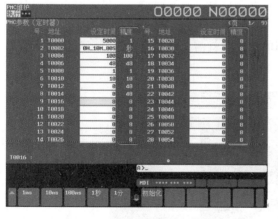

图 7-2-2　定时器精度设定页面

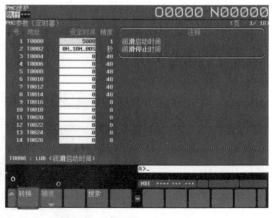

图 7-2-3　定时器注释显示页面

二、计数器

计数器的主要功能是进行计数，可以是加计数，也可以是减计数，比如在进行加工工件的计数时，就需要用到计数器。计数器设定值和现在值都是 2 字节长的数据，"设定值"为设定的计数器的上限值，"现在值"显示为当前的计数值。例如 1 号计数器的设定值存储在 C0~C1 中，当前值存储在 C2~C3 中。

　　计数器的设定页面如图 7-2-4 所示。在图 7-2-4 的基础上按软键"操作"→"转换"，能显示该页面上光标所在计数器对应的注释，如图 7-2-5 所示。图中，1 号计数器 C0 的作用是进行加工工件计数，设定的计数上限值为 20，当前已加工工件数为零。

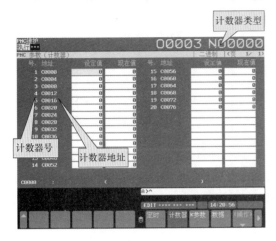

图 7-2-4　计数器设定页面

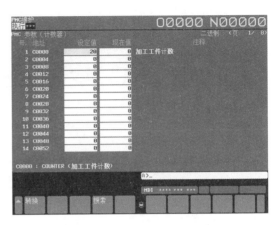

图 7-2-5　计数器注释显示页面

三、K 继电器

　　K 继电器也称为 K 参数或保持型继电器。K 参数页面以位型显示每位 K 地址的状态，可以对其进行设定，在断电后其状态会记忆。K 参数在 PLC 梯形图中经常被用作常开或常闭触点，并可以无限次使用。在想要完善或改进一些数控机床的功能时，合理使用 K 参数进行编程和修改，比直接在原梯形图上修改程序的可读性更强，更不容易造成混乱。

　　在保持型继电器页面中，可以显示位型的保持型继电器并可以对其进行设定，在断电后状态会记忆。用户使用的信号范围为 K0～K99，共 100 字节。K 参数显示页面如图 7-2-6 所示。

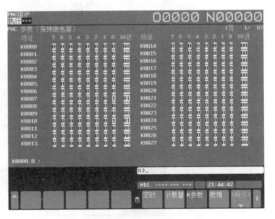

图 7-2-6　K 参数显示页面

四、数据表

　　数据表是一种保持型数据寄存器，用户可以通过它对参数页面和 PLC 程序进行赋值、读取等操作，例如加工中心上刀库的刀具登录页面经常用到数据表。

　　数据表页面包括两个基本页面，数据表控制数据页面和数据表页面。

　　数据表控制数据页面的作用是进行数据表的分组管理和数据类型设定的操作。根据数据表使用目的的不同，可以通过组的形式来定义和管理数据表，如增加组数据表页面的数量、每一组的起始寄存器的地址和数量、数据的类型长度等。设定数据的个数不能超过最大值（标准是 10000 个，从 D0 开始）。如果组的起始地址设定为 D0 以外的地址，其使用的数据个数也要相应地减少。表 7-2-2 为不同使用场合下组的定义举例。

表 7-2-2   不同使用场合下组的定义

组号	用途	地址	数据长度	个数
1	刀库刀套号以及对应的刀具号	D0000 : D0010	1 字节 （带有符号表示）	11
2	齿轮换档时主轴转速	D0100 : D0109	2 字节	5
3	软限位	D0200 : D0279	4 字节	20
4	位型存储	D0300 D0309	位型	10

数据表控制数据设定显示页面如图 7-2-7 所示。数据表各参数的含义如图 7-2-8 所示。

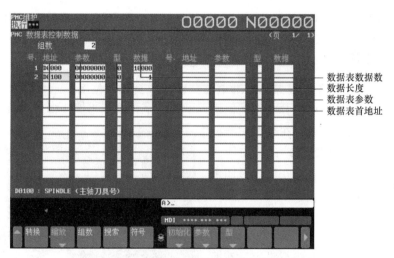

图 7-2-7   数据表控制数据设定显示页面（一）

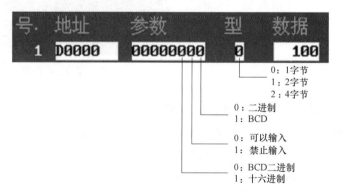

图 7-2-8   数据表各参数的含义

在图 7-2-7 中，光标所在的寄存器地址 D100 对应的符号为 SPINDLE，此时按下页面上的软键"符号",则地址栏中的寄存器 D100 的显示会转换为符号显示,如图 7-2-9 所示。此时,原来软键"符号"所在位置变为软键"地址",也就是说,寄存器的地址显示或是符号显示是可以相互切换的。

数据表页面可以对数据表的数据进行赋值操作、组号和寄存器的搜索等,如图 7-2-10 所示。图中显示的是第 2 组数据表,用于刀库换刀。该组数据表首地址是 D100,共有 24 个数据,均处于可写入状态,每个数据都是 1 字节的无符号十进制数。

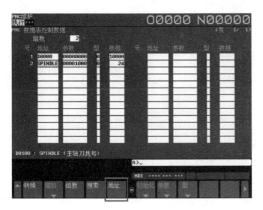
图 7-2-9　数据表控制数据设定显示页面（二）

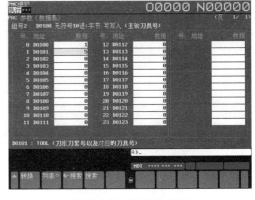
图 7-2-10　数据表页面

在图 7-2-10 的基础上按软键"转换",能显示该页面上光标所在数据表对应的注释,如图 7-2-11 所示。图中,寄存器 D100 表示主轴刀具号,当前数值为 1,寄存器 D101 表示刀库刀套号以及对应的刀具号,当前数值为 5。

任务实施

1）定时器设定。设定 1 号定时器精度为 1ms,定时时间为 5s；2 号定时器定时精度为 1s,定时时间为 10min。

步骤 1：将机床操作面板切换为 MDI 方式或在急停状态下,按下 "OFS/SET"→"设定"键,进入设定页面,如图 7-2-12 所示,"写参数"设定为 1。

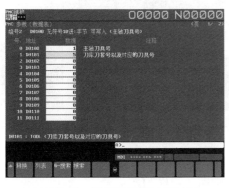
图 7-2-11　数据表注释显示页面

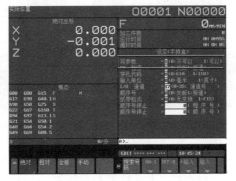
图 7-2-12　写参数设定页面

步骤 2：按下 "SYSTEM"→">"→"PMC 维护"→">"→"定时"→"操作"键,进入定时器设定页面,如图 7-2-13 所示。

213

步骤3：在缓冲区输入1，按"搜索"键，光标即定位于1号定时器，再按下软键"精度"→"1ms"，1号定时器精度从48 ms改为1ms，并显示为1。然后在缓冲区输入5000，按"INPUT"输入键，1号定时器的设定时间为5s，如图7-2-14所示。

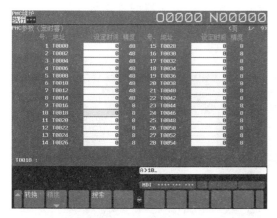

图7-2-13　定时器设定页面

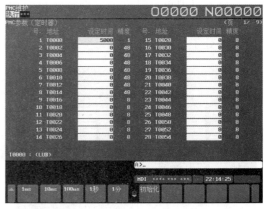

图7-2-14　1号定时器设定页面

步骤4：按"↓"键，将光标定位于2号定时器，按软键"1秒"，2号定时器精度从48ms改为1s，并显示为秒。然后在缓冲区输入10M，按"INPUT"输入键。2号定时器的设定时间为10min，如图7-2-15所示。

2）计数器设定。设定1号计数器的计数上限值为20。

步骤1：在系统处于MDI方式或急停状态下，按下"OFS/SET"→"设定"键，进入设定页面，如图7-2-12所示，"写参数"设定为1。

步骤2：按下"SYSTEM"→">"→"PMC维护"→">"→"计数器"→"操作"键，进入计数器设定页面，如图7-2-16所示。

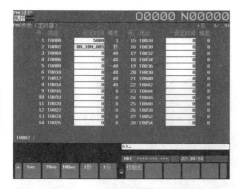

图7-2-15　2号定时器设定页面

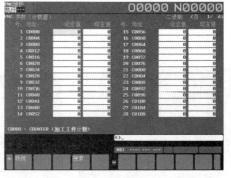

图7-2-16　计数器设定页面

步骤3：在缓冲区输入1，按"搜索"键，光标即定位于1号计数器，再在缓冲区输入20，按"INPUT"输入键，1号计数器的设定值为20，如图7-2-17所示。

3）K继电器设定。设定K参数K10.0为1。

步骤1：在系统处于MDI方式或急停状态下，按下"OFS/SET"→"设定"键，进入设定页面，如图7-2-12所示，"写参数"设定为1。

步骤2：按下"SYSTEM"→">"→"PMC维护"→">"→"K参数"→"操作"键，进入K参数设页面，如图7-2-18所示。

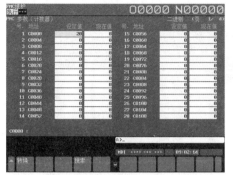
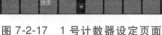
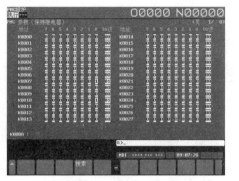

图7-2-17　1号计数器设定页面　　　图7-2-18　K参数设定页面

步骤3：在缓冲区输入K10.0，按"搜索"键，光标即定位于K10.0，再在缓冲区输入1，按"INPUT"输入键，K10.0设为1，如图7-2-19所示。

4）数据表设定。建立首地址为D100、数据个数为24个的数据表，并将D100设定为1，D101设定为5。

步骤1：在系统处于MDI方式或急停状态下，按下"OFS/SET"→"设定"键，进入设定页面，如图7-2-12所示，"写参数"设定为1。

步骤2：按下"SYSTEM"→">"→"PMC维护"→">"→"数据"→"操作"键，进入PMC数据表控制数据设定页面，如图7-2-20所示。

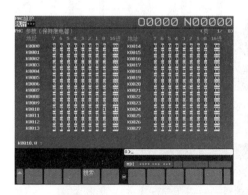
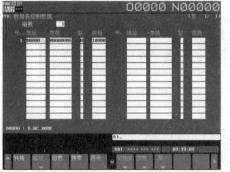

图7-2-19　K10.0设定页面　　　图7-2-20　PMC数据表控制数据设定页面（一）

步骤3：在缓冲区输入2，按"组数"键，即增加了第2组数据表，如图7-2-21所示。

步骤4：将光标置于第2组数据表的首地址，在缓冲区输入D100，按"INPUT"输入键，首地址改为D100，如图7-2-22所示。

步骤5：按下"参数"键，接着按"无符10"键，把数据表中的数据设定为无符号的十进制数，如图7-2-23所示。

步骤6：按"∧"返回键，接着按"型"→"字节"键，把数据类型设置为字节型，如图7-2-24所示。

步骤7：按"∧"返回键，将光标移至数据对应的位置，在缓冲区输入24，对应刀库的24把刀，按"INPUT"输入键，把数据表的数据数设为24，如图7-2-25所示。

步骤8：按"缩放"键，进入数据表设定页面，如图7-2-26所示。将光标定位于D100

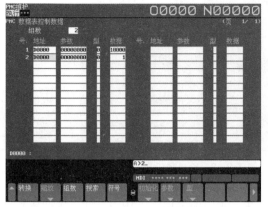

图7-2-21　PMC数据表控制数据设定页面（二）

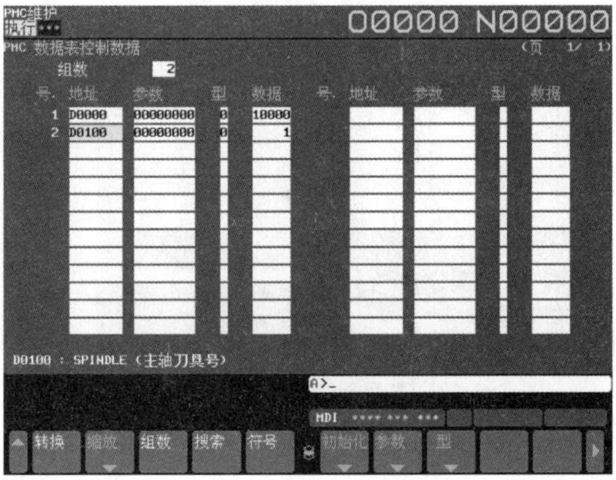

图7-2-22　PMC数据表控制数据设定页面（三）

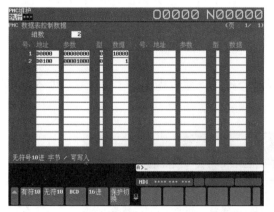
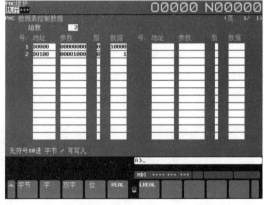

图7-2-23　PMC数据表控制数据设定页面（四）

图7-2-24　PMC数据表控制数据设定页面（五）

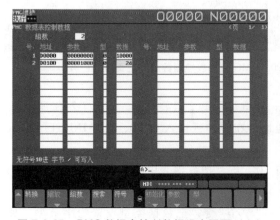
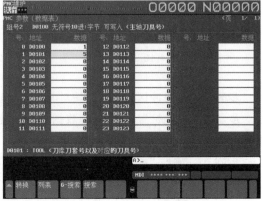

图7-2-25　PMC数据表控制数据设定页面（六）

图7-2-26　数据表设定页面

所对应的数据位置，在缓冲区输入 1，按 "INPUT" 输入键，D100 设定为 1。在缓冲区输入 D101，按 "搜索" 键，光标则定位于 D101 所对应的数据位置，在缓冲区输入 5，按 "IN-PUT" 输入键，D101 设定为 5。（注：在图 7-2-26 的基础上，按 "列表" 键，可以回到 PMC 数据表控制数据设定页面。）

问题探究

1. 简述 PLC 参数的功能及应用场景。

2. 如何对 PLC 参数进行编辑修改？修改编辑时需要满足什么条件？

任务3 I/O 模块的连接与更换

任务描述

通过对 I/O 模块硬件认知的学习，了解 I/O 模块在生产中的应用场景，能够正确识别常用的 I/O 模块，能够完成 I/O 模块的硬件连接，并正确更换 I/O 模块以及熔断器。

学前准备

1. 查阅资料了解 I/OLink i 是什么。

2. 查阅资料了解当前数控系统常用的 I/O 模块有哪些。

3. 查阅资料了解当前数控系统 I/O 模块上熔断器的安装位置。

学习目标

1. 能够正确识别常用的 I/O 模块，并完成 I/O 模块的硬件连接。

2. 熟悉常用 I/O 模块上熔断器的安装位置。

3. 能够进行 I/O 模块及熔断器的更换操作。

实训设备、工量具、耗材清单

序号	设备名称	规格型号	数量
1	数控铣床	具有 X/Y/Z 三轴数控机床，配置 FANUC 0i -MF Plus 数控系统、横配式 10.4in 显示单元	1台
2	资料	数控机床安全指导书及操作说明书、FANUC 0i-F Plus 维修说明书	1套
3	万用表	数字万用表，精度三位半以上	1台
4	工具	十字螺丝刀	1把
5	熔断器	FANUC 0i-F Plus I/O 单元熔断器	1只
6	清洁用品	棉纱布、毛刷	若干

任务学习

一、常用 I/O 模块连接

CNC 与 I/O 模块之间使用 I/O Link i 通信。所谓 I/O Link i，就是连接控制单元、I/O 模块等，在装置之间高速地进行 I/O 信号（位数据）收发的串行接口。在 I/O Link i 的控制中，存在作为主控单元和作为其从站的从控单元。主控单元是控制单元，其他 I/O 设备为从控单元。

I/O Link i 的接口连接器 JD51A 在主板上。I/O 模块中的 I/O Link i 接口的连接器名称包括 JD1A 和 JD1B。这些名称对具有 I/O Link i 功能的所有单元都通用。电缆必须从 JD1A 连接到 JD1B 上。最后一个单元的 JD1A 不进行任何连接，因此是开放的，也无须在此单元上进行终结器等的连接。

在数控系统中 I/O 模块的种类很多，常用的如图 7-3-1 所示。这些 I/O 模块的订货规格号见表 7-3-1。

安全机床操作面板

分线盘I/O模块

强电盘用I/O模块

图 7-3-1　常用机床 I/O 模块

表 7-3-1　常用机床 I/O 模块的规格一览表

品名	规格号	备注
强电盘用 I/O 模块	A02B-0319-C001	DI/DO：94/64 带手轮接口
分线盘 I/O 模块 （基本模块）	A03B-0824-C001	DI/DO：24/16
分线盘 I/O 模块 （扩展模块 A）	A03B-0824-C002	DI/DO：24/16 带手轮接口
分线盘 I/O 模块 （扩展模块 B）	A03B-0824-C003	DI/DO：24/16 不带手轮接口
分线盘 I/O 模块 （扩展模块 C）	A03B-0824-C004	DO：16 2A 输出模块
分线盘 I/O 模块 （扩展模块 D）	A03B-0824-C005	模拟输入模块
安全机床操作面板	A02B-0323-C237	

手轮信号都连接在 I/O Link i 总线上。连接多台具有手轮接口的
I/O 模块时，在初始状态下，I/O Link i 连接中只有最靠近控制单元的
I/O 模块的手轮接口有效。也可以通过参数设定，使得任意 I/O 模块
的手轮接口有效。图 7-3-2 所示为数控机床的便携式手轮。

1. 强电盘用 I/O 模块

图 7-3-1 中的强电盘用 I/O 模块，用于处理强电电路的输入/输出
信号，比较适用于 I/O 点数相对较少，机床操作面板点数不多的中小
型机床或配备了标准机床操作面板的机床，具有较高的性价比。该模
块带有手轮接口，最大输入/输出点数为 96/64。

图 7-3-3 所示是强电盘用 I/O 模块的接口名称、用途以及熔断器
的安装位置。该模块使用 1A 的熔断器，备件规格号为 A03B-
0815-K001。

图 7-3-2　便携式
手轮

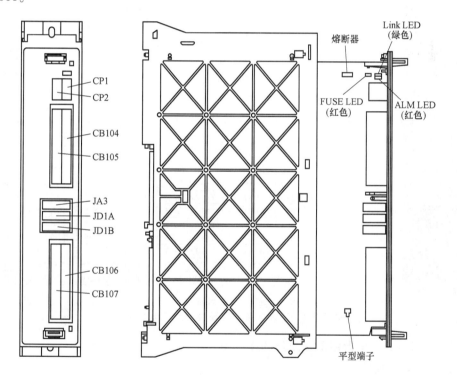

219

连接器号	用途
JD1A	I/O Link i后段
JD1B	I/O Link i前段
JA3	手动脉冲发生器
CP1	DC24V输入
CP2	输出DC24V
CB104	通用DI/DO
CB105	通用DI/DO
CB106	通用DI/DO
CB107	通用DI/DO

图 7-3-3　强电盘用 I/O 模块的接口及熔断器的安装位置

在组座槽中，为每一个 I/O 点分配地址进行了命名。不同的 I/O 点，其所定义的功能

也是有所差异的，有的点位会用作信号的接受输入端，剩余的 I/O 点位会用作信号的发送输出端。用作信号输入的点位定义为 X 信号端，用作信号输出的点位定义为 Y 信号端。

如图 7-3-4 所示，强电盘用 I/O 模块采用 4 个 50 芯插座连接的方式，分别是 CB104/CB105/CB106/CB107。其输入点有 96 位，每个 50 芯插座中包含 24 位的输入点，这些输入点被分为 3 字节；输出点有 64 位，每个 50 芯插座中包含 16 位的输出点，这些输出点被分为 2 字节。

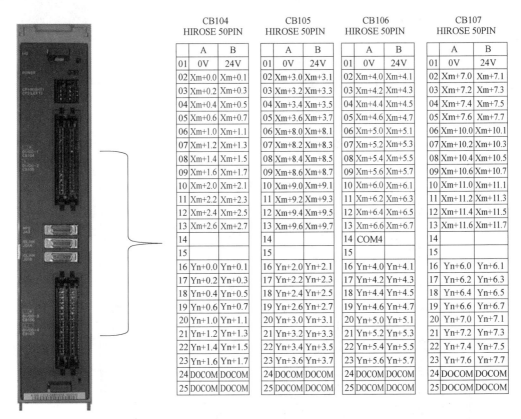

	CB104 HIROSE 50PIN		CB105 HIROSE 50PIN		CB106 HIROSE 50PIN		CB107 HIROSE 50PIN	
	A	B	A	B	A	B	A	B
01	0V	24V	0V	24V	0V	24V	0V	24V
02	Xm+0.0	Xm+0.1	Xm+3.0	Xm+3.1	Xm+4.0	Xm+4.1	Xm+7.0	Xm+7.1
03	Xm+0.2	Xm+0.3	Xm+3.2	Xm+3.3	Xm+4.2	Xm+4.3	Xm+7.2	Xm+7.3
04	Xm+0.4	Xm+0.5	Xm+3.4	Xm+3.5	Xm+4.4	Xm+4.5	Xm+7.4	Xm+7.5
05	Xm+0.6	Xm+0.7	Xm+3.6	Xm+3.7	Xm+4.6	Xm+4.7	Xm+7.6	Xm+7.7
06	Xm+1.0	Xm+1.1	Xm+8.0	Xm+8.1	Xm+5.0	Xm+5.1	Xm+10.0	Xm+10.1
07	Xm+1.2	Xm+1.3	Xm+8.2	Xm+8.3	Xm+5.2	Xm+5.3	Xm+10.2	Xm+10.3
08	Xm+1.4	Xm+1.5	Xm+8.4	Xm+8.5	Xm+5.4	Xm+5.5	Xm+10.4	Xm+10.5
09	Xm+1.6	Xm+1.7	Xm+8.6	Xm+8.7	Xm+5.6	Xm+5.7	Xm+10.6	Xm+10.7
10	Xm+2.0	Xm+2.1	Xm+9.0	Xm+9.1	Xm+6.0	Xm+6.1	Xm+11.0	Xm+11.1
11	Xm+2.2	Xm+2.3	Xm+9.2	Xm+9.3	Xm+6.2	Xm+6.3	Xm+11.2	Xm+11.3
12	Xm+2.4	Xm+2.5	Xm+9.4	Xm+9.5	Xm+6.4	Xm+6.5	Xm+11.4	Xm+11.5
13	Xm+2.6	Xm+2.7	Xm+9.6	Xm+9.7	Xm+6.6	Xm+6.7	Xm+11.6	Xm+11.7
14					COM4			
15								
16	Yn+0.0	Yn+0.1	Yn+2.0	Yn+2.1	Yn+4.0	Yn+4.1	Yn+6.0	Yn+6.1
17	Yn+0.2	Yn+0.3	Yn+2.2	Yn+2.3	Yn+4.2	Yn+4.3	Yn+6.2	Yn+6.3
18	Yn+0.4	Yn+0.5	Yn+2.4	Yn+2.5	Yn+4.4	Yn+4.5	Yn+6.4	Yn+6.5
19	Yn+0.6	Yn+0.7	Yn+2.6	Yn+2.7	Yn+4.6	Yn+4.7	Yn+6.6	Yn+6.7
20	Yn+1.0	Yn+1.1	Yn+3.0	Yn+3.1	Yn+5.0	Yn+5.1	Yn+7.0	Yn+7.1
21	Yn+1.2	Yn+1.3	Yn+3.2	Yn+3.3	Yn+5.2	Yn+5.3	Yn+7.2	Yn+7.3
22	Yn+1.4	Yn+1.5	Yn+3.4	Yn+3.5	Yn+5.4	Yn+5.5	Yn+7.4	Yn+7.5
23	Yn+1.6	Yn+1.7	Yn+3.6	Yn+3.7	Yn+5.6	Yn+5.7	Yn+7.6	Yn+7.7
24	DOCOM	DOCOM	DOCOM	DOCOM	DOCOM	DOCOM	DOCOM	DOCOM
25	DOCOM	DOCOM	DOCOM	DOCOM	DOCOM	DOCOM	DOCOM	DOCOM

图 7-3-4　强电盘用 I/O 模块的扁平电缆插座

图 7-3-5 所示为强电盘用 I/O 模块的连接图。

2. 分线盘 I/O 模块

分线盘 I/O 模块用于处理强电电路的输入/输出信号。端子转换适配器可以将分线盘 I/O 模块转化为端子型模块，适配器在易用性方面有非常突出的表现。采用 push-in 型的端子模块，操作更加简便，节省连线时间，无须增加或者去除接线就可完成分线盘 I/O 的转换。用分线盘 I/O 和该适配器替代端子型模块更加节省空间。应特别注意：分线盘 I/O 模块经端子转换适配器转换为端子型模块时，为了提高操作的便利性和可靠性，需注意导线连接头的处理。该模块带有手轮接口，最大输入/输出点数为 96/64。

分线盘 I/O 模块由基本模块和扩展模块（最多 3 台）构成。图 7-3-6 所示是分线盘 I/O 模块的各接口名称、用途以及熔断器的安装位置。该模块使用 1A 的熔断器，备件规格号为 A03B-0815-K002。

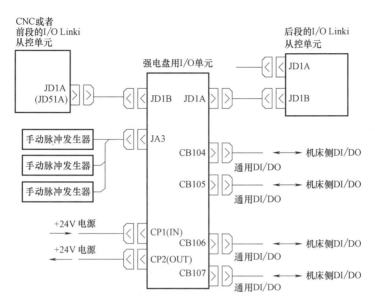

图 7-3-5　强电盘用 I/O 模块的连接图

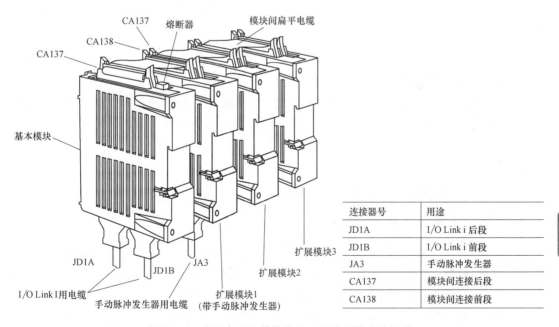

连接器号	用途
JD1A	I/O Link i 后段
JD1B	I/O Link i 前段
JA3	手动脉冲发生器
CA137	模块间连接后段
CA138	模块间连接前段

图 7-3-6　分线盘 I/O 模块的接口及熔断器安装位置

　　图 7-3-7 所示为分线盘 I/O 模块连接图。注意：可将扩展模块 A、B、C、D 配置在扩展模块 1、2、3 的任意位置。但是，在需要手轮接口时，对扩展模块 1 必须配置扩展模块 A，不能配置其他模块。

221

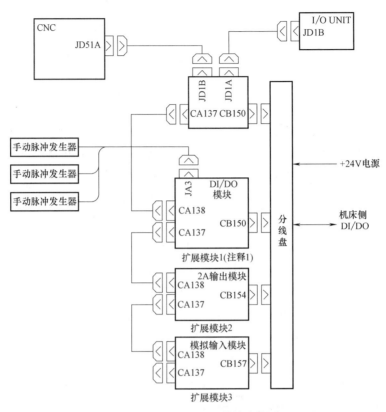

图 7-3-7 分线盘 I/O 模块连接图

3. 安全机床操作面板

安全机床操作面板通过 I/O Link i 相连，有 55 个按键和 LED 指示灯，所有按键都是可拆卸的，机床厂家可以根据需要自定义按键并任意布置按键布局。操作面板还含有电源开关、急停按钮、进给速度倍率开关和主轴倍率开关。该模块带有手轮接口，最大输入/输出点数为 96/64。

图 7-3-8 所示是安全机床操作面板连接图。

二、数控机床 I/O 模块连接

数控机床上共配备有两个 I/O 模块，均为强电盘用 I/O 模块。由于数控机床配置的是第三方机床操作面板主面板，如图 7-3-9 所示，需要占用 I/O 模块的一些信号点。另外，机床的 I/O 信号模拟面板、监控系统、外围强电电路的输入/输出信号、后期功能扩展要预留的一个分线器，这些都要占用 I/O 点，导致一个强电盘用 I/O 模块的 I/O 点数就不够用了，因此数控机床需要用到两个强电盘用 I/O 模块。

实训设备的两个强电盘用 I/O 模块的实际连接如图 7-3-10 所示。由于仅有两个 I/O，因此第二个强电盘用 I/O 模块的 JD1A 空着。

三、I/O 模块熔断器的更换

I/O Link i 作为标准规格，每个 I/O 模块安装有 3 种 LED："LINK"（绿色）、"ALM"

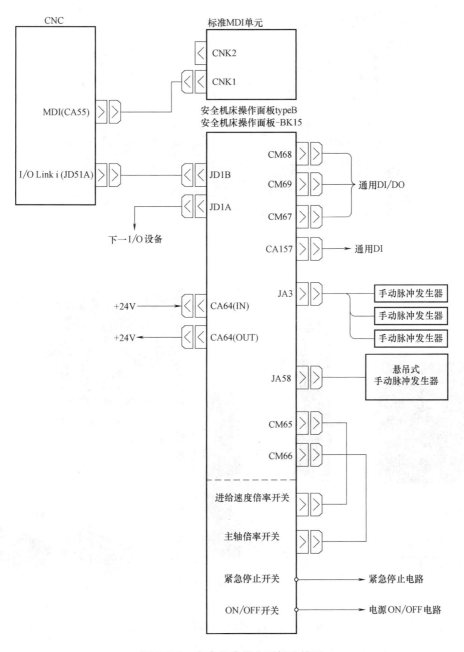

图 7-3-8 安全机床操作面板连接图

（红色）、"FUSE"（红色）。图 7-3-11 所示为强电盘用 I/O 模块的 3 种 LED 具体位置。各 LED 所表示的含义如下。

LED "LINK"（绿色）：单元的通信状态。

LED "ALM"（红色）：单元中发生报警。

LED "FUSE"（红色）：单元熔断器有无异常。

表 7-3-2 为 I/O 模块熔断器的规格。

图 7-3-9 第三方机床操作面板主面板

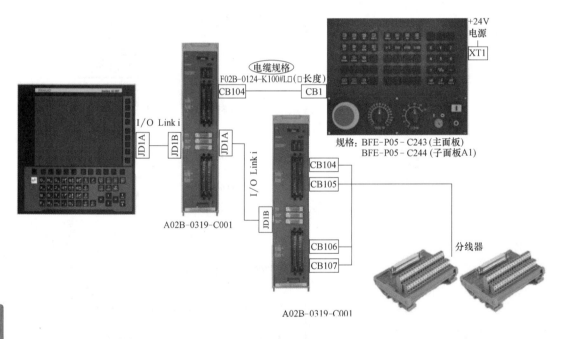

图 7-3-10 实训设备 I/O 模块连接图

表 7-3-2 I/O 模块熔断器的规格

名称		备件规格
熔断器	强电盘用 I/O 模块 安全机床操作面板	A03B-0815-K001
	分线盘 I/O 模块	A03B-0815-K002

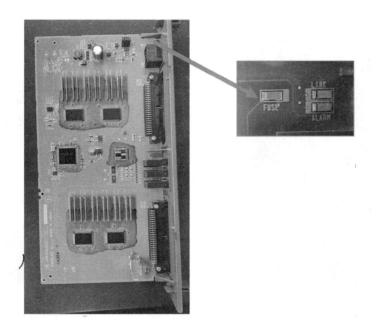

图 7-3-11　强电盘用 I/O 模块的 3 种 LED

注意：在进行熔断器的更换作业之前，要排除熔断器烧断的原因后再进行更换。当"FUSE"灯亮时，代表熔断器已熔断。此时，必须由在维修和安全方面受过充分培训的人员进行更换。

任务实施

1）根据强电盘用 I/O 模块连接图，完成 I/O 模块的更换。

步骤 1：在数控机床处于断电状态下，在电气柜中找到强电盘用 I/O 模块，规格号为 A02B-0319-C001，如图 7-3-12 所示。

步骤 2：拆线和固定螺钉。

① 分别拔下 I/O 模块的 CP1、JD1A、JD1B、JA3、COP104、COP105、COP106、COP107 接口的接线。注意：COP104、COP105、COP106、COP107 这 4 个扁平电缆接口外观十分相似，插拔线时注意是否有线标和区分，以防弄错。

② 用十字螺钉旋具分别卸下 I/O 模块上、下 2 个固定螺钉，如图 7-3-13 所示，拆下 I/O 模块。

步骤 3：把预先准备好相同规格的 I/O 模块放在实训设备的同一位置，再用十字螺钉旋具把 2 个螺钉拧回去，固定好新的 I/O 模块。

步骤 4：将拔下的全部电缆重新插回 I/O 模块的对应接口上。

2）根据 I/O 模块熔断器的位置和更换注意事项，完成 I/O 模块熔断器的更换。

注意：打开电气柜更换熔断器时，切勿触碰高压电路部分，防止触电。

步骤 1：数控机床上电，观察故障现象。若 I/O 模块熔断器已熔断，系统会出现急停报警，无法解除。

图 7-3-12　强电盘用 I/O 模块

图 7-3-13　拆卸 I/O 模块

　　步骤 2：分析故障原因。按下 "SYSTEM" → ">" → "PMC 维护" → "I/O 设备" 键，进入如图 7-3-14 所示的 PMC I/O 设备在线诊断页面，发现第 2 组强电盘用 I/O 模块没有被识别到。再观察 I/O 模块，发现 I/O 模块侧板 FUSE 的 LED 亮红色，如图 7-3-15 所示，表示熔断器熔断。

　　步骤 3：更换熔断器。

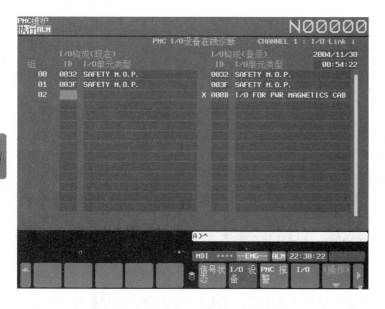

图 7-3-14　PMC I/O 设备在线诊断页面

图 7-3-15　I/O 模块侧板 FUSE 的 LED 亮红色

① 预先准备好同规格的熔断器，规格号为 A03B-0815-K001，如图 7-3-16 所示，图中的 A60L-0001-0290/LM10 是维修备件号。

② 切断强电源，分别拔下 I/O 模块的 CP1、JD1A、JD1B、JA3、COP104、COP105、COP106、COP107 接口的接线，如图 7-3-17 所示，拉出侧板。拉出后的侧板如图 7-3-18 所示。

图 7-3-16　规格号为 A03B-0815-K001 的熔断器

图 7-3-17　拉出 I/O 模块侧板

1A熔断器　规格号：
A60L-0001-0290/LM10

图 7-3-18　拉出后的 I/O 模块侧板

③ 从 I/O 板上拆下熔断器，用数字万用表的电阻档进行测试，红黑表笔分别接触被测熔断器的两引脚，测试电阻为无穷大，如图 7-3-19 所示，说明熔断器已坏。板路没有损毁的情况时，可以进行熔断器的更换。

227

④ 安装新熔断器，插回侧板。

⑤ 将拔下的全部电缆重新插回 I/O 模块的对应接口上。

步骤 4：数控机床重新通电，查看急停报警是否解除，确认 I/O 模块 FUSE 的 LED 灯情况，从而修复故障。

问题探究

1. 什么是 I/O Link i？它在数控机床中的作用是什么？

2. 常用 I/O 模块的熔断器安装在什么地方？更换 I/O 模块的熔断器时应注意哪些问题？

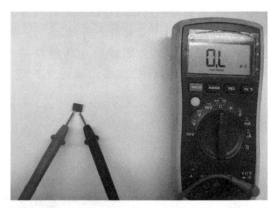

图 7-3-19　用数字万用表测量熔断器

项目小结

1. 每个人写出定时器、计数器、K 继电器、数据表 4 类数据的设定页面的进入步骤和参数的修改方法。

2. 每个人以思维导图的形式，罗列出 I/O 模块熔断器的更换步骤。

3. 分组对数控机床中 I/O 模块的连接用手抄报的形式呈现。

4. 分组讨论：结合课程内容，谈谈您对关于"怀抱梦想又脚踏实地，敢想敢为又善作善成，立志做有理想、勇担当、能吃苦、肯奋斗的新时代好青年"精神的理解。

项目8 辅助装置元件工作状态的诊断

项目教学导航

教学目标	1. 了解气动和液压元件的种类 2. 了解气动和液压元件的规格要求 3. 掌握判断气动和液压元件状态的方法
职业素养目标	1. 良好的职业道德和责任心 2. 工作认真负责，团结协作 3. 不断提高专业知识 4. 学习创新意识 5. 主动参与竞争意识
知识重点	气动和液压元件的识别
知识难点	气动和液压元件状态的判断
拓展资源8	中国盾构机，打破国外垄断
教学方法	线上+线下（理论+实操）相结合的混合式教学法
建议学时	3学时
实训任务	任务：气动、液压元件工作状态的判断
项目学习任务 综合评价	详见课本后附录项目学习任务综合评价表，教师根据教学内容自行调整表格内容

项目引入

现代数控机床在实现整机的全自动化控制中，除数控系统外，还需要配备液压和气动装置来辅助实现整机的自动运行功能。所用的液压和气动装置应结构紧凑、工作可靠、易于控制和调节。虽然它们的工作原理类似，但使用范围不同。液压传动装置由于使用工作压力高的油性介质，因此机构输出力大，机械结构紧凑，动作平稳可靠，易于调节，噪声较小，但要配置液压泵和油箱，否则当油液泄漏时会污染环境。气动装置的气源容易获得，机床可以不必再单独配置气源，装置结构简单，工作介质不污染环境，工作速度和动作频率高，适合于完成频繁起动的辅助工作。气动装置过载时比较安全，不易发生过载时损坏部件的事故。

知识图谱

任务　气动、液压元件工作状态的判断

任务描述

　　了解数控机床辅助装置，包括气动和液压元件的识别、压力表读数的读取、气动和液压元件的规格要求、气动和液压元件状态的判断等维护与保养的相关知识，结合现场情况对主要检查项目进行日常维护。

学前准备

1. 查阅资料了解数控机床气动和液压系统的作用与组成。
2. 查阅资料了解数控机床气动和液压元件主要有哪些。
3. 查阅资料了解数控机床气动和液压元件的状态。

学习目标

1. 识别数控机床主要的气动和液压元件。
2. 正确读取压力表读数。
3. 了解气动和液压元件的规格要求。
4. 正确判断气动和液压元件的状态。

实训设备、工量具、耗材清单

序号	设备名称	规格型号	数量
1	数控铣床	具有 X/Y/Z 三轴数控机床，配置 FANUC 0i -MF Plus 数控系统、横配式 10.4in 显示单元	1 台
2	资料	数控机床安全指导书及操作说明书	1 套
3	工具	活动扳手、一字和十字螺钉旋具	各 1 把
4	万用表	数字万用表，精度三位半以上	1 台
5	检修表	机床维护检修周期表	1 份
6	清洁用品	棉纱布、毛刷	若干

任务学习

一、数控机床辅助装置

　　数控机床辅助装置包括气动系统和液压系统，数控机床气动和液压系统主要具有以下功能。

1）完成自动换刀所需的动作，如机械手的伸、缩、回转和摆动及刀具的松开和拉紧动作。

2）机床运动部件的平衡，如机床主轴箱的重力平衡。

3）机床运动部件的制动和离合器的控制。

4）机床的润滑冷却。

5）机床防护罩、板、门的自动开关。

6）工作台的松开与夹紧，交换工作台的自动交换动作。

7）夹具的自动松开、夹紧。

8）工件、工具定位面和交换工作台的自动吹屑、清理定位基准面等。

气动和液压传动系统一般由以下 5 个部分组成。

（1）动力装置 动力装置是将原动机的机械能转换成传动介质的压力能的装置。

（2）执行装置 执行装置用于连接工作部件，将工作介质的压力能转换为工作部件的机械能。常见的执行装置有液压缸、气缸以及进行回转运动的液压马达、气马达等。

（3）控制与调节装置 控制与调节装置用于控制和调节系统中工作介质的压力、流量和流动方向，从而控制执行元件的作用力、运动速度和运动方向，同时也可以用来卸载或实现过载保护等。

（4）辅助装置 辅助装置是对介质起到容纳、净化、润滑、消声和实现元件之间连接等作用的装置。

（5）传动介质 传动介质是用来传递动力和运动的介质，即液压油或压缩空气。

二、气动和液压元件的识别

1. 动力元件

（1）空气压缩机 空气压缩机（图 8-1）是提供气源动力，将原动机（通常是电动机或柴油机）的机械能转换成气体压力能的装置。空气压缩机的类型与性能见表 8-1。

表 8-1 空气压缩机的类型与性能

类型	额定压力/MPa	气量/（L/min）	驱动功率/kW
单级往复式	1.0	20~1000	0.2~75
双级往复式	1.5	50~10000	0.7~75
油冷螺杆式	0.7~0.85	180~12000	1.5~75
无油单级往复式	0.7~0.85	20~8000	0.2~75
无油双级螺杆式	0.9	2000~300000	20~1800
离心式	0.7	>10000	>500

图 8-1 空气压缩机

231

　　气动系统中，将空气过滤器、减压阀和油雾器 3 种气源处理元件组装在一起称为气动三联件，用来使进入气动仪表的气源净化过滤并减压至仪表供给额定气源压力，其功能相当于电路中的电源变压器，如图 8-2 所示。有些品牌的电磁阀和气缸能够实现无油润滑（靠润滑脂实现润滑），便不需要使用油雾器。有些场合不允许压缩空气中存在油雾，则需要使用油雾分离器将压缩空气中的油雾过滤掉。

图 8-2　气动三联件

　　（2）液压泵　液压泵是把动力机械（如电动机或内燃机）的机械能转换成液体的压力能，为液压传动提供加压液体的装置，是泵的一种。液压泵主要有齿轮泵、叶片泵和柱塞泵等几种常见形式，见表 8-2。

表 8-2　液压泵的类型和特点

类型		特点	图示
齿轮泵	外啮合齿轮泵、内啮合齿轮泵	具有结构简单、体积小、重量轻、工作可靠、成本低、对油的污染不敏感、便于维修等优点；缺点是流量脉动大、噪声大、排量不可调	
叶片泵	单作用叶片泵、限压式变量叶片泵等	具有体积小、重量轻、运转平稳、输出流量均匀、噪声小等优点，在中、高压系统中得到了广泛使用。但它也存在结构较复杂、对油液污染较敏感、吸入特性不太好等缺点	

（续）

类型		特点	图示
柱塞泵	轴向柱塞泵、径向柱塞泵	优点是效率高、工作压力高、结构紧凑,且在结构上易于实现流量调节等;缺点是结构复杂、价格高、加工精度和日常维护要求高,对油液的污染较敏感	

液压站（图8-3）又称液压泵站，由电动机带动液压泵旋转，液压泵从油箱中吸油后，将机械能转化为液压油的压力能。液压油通过集成块（或阀组合）实现方向、压力、流量调节后经外接管路被输送到液压机械的液压缸或液压马达中，从而控制液动机方向的变换、力量的大小及速度的快慢，推动各种液压机械做功。

图8-3 液压站与油箱

2. 执行元件

气动与液压执行元件包括气缸、液压缸、气马达和液压马达。它们都是将压力能转换成机械能的能量转换装置。气马达和液压马达输出旋转运动，气缸和液压缸输出直线运动（包括输出摆动运动）。

（1）液压马达 液压马达按其排量是否可以调节，分为定量马达和变量马达；按其结构类型分为齿轮式、叶片式和柱塞式等形式，也可以按其额定转速分为高速和低速两大类。额定转速高于 $500r/min$ 的属于高速液压马达，额定转速低于 $500r/min$ 的属于低速液压马达。高速液压马达的基本形式有齿轮式、叶片式和轴向柱塞式等。图8-4a、b、c所示分别为齿轮式、叶片式和轴向柱塞式高速液压马达的结构示意图。

（2）液压缸 液压缸是液压系统中的执行元件，是一种把液体的压力能转变为直线往复运动机械能的装置，它可以很方便地获得直线往复运动和很大的输出力，是液压系统中最常用的执行元件。液压缸按其作用方式可分为单作用液压缸和双作用液压缸两大类。液压缸

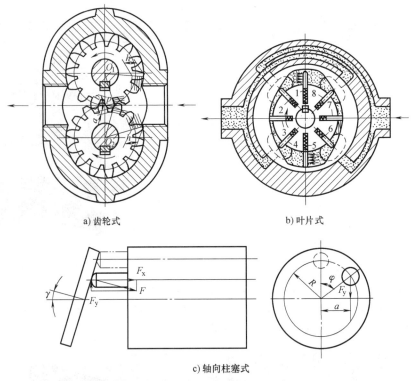

a) 齿轮式   b) 叶片式

c) 轴向柱塞式

图 8-4　常用高速液压马达结构示意图

按结构特点的不同可分为活塞缸、柱塞缸、伸缩缸和摆动缸 4 类。活塞缸和柱塞缸用于实现直线运动，输出推力和速度；伸缩缸由两级或多组缸套装而成；摆动缸（或称摆动马达）用以实现小于 360°的转动，输出转矩和角速度。

3. 控制与调节元件

在气动和液压系统中，控制阀是用来控制系统中空气或油液等介质的流量、压力或流动方向的机械元件，如图 8-5 所示。借助于不同的控制阀，经过适当的组合，可以达到控制执行元件（气缸、气马达、液压缸及液压马达）的输出力或转矩、速度与运动方向等的目的。控制阀的种类见表 8-3。

图 8-5　气动控制阀和液压控制阀

表 8-3　控制阀的种类

分类方法	种　类
按控制类型分	压力控制阀(如溢流阀、顺序阀、减压阀等)、流量控制阀(如节流阀、调速阀等)、方向控制阀(如单向阀、换向阀等)
按行程特点分	直行程(单座阀、双座阀、套筒阀、角形阀等),角行程(蝶阀、球阀等)
按驱动的动力分	手动调节阀、气动调节阀、电动调节阀
按流量特性分	线性特性、等百分比特性、抛物线特性

（1）压力控制阀　在液压系统中，压力控制阀用来控制和调节系统的压力。它是基于阀芯上液压力和弹簧力相平衡的原理进行工作的。压力控制阀主要有溢流阀、减压阀、顺序阀和压力继电器等几种。

1）溢流阀是通过阀口的开启溢流，使被控制系统的压力维持恒定，实现稳压、调压或限压作用的。对溢流阀的主要要求是：调压范围大，调压偏差小，压力振摆小，动作灵敏，过流能力大，噪声小。溢流阀有直动式溢流阀（图8-6）和先导式溢流阀两种。

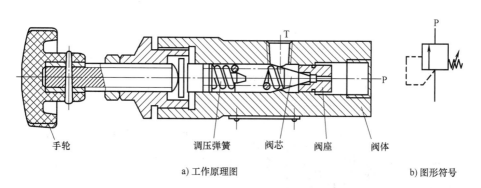

手轮　　　　　调压弹簧　　阀芯　　阀座　　阀体

a)工作原理图　　　　　　　　　　　　b)图形符号

图 8-6　直动式溢流阀

2）减压阀是使阀的出口压力（低于进口压力）保持恒定的压力控制阀。当液压系统某一部分的压力要求稳定在比供油压力低的压力上时，一般采用减压阀来实现。它在系统的夹紧回路、控制回路、润滑回路中应用较多。

减压阀有多种不同的类型。常说的减压阀是定值式减压阀，它可以保持出口压力恒定，不受进口压力影响；另外还有定差式减压阀，它能使进口压力和出口压力的差值保持恒定。不同类型的减压阀用于不同的场合。减压阀也是依靠油液压力和弹簧力的平衡进行工作的。定值式减压阀也有直动式和先导式两种，先导式减压阀（图8-7）的性能较好，应用比较广泛。

3）顺序阀用来控制多个执行元件的顺序动作。通过改变控制方式、泄油方式和油路的接法，顺序阀还可构成其他功能，作为背压阀、平衡阀或卸荷阀使用。

顺序阀根据控制压力的不同，可分为内控式和外控式两种。内控式顺序阀用阀的进口处压力控制阀芯的动作；外控式顺序阀用外来的控制压力控制阀芯的动作。顺序阀根据结构形式的不同还可分为直动式顺序阀（图8-8）和先导式顺序阀。

（2）流量控制阀　流量控制阀是液压系统中控制液流流量的元件，按其功能和用途，

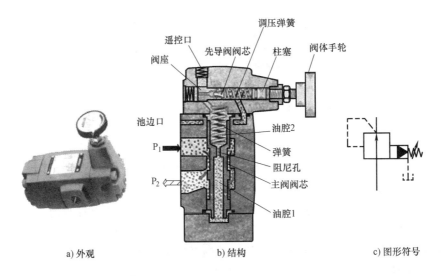

调压弹簧
遥控口　先导阀阀芯　柱塞　阀体手轮
阀座
池边口
油腔2
P_1
弹簧
阻尼孔
P_2
主阀阀芯
油腔1

a) 外观　　　　　b) 结构　　　　　c) 图形符号

图 8-7　先导式减压阀

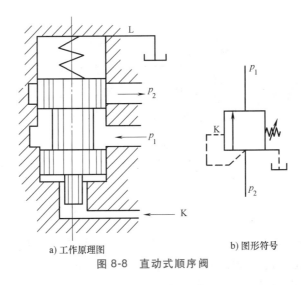

L
p_1
p_2
K
p_1
K
p_2

a) 工作原理图　　　　　b) 图形符号

图 8-8　直动式顺序阀

可分为节流阀（图 8-9）和调速阀（图 8-10）。它们的共同特点是依靠改变阀口通流面积的大小或通流通道的长短来改变液阻，从而控制阀的流量，达到调节执行元件运行速度的目的。

调速阀能够避免负载压力变化对阀流量的影响，并设法保证在负载变化时阀中的节流口前后压差不变。调速阀和节流阀一样，也是在定量泵液压系统中与溢流阀配合组成节流调速系统，以调节执行元件的运动速度。

在图 8-10 中，调速阀的进口接在液压泵的出口上，压力 p_1 由溢流阀调整后基本不变，而调速阀的出口压力 p_3 则由液压缸负载 F 决定。油液先经减压阀产生一次压力降，将压力降到 p_2，p_2 经通道 e、f 作用到减压阀的 d 腔和 c 腔；节流阀的出口压力 p_3 又经反馈通道 a 作用到减压阀的上腔 b，在弹簧力 F_s、油液压力 p_2 和 p_3 作用下处于某一平衡位置（忽略摩擦力和液动力等）时，有

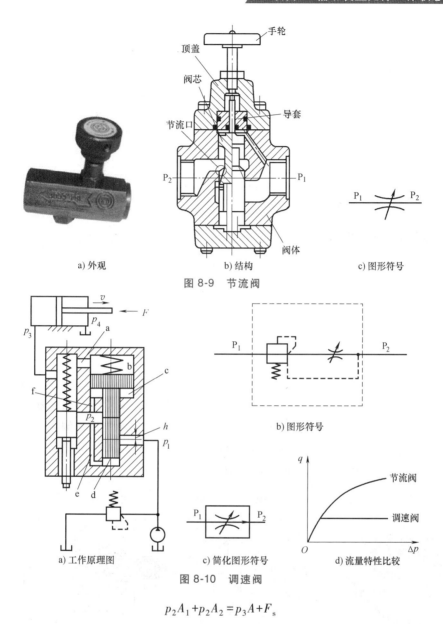

a) 外观　　　　　b) 结构　　　　　c) 图形符号

图 8-9　节流阀

b) 图形符号

a) 工作原理图　　　c) 简化图形符号　　　d) 流量特性比较

图 8-10　调速阀

$$p_2A_1 + p_2A_2 = p_3A + F_s$$

式中，A、A_1 和 A_2 分别为 b 腔、c 腔和 d 腔内压力油作用于阀芯的有效作用面积，且 $A = A_1 + A_2$，故

$$p_2 - p_3 = F_s/A$$

　　因为弹簧刚度较低，且工作过程中减压阀阀芯位移很小，可以认为 F_s 基本保持不变，故节流阀两端压差 $p_2 - p_3$ 也基本保持不变，这就保证了通过节流阀的流量稳定。

　　溢流节流阀和调速阀一样，也可使通过节流阀的流量基本不受负载变化的影响。溢流节流阀由差压式溢流阀与节流阀并联组成。

　　（3）方向控制阀　方向控制阀是液压系统中必不可少的控制元件，它通过控制阀口的通断来控制液体流动的方向，主要有单向阀和换向阀两大类。

　　单向阀是控制油液单方向流动的控制阀，有普通单向阀和液控单向阀两种形式。单向阀的主要用途：控制油路单向接通；作为背压阀使用；接在泵的出口处，防止系统过载或受液压冲击时影响液压泵的正常工作或对液压泵造成损害；分隔油路，防止油路间的干扰；与其他控制元件组合成具有单向功能的控制元件等。

图 8-11 所示为普通单向阀。压力油从阀体左端的通口 P_1 流入时，克服弹簧作用在阀芯上的力，使阀芯向右移动，打开阀口，并通过阀芯上的径向孔 a、轴向孔 b 从阀体右端的通口 P_2 流出。压力油从阀体右端的通口 P_2 流入时，和弹簧力一起使阀芯锥面压紧在阀座上，使阀口关闭，油液无法通过。

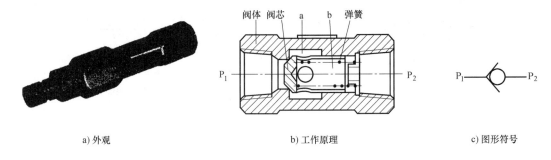

a) 外观　　　　　　　　b) 工作原理　　　　　　　　c) 图形符号

图 8-11　普通单向阀

液控单向阀和普通单向阀一样，能够起单向通油的作用；另外，还可通过液压的控制，使两个方向都能够通油。图 8-12 所示为液控单向阀。当控制口 K 无压力油通入时，其工作原理和普通单向阀一样，压力油只能从入口 P_1 流向出口 P_2，不能反向倒流；当控制口 K 有压力油通入时，因控制活塞右侧 a 腔通泄油口，故活塞右移，推动顶杆顶开阀芯，使通口 P_1 和 P_2 接通，油液即可在两个方向自由流通。

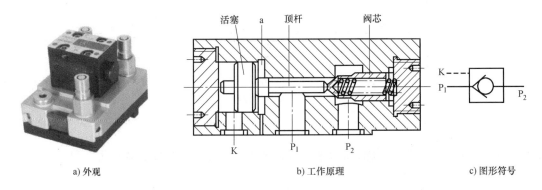

a) 外观　　　　　　　　b) 工作原理　　　　　　　　c) 图形符号

图 8-12　液控单向阀

换向阀是借助阀芯和阀体之间的相对移动来控制油路的通断关系，改变油液的流动方向，从而控制执行元件的运动方向的。

根据不同的分类方法，换向阀有下列类型：

1）按操纵方式可分为：手动换向阀、液动换向阀、电磁换向阀、机动换向阀、电液换向阀等。

2）按阀的工作位置数目的多少，可分为二位、三位和多位换向阀。

3）按阀的油路通道数目的多少，可分为二通、三通、四通、五通换向阀等。

4）按阀芯的运动形式，可分为转阀式和滑阀式，以滑阀式应用最广。

滑阀的"位"是指阀芯在阀体中的工作位置数，它代表了阀的一种工作状态，分为二位、三位、四位等；滑阀的"通"是指滑阀与系统连接的油路数，可以分为二通、三通、四通、五通等。根据不同的位置数和不同的油路数可组合成多种换向阀的形式，如二位二通、二位三通、二位四通、三位四通、三位五通等，如图8-13所示。

a) 二位二通   b) 二位三通   c) 二位四通   d) 二位五通   e) 三位四通   f) 三位五通

图 8-13 换向阀的"位"和"通"符号

三、压力表读数的读取

检查机床气源压力表读数（应为 0.6~0.8MPa），如图8-14所示，同时注意检查气源的质量和流量。

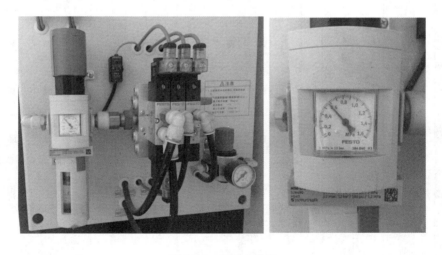

图 8-14 压力表读数

四、气动和液压元件的规格要求

液压元件的基本参数、安装连接尺寸，应符合国家标准的规定。选用气动和液压元件时，应注意元件名称、型号、外形图、安装连接尺寸、结构简图、主要技术参数，认真阅读使用条件和维修方法以及备件明细表等资料。常见气动电磁阀的规格型号见表8-4，气源处理元件规格见表8-5，压力表规格见表8-6。

表 8-4　常见气动电磁阀的规格型号（Festo）

流量 [L/min]

结构图	工作气口	阀规格	T32C	T32U	T32H	T32C/M	T32U/M	T32H/M	M52	M52/M	B52	P53C	P53U	P53E
管式阀用作单个阀，电磁阀 VUVG-LK														
	M5	10	180	—	—	—	—	—	195	—	195	—	—	—
	M7	10	280	—	—	—	—	—	340	—	340	—	—	—
	G⅛	14	570	—	—	—	—	—	660	—	660	—	—	—
管式阀用作单个阀，电磁阀 VUVG-L														
	M3	10A	—	—	—	—	—	—	100	80	100	90	90	90
	M5	10	150	150	150	135	125	125	220	190	220	210	210	210
	M7	10	190	190	190	150	140	140	380	320	380	320	320	320
	G⅛	14	650	600	650	550	500	500	780	780	780	650	600	600
	G¼	13	1000	1000	1000	1000	1000	1000	1300	1300	1380	1200	1000	1000
半管式阀用于气路板集成安装，电磁阀 VUVG-S														
	M3	10A	—	—	—	—	—	—	100	80	100	90	90	90
	M5	10	150	150	150	135	125	125	220	190	220	210	210	210
	M7	10	170	170	170	140	130	130	340	290	340	300	300	300
	G⅛	14	620	580	580	520	480	480	730	730	730	620	580	580
	G¼	18	1000	1000	1000	1000	1000	1000	1300	1300	1380	1200	1000	1000

（续）

板式阀，电磁阀 VUVC-BK

结构图	工作气口	阀规格	流量/[L/min]											
			T32C	T32U	T32H	T32C/M	T32U/M	T32H/M	M52	M52/M	B52	P53C	P53U	P53E
	M5	10	■160	—	—	—	—	—	■160	—	■160	—	—	—
	M7	10	■160	—	—	—	—	—	160	—	160	—	—	—
	G⅛	14	■350	—	—	—	—	—	380	—	380	—	—	—

板式阀，电磁阀 VUVC-B

结构图	工作气口	阀规格	流量/[L/min]											
			T32C	T32U	T32H	T32C/M	T32U/M	T32H/M	M52	M52/M	B52	P53C	P53U	P53E
	M5	10A	—	—	—	—	—	—	■100	■80	■100	■90	■90	■90
	M5	10	■150	■150	■150	■130	■120	■120	■210	■180	■210	■200	■200	■200
	M7	10	■160	■160	■160	■140	■130	■130	■270	■230	■270	■250	■250	■250
	G⅛	14	■540	■510	■540	■430	■410	■410	■580	■580	■580	■540	■510	■510
	G¼	18	■800	■800	■800	■800	■800	■800	■1000	■1000	■1000	950	950	950

注：■表示可选规格，一表示无（或不可选）。

表 8-5　气源处理元件规格

气源处理装置组合

型号代码	规格	壳体上的气接口	连接板	压力调节范围/bar						过滤等级/μm			
				0.05 … 0.7	0.05 … 2.5	0.1 … 4	0.3 … 7	0.1 … 12	0.5 … 16	0.01	1	5	40
				D2	D4	D5	D6	D7	D8	A	B	C	E
MSB-FRC	4	Gx,G¼	Gx,G¼,Gy	—	—	■	■	■	■	—	—	■	■
	6	G¼,Gy,G½	G¼,Gy,G½,G¾	—	—		■	■	■	—	—	■	■
	9		AG…/AQ…	—									
	12			—									

（续）

型号代码	规格	壳体上的气接口	连接板 AG.../AQ...	0.05...0.7 / D2	0.05...2.5 / D4	0.1...4 / D5	0.3...7 / D6	0.1...12 / D7	0.5...16 / D8	0.01 / A	1 / B	5 / C	40 / E
气源处理装置组合（用配置器订购更多派生型→Internet: msb4, msb6 或 msb9）													
MSB	 4	G¼	Gx, G¼, Gy	—	—	■	■	■	—	—	—	■	■
	6	G½	G¼, Gy, G½, G¾	—	—	■	■	■	—	—	—	■	■
	9		G½, G¾, G1, G1¼, G1½, G¾	—	—	—	—	—	—	—	—	—	—
	12		G1, G1¼, G1½, G2	—	—	—	—	—	—	—	—	—	—
单个设备													
过滤减压阀 MS-LFR	 4	Gx, G¼	Gx, G¼, Gy	—	—	■	■	■	—	—	—	■	■
	6	G¼, Gy, G½	G¼, Gy, G½, G¾	—	—	■	■	■	—	—	—	■	■
	9	G¾, G1	G½, G¾, G1, G1¼, G1½	—	—	—	■	■	■	—	—	■	■
	12	—	G1, G1¼, G1½, G2	—	—	—	■	—	■	—	—	■	■
过滤器 MS-LF	 4	Gx, G¼	Gx, G¼, Gy	—	—	—	—	—	—	—	—	■	■
	6	G¼, Gy, G½	G¼, Gy, G½, G¾	—	—	—	—	—	—	—	—	■	■
	9	G¾, G1	G½, G¾, G1, G1¼, G1½	—	—	—	—	—	—	—	—	■	■
	12	—	G1, G1¼, G1½, G2	—	—	—	—	—	—	—	—	■	■
精细和超精细过滤器 MS-LFM	 4	Gx, G¼	Gx, G¼, Gy	—	—	—	—	—	—	■	■	—	—
	6	G¼, Gy, G½	G¼, Gy, G½, G¾	—	—	—	—	—	—	■	■	—	—
	9	G¾, G1	G½, G¾, G1, G1¼, G1½	—	—	—	—	—	—	—	—	—	—
	12	—	G1, G1¼, G1½, G2	—	—	—	—	—	—	—	—	—	—
活性炭过滤器 MS-LFX	 4	Gx, G¼	Gx, G¼, Gy	—	—	—	—	—	—	—	—	■	■
	6	G¼, Gy, G½	G¼, Gy, G½, G¾	—	—	—	—	—	—	—	—	■	■
	9	G¾, G1	G½, G¾, G1, G1¼, G1½	—	—	—	—	—	—	—	—	■	■
	12	—	G1, G1¼, G1½, G2	—	—	—	—	—	—	—	—	—	—
水分离器 MS-LWS	 4	Gx, G¼	Gx, G¼, Gy	—	—	—	—	—	—	—	—	—	—
	6	G¼, Gy, G½	G¼, Gy, G½, G¾	—	—	—	—	—	—	—	—	—	—
	9	G¾, G1	G½, G¾, G1, G1¼, G1½	—	—	—	—	—	—	—	—	—	—
	12	—	G1, G1¼, G1½, G2	—	—	—	—	—	—	—	—	—	—

注：1. ■表示可选规格，—表示无（或不可选）。
2. 1bar=0.1MPa。

表 8-6 压力表规格

型号	结构图	气接口	公称通径 /mm	显示单位					
				外圈刻度			内圈刻度		
				bar	MPa	psi	bar	MPa	psi
压力表 MA-····-EN		R1/8,R1/4,G1/4	40	■	—	—	—	—	■
		G1/4	50,63						
压力表 带红/绿量程 MA-····-RG		R1/8	40	■	—	—	—	—	—
				—	■	—	—	—	—
				—	—	■	—	—	—
		R1/4	50	■	—	—	—	—	—
				—	■	—	—	—	—
				—	—	■	—	—	—
压力表 MA		M5	15	■	—	—	—	—	—
				—	—	■	—	—	—
			27	■	—	—	—	—	—
				—	■	—	—	—	—
				—	—	■	—	—	—
		R1/8	23,27	■	—	—	—	—	■
		G1/8	40	■	—	—	—	—	■
				—	■	—	—	—	—
		G1/4	50	■	—	—	—	—	■
				—	■	—	—	—	—
			63	■	—	—	—	—	■
精密压力表 MAP		R1/8	40	■	—	—	—	—	■
压力表 MA-····-QS		QS-4,QS-6,QS-8	15	■	—	—	—	—	—
法兰式压力表 FMA-····-EN		G1/4	40,50,63	■	—	—	—	—	■
法兰式压力表 FMA		G1/4	63	■	—	—	—	—	■
精密法兰式压力表 FMAP		G1/4	63	■	—	—	—	—	■

（续）

型号	结构图	气接口	公称通径/mm	显示单位					
				外圈刻度			内圈刻度		
				bar	MPa	psi	bar	MPa	psi
压力表 PAGN-…-P10		卡盘 10mm	26,40	■	—				■
				—	■		■		—
					■				—
精密压力表 PAGN-…-1.6		R⅛	40	■					■
					■		■		

注：1. ■表示可选规格，—表示无（或不可选）。

　　2. 1bar＝0.1MPa，1psi＝6894.76Pa。

五、气动和液压元件状态的判断

1. 液压系统常见故障的特征

液压系统常见的故障包括污染、过热和混入空气等3种。

1）液压系统外部不清洁，使不清洁物在加油或检查油量时被带入系统，或通过损坏的油封或密封环而进入系统；

2）油液存储不当，在加入系统前就不清洁或已变质；

3）工作时超过了额定工作压力，因而产生热；

4）油中进入空气或水分。当液压泵把油液转变为压力油时，空气和水分就会助长油的增加而引起过热；

5）加油时不适当地向下倾倒，致使气泡混入油内而带入管路中；

6）接头松动、油封损坏、管路腐蚀等，造成空气吸入，使动力传递不均匀。

2. 气动系统维护的要点

（1）保证供给洁净的压缩空气　压缩空气中通常都含有水分、油分和粉尘等杂质。水分会使管道、阀和气缸腐蚀；油分会使橡胶、塑料和密封材料变质；粉尘会造成阀体动作失灵。选用合适的过滤器，可以清除压缩空气中的杂质。使用过滤器时应及时排除积存的液体，否则，当积存液体接近挡水板时，气流仍可将积存物卷起。

（2）保证空气中含有适量的润滑油　大多数气压传动执行元件和控制元件都要求有适度的润滑。如果润滑不良将会发生以下故障：

1）由于摩擦阻力增大而造成气缸推力不足，阀芯动作失灵。

2）由于密封材料的磨损而造成空气泄漏。

3）由于生锈而造成元件的损伤及动作失灵。

一般采用油雾器进行喷雾润滑。油雾器通常安装在过滤器和减压阀之后。油雾器的供油量一般不宜过多，通常每 $10m^3$ 的自由空气供给 1mL 的油量（即 40～50 滴油）。检查润滑是否良好的一个方法是：找一张清洁的白纸放在换向阀的排气口附近，如果在换向阀工作 3~4 个循环后，白纸上只有很少的斑点，则表明润滑是良好的。

（3）保持气动系统的密封性 漏气不仅增加了能量的消耗，也会导致供气压力的下降，甚至造成传动元件工作失常。如果有严重的漏气，在气动系统停止运行时，由漏气引起的响声很容易被发现；轻微的漏气则应利用仪表，或用涂抹肥皂水的办法进行检查。

（4）保证气动元件中运动零件的灵敏性 从空气压缩机排出的压缩空气包含有粒度为 0.01~0.8μm 的压缩机油微粒，在排气温度为 120~220℃时，这些油微粒会迅速氧化，颜色变深，黏性增大，并逐步由液态固化成油泥。这种微米级以下的颗粒，一般过滤器无法滤除，当它们进入换向阀后便附着在阀芯上，会使阀的灵敏度逐步降低，甚至出现动作失灵。为了清除油泥，保证阀的灵敏度，可在气动系统的过滤器之后，安装油雾分离器，将油泥分离出来。此外，定期清洗也可以保证阀的灵敏度。

（5）保证气动装置具有合适的工作压力和运动速度 调节工作压力时，压力表应当工作可靠、读数准确。减压阀与节流阀调节好后，必须紧固调压阀盖或锁紧螺母，防止松动。

任务实施

一、液压系统的维护

1. 液压设备的使用维护要求

1）检查全部管路系统有无压扁，弯折与破损，软管有无扭结，擦伤或过度弯曲。

2）按使用说明书规定的油品牌号选用液压油，在加油之前，油液必须过滤。

3）机床液压系统油液的工作温度不得超过 60℃，一般应控制在 35~55℃ 范围内。

4）不准使用有缺陷的压力表或在无压力表的情况下工作或调压。

5）检查油箱或储油器，检查其中的油量是否足够。还要注意加油过程中是否有泡沫、激荡或涡流现象，这些现象表明进入了空气。在通气口出现泡沫说明已进入空气。

6）查看管路和其他元件是否因过热而脱漆，是否有烧焦味，油液是否变黑或变稠。用温度计测量油温。

7）用肥皂沫涂抹在接头处来检查是否渗漏。有渗漏的地方可能有油污，因油会吸附污物，但有油污处不一定就有渗漏。此外，过热也常暗示有渗漏现象。查出有渗漏的接头要随时拧紧。

8）倾听有无不正常的响声。液压泵有"咔嗒"声暗示可能进入了空气而产生气穴，或者是已被污物磨损。

9）定期对主要液压元件进行性能测定或实行定期更换维修制。

2. 液压设备的维护、保养规程

1）操作者必须熟悉本设备所用的主要液压元件的作用，熟悉液压系统原理，掌握系统动作顺序。

2）定期监视液压系统工作状况，观察工作压力和速度，检查工件尺寸及刀具磨损情况，防止液压系统振动与噪声。

3）在开动设备前，应检查所有运动机构及电磁阀是否处于原始状态，检查油箱油位。

4）冬季当油箱内油温未到25℃时，各执行机构不准开始工作，应先起动液压泵电动机使液压泵空运转。

5）停机 4h 以上的液压设备，在开始工作前，应先起动液压泵电动机 5~10min（泵进行空运转），然后才能带压力工作。

6）操作者不准损坏电气系统的互锁装置，不准用手推动电控阀，不准损坏或任意移动各操纵挡块的位置。

7）液压设备应经常保持清洁，防止灰尘、切削液、切屑、棉纱等杂物进入油箱。

8）严格执行日常点检制度，操作者要按设备点检卡上规定的部位和项目认真进行点检。

3. 维护、保养计划的安排

步骤1：进行以下项目的点检，并填写点检维修卡（表8-7）。

1）各液压阀、液压缸及管接头处是否有外漏。

2）液压泵或液压马达运转时是否有异常噪声等现象。

3）液压缸移动时工作是否平稳。

4）液压系统的各测压点压力是否在规定的范围内，压力是否稳定。

5）油液的温度是否在允许的范围内。

表 8-7　点检维修卡

序号	点检内容	1	2	3	序号	点检内容	1	2	3
1					11				
2					12				
3					13				
4					14				
5					15				
6					16				
7					17				
8					18				
9					19				
10					20				
点检方法	机				点检方法	机			
	电					电			
	液					液			
	润					润			
处理意见									

6）油液是否清洁。

7）电气控制或撞块（凸轮）控制的换向阀工作是否灵敏、可靠。

8）油箱内油量是否在油标刻线范围内。

9）行程开关或限位挡块的位置是否有变动，固定螺钉是否牢固、可靠。

10）液压系统手动或自动工作循环时是否有异常现象。

11）定期对油箱内的油液进行检查定期更换油液。

12）定期检查蓄能器工作性能。

13) 定期检查冷却器和加热器的工作性能。

14) 定期检查和紧固重要部位的螺钉、螺母、接头和法兰螺钉。

15) 定期检查、更换密封件。

16) 定期检查、清洗或更换液压件。

17) 定期检查、清洗或更换滤芯。

18) 定期检查、清洗油箱和管道。

步骤2：参考表8-8，填写维护检修周期表。

表8-8 维护检修周期表

检修重点与检修项目	维护、检修周期	检修方法与检修目的	检修日期
液压泵的声音是否正常	1次/日	听检。检查油中混入空气和滤网堵塞情况;检查异常磨损等	
泵的吸入真空度	1次/3个月	靠近吸油口安装真空计,检查滤网堵塞情况	
泵壳温度	1次/3个月	检查内部机件的异常磨耗;检查轴承是否烧坏	
泵的输出压力	1次/3个月	检查异常磨耗	
联轴器声音是否正常	1次/月	听检。检查异常磨耗和定心的变化	
清除过滤网的附着物	1次/3个月	用溶剂冲洗,或从内侧吹风清除	
液压马达的声音异常	1次/3个月	听检。检查异常磨耗等	
各个压力表指示情况	1次/6个月	查明各机件工作不正常情况和异常磨耗等 压力表指针的异常摆动也要检查、校正	
液压执行部件的运动速度	1次/6个月	查明各工作部件的动作不良情况以及异常磨耗引起的内部漏油增大情况等	
液压设备循环时间和泵卸荷时间的测定	1次/6个月	查明各工作机构的动作不良情况以及异常磨耗引起的内部漏油增大情况等	
轴承温度	1次/6个月	轴承的异常磨损	
蓄能器的封入压力	1次/3个月	如压力不足,则应涂抹肥皂水检查有无泄漏等情况	
压力表、温度计和计时器等的校正	1次/年	与标准仪表做比较校正	
胶管类检查	1次/6个月	查明破损情况	
各元件和管道及密封件	1次/3个月	检查各密封处的密封状态	
液压泵的轴封、液压缸活塞杆的密封、漏油情况	1次/6个月	检查各密封处的密封状态	
各元件安装螺栓和管道支承松动情况	1次/月	检查振动特别大的装置更为重要	
全部液压设备	1次/年	对各元件和执行部件进行拆卸、清洗,冲洗管道	

（续）

检修重点与检修项目	维护、检修周期	检修方法与检修目的	检修日期
工作油液一般性能和油的污染状态	1次/3个月	如不合标准,则应予更换	
油温	1次/日	超出规定值,应即查明原因并进行修理	
油箱内油面位置	1次/月	油面低于标记时应加油,并查明漏油处	
测定电源电压	1次/3个月	因电压有异常变动,会烧坏电气元件和电磁阀,还有可能导致绝缘不良等	
测定电气系统的绝缘阻抗	1次/年	如阻抗低于规定值,应对电动机、线路、电磁阀和限位开关等进行逐项检查	

4. 液压元件常见的故障及排除

（1）液压泵故障

1）噪声严重及压力波动的可能原因及排除方法。

① 泵的过滤器被污物阻塞不能起滤油作用。应用干净的清洗油将过滤器中的污物去除。

② 油位不足,吸油位置太高,吸油管露出油面。应加油到油标位,降低吸油位置。

③ 泵体与泵盖的两侧没有加纸垫;泵体与泵盖不垂直密封;旋转时吸入空气。泵体与泵盖间加入纸垫;用金刚砂在平板上研磨泵体,使泵体与泵盖垂直度误差不超过0.005mm,紧固泵体与泵盖的连接,不得有泄漏现象。

④ 泵的主动轴与电动机联轴器不同心,有扭曲摩擦。应调整泵与电动机联轴器的同心度误差,使其不超过0.2mm。

⑤ 泵齿轮的啮合精度不够。应对研齿轮,以达到齿轮啮合精度。

⑥ 泵轴的油封骨架脱落,泵体不密封。应更换合格的泵轴油封。

2）输油不足的可能原因及排除方法。

① 轴向间隙与径向间隙过大:由于齿轮泵齿轮两侧端面在旋转过程中与轴承座圈产生相对运动会造成磨损,所以轴向间隙和径向间隙过大时必须更换零件。

② 泵体裂纹与气孔泄漏现象:泵体出现裂纹时需要更换泵体,并在泵体与泵盖间加入纸垫,紧固各连接处螺钉。

③ 油液黏度太大或油温过高;选用L-AN22全损耗系统用油。一般L-AN22全损耗系统用油适用于10~50℃的工作温度,如果连续24小时工作,应装冷却装置。

④ 电动机反转。应纠正电动机旋转方向。

⑤ 过滤器有污物,管道不畅通。应清除污物,更换油液,保持油液清洁。

⑥ 压力阀失灵。应修理或更换压力阀。

3）液压泵运转不正常或有咬死现象的可能原因及排除方法。

① 泵轴向间隙及径向间隙过小。应更换零件或调整间隙。

② 滚针转动不灵活。应更换滚针轴承。

③ 盖板和轴的同心度不好。应更换盖板,使其与轴同心,调整轴向或径向间隙。

④ 压力阀失灵。应检查压力阀弹簧是否失灵,阀体小孔是否被污物堵塞,滑阀和阀体是否失灵;更换弹簧,清除阀体小孔污物或更换滑阀。

⑤ 泵和电动机间联轴器同心度不够。应调整泵轴与电动机联轴器同心度,使其误差不

超过 0.2mm。

⑥ 泵中有杂质，可能在装配时有切屑遗留，或油液中吸入杂质。用细铜丝网过滤全损耗系统用油，去除污物。

（2）整体多路阀常见故障的可能原因及排除方法

1）工作压力不足。

① 溢流阀调定压力偏低。应调整溢流阀压力。

② 溢流阀的滑阀卡死。应拆开清洗，重新组装。

③ 调压弹簧损坏。应更换新产品。

④ 系统管路压力损失太大。应更换管路，或在许用压力范围内调整溢流阀压力。

2）工作油量不足。

① 系统供油不足。应检查油源。

② 阀内泄漏量大。做如下处理：如油温过高，黏度下降，则应采取降低油温措施；油液选择不当，则应更换油液；如滑阀与阀体配合间隙过大，则应更换新产品。

3）复位失灵。复位弹簧损坏或变形，更换新产品。

4）外泄漏。

① Y 形密封圈损坏。更换 Y 形密封圈。

② 油口安装法兰面密封不良。检查相应部位的紧固和密封。

③ 各接合面紧固螺钉、调压螺钉的锁紧螺母松动或堵塞。紧固相应部件。

（3）电磁换向阀常见故障的可能原因和排除方法

1）滑阀动作不灵活。

① 滑阀被拉坏。应拆开清洗，或修整滑阀与阀孔的毛刺及拉坏表面。

② 阀体变形。应调整安装螺钉的压紧力，安装力矩不得大于规定值。

③ 复位弹簧折断。应更换弹簧。

2）电磁线圈烧损。

① 线圈绝缘不良。应更换电磁铁。

② 工作电压不正常。调整工作电压，应稳定在额定工作电压的±10%。

③ 工作压力和流量超过规定值。应调整工作压力，或采用性能更好的阀。

④ 回油压力过高。检查背压，应在规定值 16MPa 以下。

（4）液压缸故障及排除方法

1）外部漏油。

① 活塞杆碰伤拉毛。用极细的砂纸或油石修磨，不能修的则更换新件。

② 防尘密封圈被挤出。应拆开检查，更换新件。

③ 活塞和活塞杆上的密封件磨损与损伤。应更换新密封件。

④ 液压缸安装时定心不良，使活塞杆伸出困难。拆下来检查安装位置是否符合要求。

2）活塞杆爬行和蠕动。

① 液压缸内进入空气或油中有气泡。应松开接头，将空气排出。

② 液压缸的安装位置偏移。检查安装位置，使液压缸与主机运动方向平行。

③ 活塞杆全长和局部弯曲。活塞杆全长校正，其直线度误差应小于等于 0.03mm/100mm；或更换活塞。

二、气动系统的维护

1. 管路系统点检

管路系统点检的主要内容是对冷凝水和润滑油进行管理，步骤如下。

步骤 1：排放冷凝水。冷凝水排放一般应当在气动装置运行之前进行，但是当夜间温度低于 0℃ 时，为防止冷凝水冻结，应在气动装置运行结束后再开启放水阀门将冷凝水排出。

步骤 2：补充润滑油。检查油雾器中油的质量和滴油量是否符合要求，油量不足时添加润滑油。

步骤 3：检查供气压力是否正常，有无漏气现象等。

2. 气动元件的定检

气动元件定检的主要内容是彻底处理系统的漏气现象。例如更换密封元件、处理管接头或连接螺钉松动等，定期检验测量仪表、安全阀和压力继电器等。气动元件定检内容见表 8-9。

表 8-9　气动元件的定检内容

元件名称	定检内容
气缸	1）活塞杆与端盖之间是否漏气 2）活塞杆是否划伤、变形 3）管接头、配管是否松动、损伤 4）气缸动作时有无异常声音 5）缓冲效果是否符合要求
电磁阀	1）电磁阀外壳温度是否过高 2）电磁阀动作时，阀芯工作是否正常 3）气缸行程到末端时，阀的排气口是否漏气 4）紧固螺栓及管接头是否松动 5）电压是否正常，电磁阀控制线路是否正常 6）通过检查排气口是否被油润湿，或排气是否会在白纸上留下油雾斑点来判断润滑是否正常
油雾器	1）油杯内油量是否足够 2）润滑油是否变色、混浊 3）油杯底部是否沉积有灰尘和水
减压阀	1）压力表读数是否在规定范围内 2）调压阀盖或锁紧螺母是否锁紧 3）有无漏气现象
过滤器	1）储水杯中是否积存有冷凝水 2）滤芯是否应该清洗或更换 3）冷凝水排放阀动作是否可靠
安全阀及压力继电器	1）在调定压力下动作是否可靠 2）校验合格后，是否有铅封或锁紧 3）电气控制线路是否正常，压力继电器是否能正常发讯

问题探究

1. 数控机床气动和液压系统日常维护与保养中有哪些注意事项？
2. 数控机床气动和液压系统每一项的检查周期是多长？

项目小结

1. 以思维导图的形式，罗列出数控机床气动和液压系统维护保养项目。
2. 分组对数控机床气动元件的检修步骤进行手抄报形式的呈现。
3. 分组对数控机床液压元件的检修步骤进行手抄报形式的呈现。
4. 分组讨论：结合课程内容，谈谈您对关于"在全社会弘扬劳动精神、奋斗精神、奉献精神、创造精神、勤俭节约精神，培育时代新风新貌"精神的理解。

项目9　数控设备电气线路故障诊断与维修

项目教学导航

教学目标	1. 了解低压电器、高压电器的分类 2. 了解手动电器、自动电器的分类 3. 了解控制电器、主令电器、保护电器、配电电器、执行电器的分类 4. 了解电磁式电器、非电量控制电器的分类 5. 了解常用低压电器的种类 6. 了解机床控制电路常用元器件的工作原理 7. 了解机床控制电路常用控制元器件的图形符号 8. 掌握机床控制电路的图形、文字及绘制方法 9. 掌握机床控制电路常用元器件的检测、维修、更换方法 10. 掌握常用机床控制电路的故障检测与维修方法
职业素养目标	1. 对企业忠诚，有团队归属感 2. 自理和自律能力 3. 主人翁奉献精神 4. 专研技术，勇于创新 5. 热爱本职工作，终于职守
知识重点	1. 电器的分类 2. 掌握图形符号绘制方法 3. 电路图的原理分析 4. 数控机床电路的检测与维修
知识难点	1. 电气元件不同的分类方法 2. 机床控制电路常用元器件的性能特点 3. 数控机床电路的识图 4. 数控机床电路故障分析、检测与维修
拓展资源 9	盾构机电气高级技师李刚
教学方法	线上+线下（理论+实操）相结合的混合式教学法
建议学时	9 学时

（续）

实训任务	任务 1 常用电气元件的检测、维修与更换 任务 2 电气线路故障的维修 任务 3 电气柜中配电板的拆卸与装配
项目学习任务 综合评价	详见课本后附录项目学习任务综合评价表，教师根据教学内容自行调整表格内容

项目引入

数控机床是一种技术含量很高的机、电、仪一体化的高效、复杂的自动化机床。机床在运行过程中，零部件不可避免地会发生不同程度、不同类型的故障。因此，熟悉数控机床的电气工作原理，掌握数控机床电气元件的检测、维修、更换的常用方法和手段，对确定故障的原因和排除故障有着重大的作用。

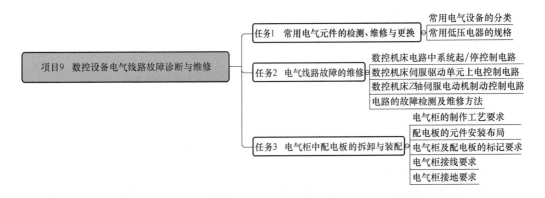

任务1 常用电气元件的检测、维修与更换

任务描述

通过对数控机床控制电路中常用电气元件的学习，了解常用电气元件的结构组成、工作原理，掌握其检测、维修、更换方法，在机床出现故障时能通过对相关电气元件型号的识别读取，并进行检测、维修、更换，使设备可以及时修复。

学前准备

1. 查阅资料了解接触器、中间继电器、时间继电器、低压断路器、电磁阀的结构组成、规格号的查询方法及工作原理。

2. 查阅资料掌握使用万用表检测机床常用电气元件的方法。

3. 查阅资料了解三相异步电动机的工作原理。

学习目标

1. 了解接触器、中间继电器、时间继电器、低压断路器、电磁阀的原理及用途。

2. 掌握接触器、中间继电器、时间继电器、低压断路器、电磁阀的检测维修方法。

实训设备、工量具、耗材清单

序号	设备名称	规格型号	数量
1	数控铣床	具有 X/Y/Z 三轴数控机床，配置 FANUC 0i -MF Plus 数控系统、横配式 10.4in 显示单元	1 台
2	资料	数控机床安全指导书及操作说明书	1 套
3	工具	活动扳手、一字、十字螺钉旋具	各 1 把
4	万用表	数字万用表，精度三位半以上	1 台
5	按钮开关	LA19-11-D	1 只
6	断路器	DZ47-63-C16	1 只
7	交流接触器	CJX2-1210	1 只
8	清洁用品	棉纱布、毛刷	若干

任务学习

一、常用电气设备的分类

1. 按工作电压等级分类

1）低压电器指用于交流 50Hz（或 60Hz）、额定电压为 1000V 以下、直流电压为 1500V 及以下的电路中的电器，例如接触器、继电器等。

2）高压电器指用于交流电压 1000V、直流电压 1500V 及以上电路中的电器，例如高压断路器、高压隔离开关、高压熔断器等。

2. 按操作方式分类

1）自动电器。借助于电磁力或某个物理量的变化自动进行操作的电器，如接触器，各种类型的继电器、电磁阀等。

2）手动电器。用手或依靠机械力进行操作的电器，如手动开关、控制按钮、行程开关等主令电器。

3. 按作用分类

1）控制电器。用于各种控制电路和控制系统的电器，如接触器、继电器等。

2）主令电器。用于自动控制系统中发送控制指令的电器，如按钮、行程开关等。

3）保护电器。用于保护电源及用电设备的电器，如熔断器、热继电器等。

4）配电电器。用于电能的输送和分配的电器，如低压断路器、隔离器等。

5）执行电器。用于完成某种动作或传动功能的电器，如电磁铁、电磁离合器等。

4. 按工作原理分类

1）电磁式电器。依据电磁感应原理来工作的电器，如交直流接触器、各种电磁式继电器等。

2）非电量控制器。电器的工作是靠外力或某种非电物理量的变化而动作的电器，如刀开关、行程开关、按钮、速度继电器、压力继电器、温度继电器等。

二、常用低压电器的规格

常用低压电器可归纳如下：

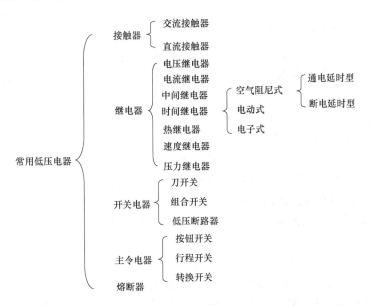

1. 按钮

（1）工作原理　按钮是一种人工控制的主令电器，主要用来发布操作命令，接通或断开控制电路，控制机械与电气设备的运行。其工作原理：按下按钮时，首先断开常闭触点，再接通常开触点；复位时，先断开常开触点，后闭合常闭触点。

（2）组成　按钮由按键、动作触点、复位弹簧、按钮盒组成，如图9-1-1所示。是一种电气主控元件。一般以红色表示停止按钮，绿色表示起动按钮。

（3）种类　常见的按钮主要有急停按钮、起动按钮、停止按钮、组合按钮（键盘）、点动按钮、复位按钮，其实物图如图9-1-2所示。

（4）按钮电气符号　按钮有常闭按钮、常开按钮、复合按钮。按钮的文字符号为SB，图形符号如图9-1-3所示。

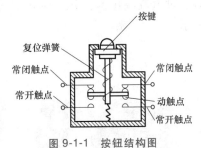

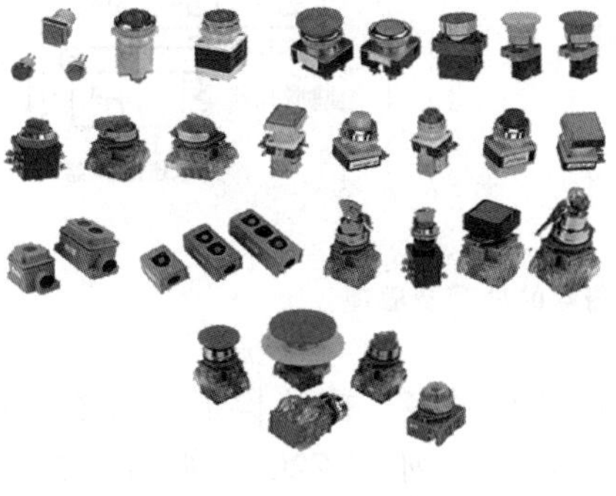

图9-1-1　按钮结构图

图9-1-2　按钮实物图

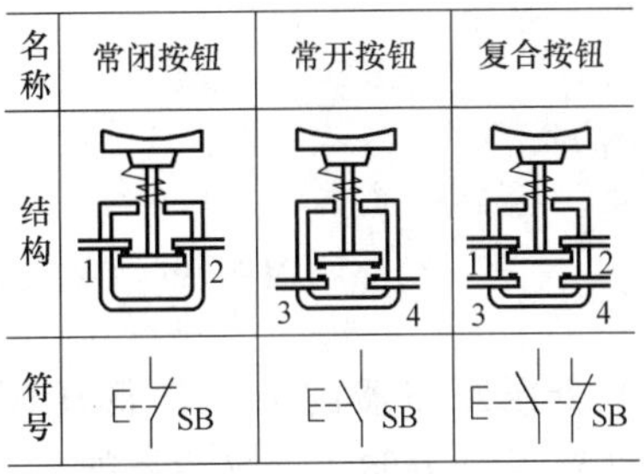

图9-1-3　按钮图形符号

名称	常闭按钮	常开按钮	复合按钮
结构			
符号	E-SB	E-SB	E-SB

（5）按钮的型号及含义　按钮的型号命名方式如图 9-1-4 所示。

按钮的结构形式代号含义如下：

K：开启式，适用于嵌装在操作面板上。

J：紧急式，做紧急切断电源用。

H：保护式，带保护外壳，可防止内部零件受机械损伤或人偶然触及带电部分。

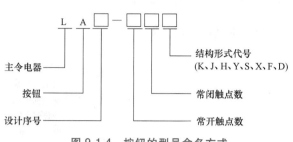

图 9-1-4　按钮的型号命名方式

Y：钥匙操作式，用钥匙插入进行操作，可防止误操作或供专人操作。

S：防水式，具有密封外壳，可防止雨水侵入。

X：旋钮式，用旋钮旋转进行操作，有通和断两个位置。

F：防腐式，能防止腐蚀性气体进入。

D：带指示灯式，按钮内装有信号灯，兼作信号指示用。

2. 低压断路器

低压断路器（也称自动开关）是一种既可以接通和分断正常负荷电流和过负荷电流，又可以接通和分断短路电流的开关电器。低压断路器在电路中除起控制作用外，还具有一定的保护功能。当电路发生短路、过负荷和失电压等故障时，能自动切断故障电路，保护电路和电气设备，实现如过负荷、短路、过载、欠电压和漏电保护等。

（1）低压断路器的结构和工作原理　低压断路器主要由触点、灭弧装置、操动机构和保护装置等组成。低压断路器的保护装置由各种脱扣器来实现。脱扣器有失电压脱扣器、过电流脱扣器、分励脱扣器等。DZ 系列塑壳式低压断路器的外观及原理如图 9-1-5 所示。

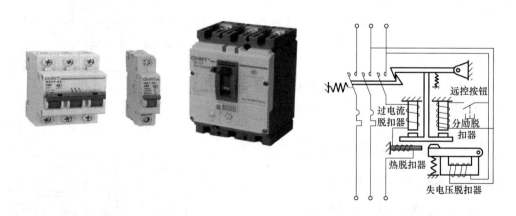

图 9-1-5　DZ 系列塑壳式低压断路器的外观及原理

（2）低压断路器的分类　低压断路器的分类方式有很多，按结构形式分有 DW15、DW16、CW 系列万能式（又称框架式）和 DZ5 系列、DZ15 系列、DZ20 系列、DZ25 系列塑壳式低压断路器。

1）按灭弧介质分有空气式和真空式（目前国产多为空气式）。

2）按操作方式分有手动操作、电动操作和弹簧储能机械操作。

3）按极数分有单极式、二极式、三极式和四极式。

4）按安装方式分有固定式、插入式、抽屉式和嵌入式等。

低压断路器容量范围很大，最小为 4A，而最大可达 5000A。

（3）DZ 系列低压断路器的型号含义 DZ 系列低压断路器的型号含义如图 9-1-6 所示。

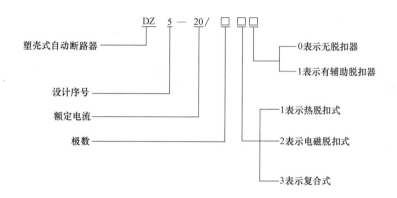

图 9-1-6 DZ 系列低压断路器的型号含义

（4）低压断路器的选用 低压断路器的额定电压和额定电流应不小于电路的额定电压和最大工作电流。热脱扣器的整定电流与所控制负载的额定电流一致，电磁脱扣器的瞬时脱扣整定电流应大于负载电路正常工作时的最大电流。

对于单台电动机来说，电磁脱扣器的瞬时脱扣整定电流 I_Z 可按下式计算

$$I_Z \geqslant kI_q$$

式中　k——安全系数，一般取 1.5~1.7；

I_q——电动机的起动电流。

对于多台电动机来说，I_Z 可按下式计算

$$I_Z \geqslant kI_{qmax} + 电路中其他的工作电流$$

式中　k——取 1.5~1.7；

I_{qmax}——其中一台起动电流最大的电动机的工作电流。

（5）低压断路器的电气符号 低压断路器的文字符号为 QF，其图形符号见表 9-1-1。

表 9-1-1　低压断路器的图形符号

名称	图形符号
三相隔离开关	

（续）

名称	图形符号
三相负荷开关	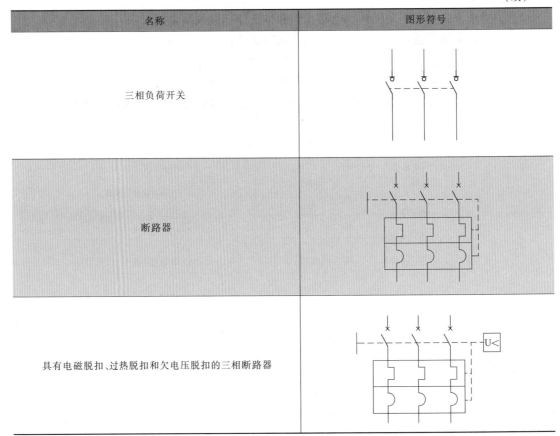
断路器	
具有电磁脱扣、过热脱扣和欠电压脱扣的三相断路器	

3. 接触器

接触器是一种自动的电磁式开关，主要用于远距离频繁接通或分断交、直流主电路和大容量的控制电路。它不仅能实现远距离自动操作和欠电压释放保护功能，可配合继电器实现定时操作、连锁控制及各种定量控制和失电压及欠电压保护，而且还具有控制容量大、工作可靠、操作效率高、

图 9-1-7 交流接触器的外观图

使用寿命长等优点，在电力拖动系统中得到了广泛的应用。图 9-1-7 所示为交流接触器的外观图。

（1）交流接触器的结构及电气符号 交流接触器由反作用力弹簧、主触点、触点压力弹簧、灭弧罩、辅助常闭触点、辅助常开触点、动铁心衔铁、缓冲弹簧、静铁心、短路环、线圈等组成。交流接触器的文字与图形符号如图 9-1-8 所示。

（2）接触器的工作原理 当线圈通电后，线圈中电流产生的磁场使铁心产生电磁吸力将衔铁吸合。衔铁带动动触点动作，使常闭触点断开、常开触点闭合。当线圈断电时，电磁吸力消失，衔铁在反作用力弹簧的作用下释放，各触点随之复位。交流接触器工作原理

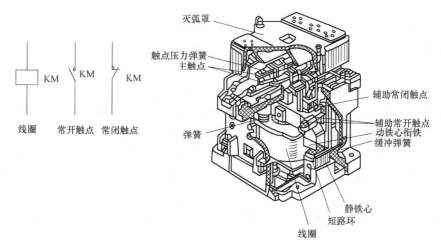

图 9-1-8 交流接触器电气符号及结构图

如图 9-1-9 所示。

（3）接触器的主要技术参数及型号 接触器的主要技术参数如下。

1）额定电压。接触器铭牌上的额定电压是指主触点的额定电压。交流电压的等级有 127V、220V、380V和 500V。

2）额定电流。接触器铭牌上的额定电流是指主触点的额定电流。交流电流的等级有 5A、10A、20A、40A、60A、100A、150A、250A、400A 和 600A。

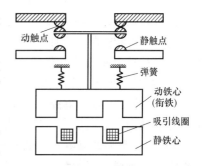

图 9-1-9 交流接触器工作原理图

3）吸引线圈额定电压。吸引线圈交流电压的等级有36V、110V、127V、220V 和 380V。

4）通断能力。

5）电气寿命和机械寿命。

6）额定操作频率（次/h）。

（4）接触器的型号含义 常见接触器有 CJ20 系列、3TH 和 CJX1（3TB）系列。其中 CJ20 系列是较新的产品，而 3TH 和 CJX1（3TB）系列是从德国西门子公司引进制造的新型接触器。交流接触器型号的含义如图 9-1-10所示。

（5）交流接触器的选择 交流接触器的选择主要考虑如下因素。

1）依据负载电流性质决定接触器的类型，即直流负载选用直流接触器，交流负载选用交流接触器。

2）接触器主触点额定电压大于等于线路工作电压。

3）接触器主触点额定电流大于等于负载额

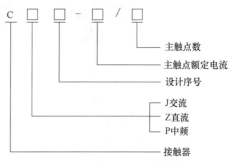

图 9-1-10 交流接触器型号的含义

定电流。

4）吸引线圈的额定电压与控制电路电压相一致。

5）主触点与辅助触点中常开触点和常闭触点数量符合电路要求。

4. 继电器

继电器是一种电子控制器件，具有控制系统（又称输入回路）和被控制系统（又称输出回路），通常应用于自动控制电路中，它实际上是用较小的电流去控制较大电流的一种"自动开关"，在电路中起着自动调节、安全保护、转换电路等作用。

（1）继电器主要分类　继电器按工作原理或结构特征分类如下。

1）电磁继电器。利用输入电路中在电磁铁铁心与衔铁间产生的吸力作用而工作的一种继电器。

2）固体继电器。指电子元件履行其功能而无机械运动构件的、输入和输出隔离的一种继电器。

3）温度继电器。当外界温度达到给定值时而动作的继电器。

4）舌簧继电器。利用密封在管内、具有触电簧片和衔铁磁路双重作用的舌簧动作来开、闭或转换线路的继电器。

5）时间继电器。当加上或除去输入信号时，输出部分需延时或限时到规定时间才闭合或断开其被控电路的继电器。

6）高频继电器。用于切换高频、射频电路而具有最小损耗的继电器。

7）极化继电器。由极化磁场与控制电流通过控制线圈所产生的磁场综合作用而动作的继电器，其动作方向取决于控制线圈中流过的电流方向。

8）其他类型的继电器：如光继电器、声继电器、热继电器、仪表式继电器、霍尔效应继电器、差动继电器等。

（2）中间继电器（图 9-1-11）

1）中间继电器属于电磁继电器，其结构与接触器类似，由电磁机构和触点系统组成。

图 9-1-11　中间继电器外观及图形符号

2）中间继电器对多种输入做反映，而接触器只在一定电压信号下动作。

3）中间继电器用于控制小电流电路，而接触器用来控制大电流电路。

4）中间继电器没有灭弧装置，也无主、副触点之分。

5）当其他继电器的触点对数或触点容量不够时，可借助中间继电器来扩展，起到信号中继作用。

6）中间继电器触点电流一般为5A、10A，线圈电压有交流和直流两种，工作电压通常为12V、24V、36V、110、220V。

7）电气符号：中间继电器的文字符号为KA。

（3）时间继电器　时间继电器是一种利用电磁原理或机械原理实现延时控制的控制电器。它的种类很多，有空气阻尼式、电动式、电子式等。

时间继电器可分为通电延时型和断电延时型2种类型。

1）空气阻尼式时间继电器又称为气囊式时间继电器，它是根据空气压缩产生的阻力来延时的，其结构简单，价格便宜，延时范围大（0.4～180s），但延时精确度低。

2）电磁式时间继电器延时时间短（0.3～1.6s），但结构比较简单，通常用在断电延时场合和直流电路中。

3）电动式时间继电器的原理与钟表类似，是由内部电动机带动减速齿轮转动而获得延时的。这种继电器延时精度高，延时范围宽（0.4～72h），但结构比较复杂，价格很贵。

4）晶体管式时间继电器又称为电子式时间继电器（图9-1-12），它是利用延时电路来进行延时的。这种继电器精度高，体积小。

图 9-1-12　电子式时间继电器外观

5）时间继电器型号的含义如图9-1-13所示。

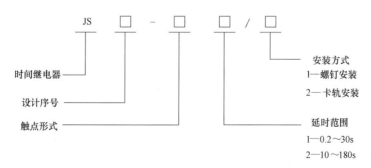

图 9-1-13　时间继电器型号的含义

6）时间继电器的图形符号如图9-1-14所示。

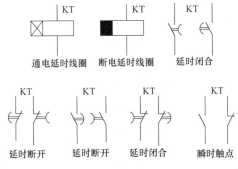

图 9-1-14　时间继电器的图形符号

（4）热继电器

1）热继电器的作用。热继电器（FR）是一种利用电流的热效应来切断电路的保护电器，专门用来对连续运转的电动机进行过载及断相保护，以防电动机过热而烧毁（图 9-1-15）。热继电器按相数分类，有两相热继电器和三相热继电器，三相热继电器有不带断相保护和带断相保护两种类型。按复位方式分类，热继电器有自动复位式和手动复位式。

2）热继电器的工作原理。热继电器的工作原理是由流入热元件的电流产生热量，使膨胀系数不同的双金属片发生形变，当形变达到一定程度时，就推动连杆动作，使控制电路断开，从而使接触器失电，主电路断开，实现电动机的过载保护，如图 9-1-16 所示。热继电器作为电动机的过载保护元件，以其体积小、结构简单、成本低等优点在生产中得到了广泛应用。

图 9-1-15　热继电器外观　　　　　　图 9-1-16　热继电器工作原理图

3）热继电器技术参数。

① 额定电压：热继电器能够正常工作的最高电压值，一般为交流 220V、380V。

② 额定电流：热继电器的额定电流主要是指通过热继电器的电流。

③ 额定频率：一般而言，其额定频率按照 45～62Hz 设计。

④ 整定电流范围：整定电流的范围由其本身的特性来决定。它描述的是在一定的电流条件下热继电器的动作时间和电流的二次方成正比。

4）热继电器型号的含义与图形及文字符号，如图 9-1-17 所示。

5）热继电器的选择方法。

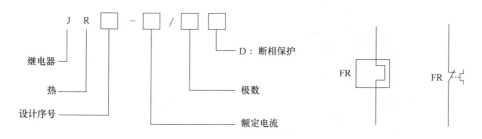

图 9-1-17 热继电器的型号含义与图形及文字符号

① 热继电器主要用于保护电动机以防过载，因此选用时必须了解电动机的情况，如工作环境、起动电流、负载性质、工作制、允许过载能力等。原则上应使热继电器的安秒特性尽可能接近甚至相同于电动机的过载特性，或者在电动机的过载特性之下，同时在电动机短时过载和起动的瞬间，热继电器应不受影响（不动作）。

② 当热继电器用于保护长期工作制或间断长期工作制的电动机时，一般按电动机的额定电流来选用。例如，热继电器的整定值可等于 0.95 ~ 1.05 倍的电动机的额定电流，或者取热继电器整定电流的中值等于电动机的额定电流，然后进行调整。

5. 电磁阀

电磁阀用电磁原理控制工业设备，是用来控制流体的自动化基础元件，属于执行器，并不限于液压、气动装置。电磁阀用于在工业控制系统中调整介质的方向、流量、速度和其他参数。电磁阀可以配合不同的电路来实现预期的控制，而控制的精度和灵活性都能够保证。电磁阀有很多种，不同的电磁阀在控制系统的不同位置发挥作用，最常用的是单向阀、安全阀、方向控制阀、速度调节阀等。图 9-1-18 所示为电磁阀外观。

图 9-1-18 电磁阀外观

（1）工作原理 电磁阀内有密闭的腔，在不同位置开有通孔，每个孔连接不同的油管，腔中间是活塞，两面是两块电磁铁，哪面的电磁铁线圈通电，阀体就会被吸引到哪边，通过控制阀体的移动来开启或关闭不同的排油孔，而进油孔是常开的，这样液压油就会进入不同的排油管，通过油的压力来推动液压缸的活塞，活塞又带动活塞杆，活塞杆带动机械装置动作，从而通过控制电磁铁的电流通断来控制机械运动。

（2）主要分类

1）直动式电磁阀（图 9-1-19）。

原理：通电时，电磁线圈产生电磁力把动铁心从阀座上提起，阀门打开；断电时，电磁力消失，弹簧把动铁心压在阀座上，阀门关闭。

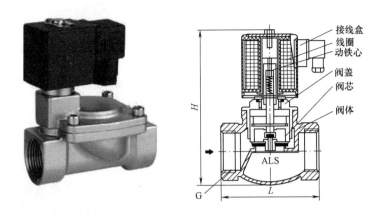

图 9-1-19　直动式电磁阀

特点：在真空、负压、零压时能正常工作，但通径一般不超过 25mm。

2）分步直动式电磁阀（图 9-1-20）。

原理：它利用直动式电磁阀和先导式电磁阀相结合的原理工作。当入口与出口没有压差时，通电后，电磁力直接把先导阀和主阀动铁心依次向上提起，阀门打开。当入口与出口达到起动压差时，通电后，电磁力推动先导阀，主阀下腔压力上升、上腔压力下降，从而利用压差把主阀向上推开；断电时，先导阀利用弹簧力或介质压力推动动铁心向下移动，使阀门关闭。

特点：在零压差或真空、高压时也能动作，但功率较大，要求必须水平安装。

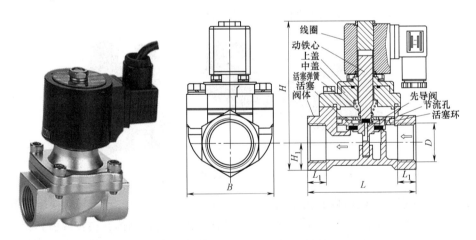

图 9-1-20　分步直动式电磁阀

3）先导式电磁阀（图 9-1-21）。

原理：通电时，电磁力把先导孔打开，上腔室压力迅速下降，在关闭件周围形成上低下高的压差，流体压力推动关闭件向上移动，阀门打开；断电时，弹簧力把先导孔关闭，入口压力通过旁通孔进入腔室，在动铁心周围形成下低上高的压差，流体压力推动动铁心向下移动，关闭阀门。

特点：流体压力范围上限较高，可任意安装（需定制），但必须满足流体压差条件。

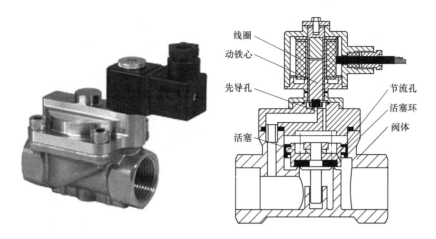

图 9-1-21 先导式电磁阀

（3）电磁阀图形符号的含义（图9-1-22）

1）用方框表示阀的工作位置，每个方框表示电磁阀的一种工作位置，即"位"，有几个方框就表示有几"位"，如二位三通电磁阀表示有两种工作位置。

2）方框内的箭头表示油路处于接通状态，但箭头方向不一定表示液流的实际方向。

3）方框内的符号"⊥"或"⊤"表示该通路不通。

4）方框外部连接的接口数有几个，就表示几"通"。

5）一般，阀与系统供油路或气路连接的进油口/进气口用字母 P 表示；阀与系统回油路/气路连通的回油/回气口用 T（有时用 o）表示；而阀与执行元件连接的油口/气口用 a、b 等表示。有时在图形符号上用 l 表示泄漏油口。

6）换向阀都有两个或两个以上的工作位置，其中一个为常态位，即阀芯未受到操纵力时所处的位置。图形符号中的中位是三位阀的常态位。利用弹簧复位的二位阀则以靠近弹簧的方框内的通路状态为其常态位。绘制系统图时，油路/气路一般应连接在换向阀的常态位上。

二位二通   二位三通常通   二位三通常断

图 9-1-22 电磁阀图形符号的含义

（4）电磁阀的选型 各个厂家都有自己的电磁阀命名规则，没有统一的型号规定，详细命名请参考各个电磁阀厂家的技术手册。图9-1-23所示为 SMC 电磁阀的选型。

常见电磁阀、电磁离合器的图形符号见表9-1-2。

单体(非插入式)

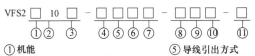

VFS2□ 10 □ — □□□□ — □□□ — □   *准标准

① ② ③   ④ ⑤ ⑥ ⑦   ⑧ ⑨ ⑩   ⑪

① 机能

1	二位单电控
2	二位双电控
3	三位中封式
4	三位中泄式
5	三位中压式
6	三位中位止回式

注1)

注1)无法与外部先导组合。

② 阀体形式

1-非插入式底板

③ 先导方式

无记号	内部先导
R *	外部先导

④ 线圈额定电压

1	AC100V 50/60Hz
2	AC200V 50/60Hz
3 *	AC110~120V 50/60Hz
4 *	AC220V 50/60Hz
5	DC24V
6 *	DC12V
7 *	AC240V 50/60Hz
9 *	其他

⑤ 导线引出方式

G—直接出线式	E—直接接线座式
T—导管接座式	D、Y—DIN形插座式

⑥ 可选项

无记号	无
Z	带指示灯和过电压保护回路
S	带过电压保护回路

注2)

注2)只适用于直接出线式
直接出线式不带指示灯
只带过电压保护回路

⑦ 先导阀手动操作的种类

无记号—非锁定式按钮(平型)	* A— 非锁定式按钮(突出型)
* B — 锁定式(要工具型)	* C—锁定式(杠杆型)

⑧ 配管规格

无记号	横配管
B *	内配管

⑨ 接管口径

		无底板
无记号		
01	Rc1/8	非插入式标准型
02	Rc1/4	
注3) S01	Rc1/8	非插入式小型
注3) S02	Rc1/8	

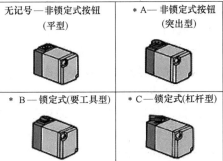

注3)标准型与小型的配管通口位置不同，使用时请注意。

⑩ 螺纹种类

无记号	Rc
N *	NPT
T *	NPTF
F *	G

⑪ CE对应

无记号	—
Q	CE对应品

图 9-1-23   SMC 电磁阀的选型

表 9-1-2   常见电磁阀、电磁离合器的图形符号

名称	图形符号
阀的一般符号	⧓

（续）

名称	图形符号
电磁阀	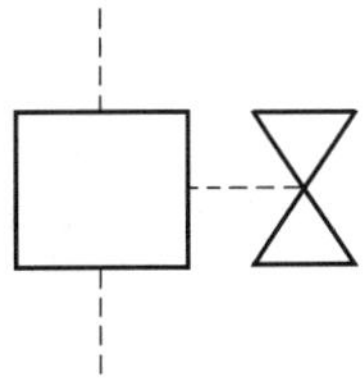
电动阀	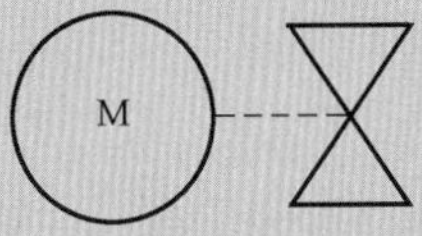
带灯电磁阀	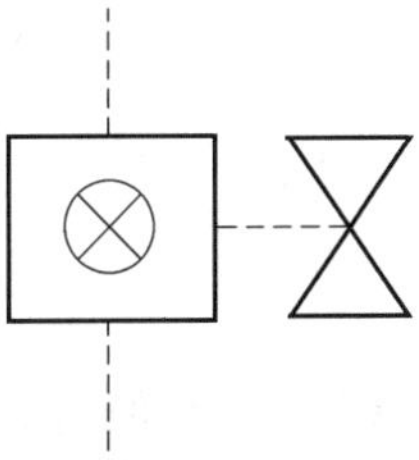
电磁离合器	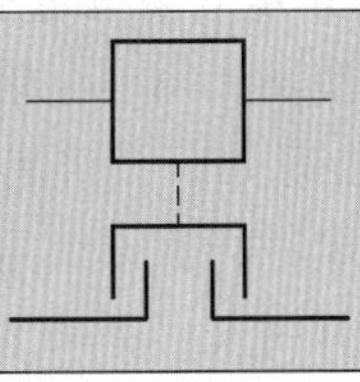
电磁转差离合器或电磁粉末离合器	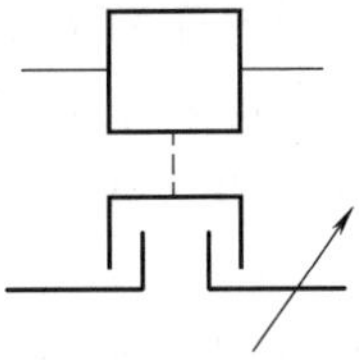
电磁制动器	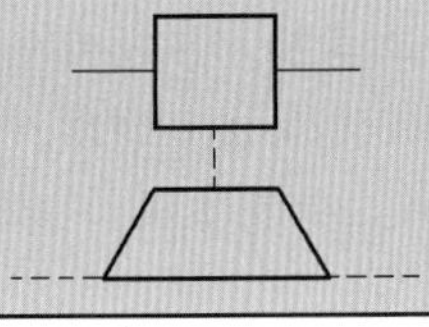

6. 三相异步电动机的检测及接线方法

（1）三相异步电动机的结构 异步电动机主要由定子和转子两大部分组成，还有端盖、轴承和风扇等部件。三相异步电动机的结构如图 9-1-24 所示。

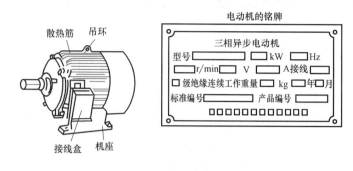

图 9-1-24 三相异步电动机的结构

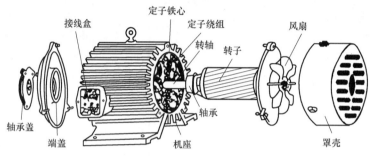

（2）三相异步电动机的绕组测量及接线

1）三相异步电动机定子绕组首尾端判别（直流法）。

① 首先使用万用表电阻档 R×1 档，测出三组电动机绕组阻值（若两端为同一绕组，则阻值很小，接近 0Ω），将测出的同一绕组绑捆在一起，便于区分。

② 对绕组进行假设编号。按图 9-1-25 所示的方法接线。

③ 观察万用表（微安档）指针摆动的方向，合上开关的瞬间，若指针摆向大于零的一边，则接电池正极的一端与万用表负极所接的一端同为首端或尾端；如指针反向摆动，则接电池正极的一端与万用表正极所接的一端同为首端或尾端。

④ 将电池和开关接另一相的两端进行测试，就可正确判别各相的首尾端。

2）三相异步电动机的接线。

① 将三相异步电动机绕组的 6 个出线端都接至接线盒上，首端分别标为 U1、V1、W1，尾端分别标为 U2、V2、W2。这6 个出线端在接线盒中的排列如图 9-1-26 所示。

② 三相异步电动机星形联结：将电动机三相绕组 U2、V2、W2 端相连接，电源从 U1、V1、W1 输入。

③ 三相异步电动机三角形联结：将电动机三相绕组 U1 与 W2 相连接、V1 与 U2 连接、W1 与 V2 连接，电源从 U1、V1、W1 输入。

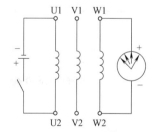

图 9-1-25 电动机绕组
测量接线图

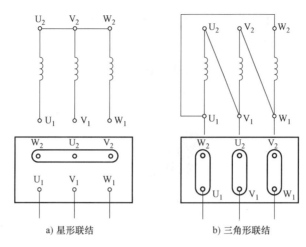

a) 星形联结　　　　b) 三角形联结

图 9-1-26　三相异步电动机星形和三角形联结图

任务实施

1）根据图 9-1-27 中元器件型号，查询相关资料，填写表 9-1-3。

图 9-1-27　元器件（一）

表 9-1-3　元器件检验（一）

元件名称	按钮
元件型号	LA19-11-D
元件参数含义	1）LA19 型按钮 2）一对常开触点、一对常闭触点 3）按钮带指示灯
元件工作电压	元件最大工作电压：交流 380V
元件工作电流	元件额定工作电流：5A
元件性能检测	1）使用自动量程数字万用表，将万用表红色表笔连接 VΩ 孔，黑色表笔连接 COM 孔 2）打开电源开关，表头显示 0000 3）万用表档位选择欧姆档 4）验表：将万用表红色表笔与黑色表笔短接，观察万用表表头读数是否为零 5）用万用表表笔分别连接按钮常开触点两端，按下按钮再松开按钮，观察表头数字的显示变化 6）如万用表表头的显示从 0000 变化为 0.000 再变化为 0000，证明常开触点是好的 7）用万用表表笔连接按钮常闭触点两端，按下按钮再松开按钮，观察表头数字的显示变化 8）如万用表表头的显示从 0.000 变化到 0000 再变化为 0.000，证明常闭触点是好的

2）根据图 9-1-28 中元器件型号，查询相关资料，填写表 9-1-4。

图 9-1-28　元器件（二）

表 9-1-4　元器件检验（二）

元件名称	低压断路器
元件型号	DZ47-63-C16
元件参数含义	1）DZ47 型小型断路器 2）电极数量：2 对电极 3）使用用途：阻性负载使用
元件工作电压	元件最大工作电压：交流 400V
元件工作电流	元件额定工作电流：16A
元件性能检测	1）使用自动量程数字万用表，万用表红色表笔连接 VΩ 孔，黑色表笔连接 COM 孔 2）打开电源开关，表头显示 0000 3）万用表档位选择欧姆档 4）验表：将万用表红色表笔与黑色表笔短接，观察万用表表头读数是否为零 5）检测触点：用万用表表笔分别连接低压断路器其中一对触点两端，把开关合上，观察表头数字的显示变化 6）如万用表表头的显示从 0000 变化到 0.000，证明该触点是好的 7）用此方法测量另一对触点

3）根据图 9-1-29 中元器件型号，查询相关资料，填写表 9-1-5。

图 9-1-29　元器件（三）

表 9-1-5　元器件检验（三）

元件名称	交流接触器
元件型号	CJX2-1210
元件参数含义	接触器有 3 对主常开触点,1 对辅助常开触点
元件工作电压	接触器触点最大工作电压:交流 400V 接触器线圈额定工作电压:交流 110V
元件工作电流	接触器触点额定工作电流:12A
元件性能检测	1)使用自动量程数字万用表,将万用表红色表笔连接 VΩ 孔,黑色表笔连接 COM 孔 2)打开电源开关,表头显示 0000 3)万用表档位选择欧姆档 4)验表 5)外观检验:无破损、裂痕 6)检测交流接触器线圈:将万用表置于欧姆档,测量线圈两接线端之间的电阻,如果万用表示值为 0,说明线圈短路,如果万用表示值无穷大,说明交流接触器断路 7)手动检验:以衔铁带动触点,应运动自如,不卡阻 通电试验:在接触器线圈两端加上额定工作电压,通断正常。通电能合到位,常开触点都接通;断电分开到位,常开触点能断开 8)检测接触器触点。在接触器线圈两端加上额定工作电压,用万用表检测接触器常开、常闭触点导通状态和未加上工作电压时常开、常闭触点导通状态,出现异常就表示交流接触器损坏 9)检测接触器绝缘电阻:测量交流接触器各个触点以及触点和接线端之间的绝缘电阻,如果都为无穷大,则表示交流接触器绝缘性能良好,可以正常使用,反之则表示交流接触器绝缘性能差,不能再继续使用

问题探究

1. 面对不同厂商的电气元件，如何查询元器件的规格、性能、用途？
2. 如何检测电气元件的好坏？

任务2　电气线路故障的维修

任务描述

在机床运行过程中，会由于机床电气线路发生故障，使机床不能正常工作，导致生产停产，造成经济损失。设备故障发生后，利用科学合理的维修方法，可使维修人员及时、准确、熟练地检查并排除故障，使机床设备恢复正常。由此可见，科学的维修方法显得尤其重要。

通过对数控机床控制电路中常用的电气元件的学习，了解常用电气元件的结构组成、工作原理，掌握其检测、维修、更换的方法，在机床出现故障时能通过对相关电气元件型号的识别读取，并进行检测、维修、更换，使设备可以及时修复。

学前准备

1. 查阅资料了解数控机床电路的组成。
2. 查阅资料了解数控机床电路的连接及工作原理。

学习目标

1. 了解数控机床系统起/停控制电路的组成及工作原理。
2. 掌握数控机床电路的故障检测及维修方法。
3. 掌握三相异步电动机的检测及接线方法。

实训设备、工量具、耗材清单

序号	设备名称	规格型号	数量
1	数控铣床	具有 X/Y/Z 三轴数控机床，配置 FANUC 0i -MF Plus 数控系统、横配式 10.4in 显示单元	1 台
2	资料	数控机床安全指导书及操作说明书	1 套
3	工具	活动扳手、一字和十字螺钉旋具、剥线钳、压线钳	各 1 把
4	万用表	数字万用表，精度三位半以上	1 台
5	按钮开关	LA19-11-D	1 只
6	断路器	DZ47-63-C16	1 只
7	交流接触器	CJX2-1210	1 只
8	清洁用品	棉纱布、毛刷	若干

任务学习

一、数控机床电路中系统起/停控制电路

1. 电路的组成

数控机床电路中系统起/停控制电路如图 9-2-1 所示。

1）电源电路。电源电路由外部 24V1、0V11 组成。

2）控制电路。控制电路由停止按钮 SB1、起动按钮 SB2、继电器 KA1 等组成。

2. 工作原理分析

（1）自锁正转控制电路工作原理

1）起动过程。按下起动按钮 SB2，24V1 电源经过 SB1、SB2、KA1、0V11 形成回路，KA1 线圈两端得电，KA1 吸合，KA1

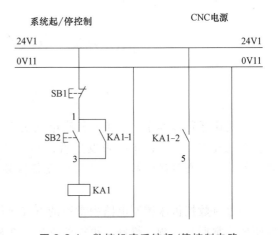

图 9-2-1　数控机床系统起/停控制电路

的辅助触点（KA1-1、KA1-2）同时吸合，KA1 自锁、CNC 得电。

2）电路自锁过程。松开起动按钮 SB2，KA1 线圈依靠起动时已闭合的 KA1 常开触点 KA1-1 供电，KA1 触点的 KA1-2 仍保持闭合，CNC 得电，继续运行。

3）停止控制。按下停止按钮 SB1，KA1 线圈失电，KA1 触点均断开，CNC 断电停止运行。

（2）系统起/停控制电路的保护功能

失电压保护。失电压保护是指当电源电压消失时切断负载的供电途径，并保证在重新供电时无法自行起动。失电压保护过程如下：

电源电压消失→KA1 两端的电压消失→KA1 线圈失电→KA1 触点断开→CNC 供电被切断。在重新供电后，由于 KA1 触点已断开，并且起动按钮 SB2 也处于断开状态，因此线路不会自动为 CNC 供电。

二、数控机床伺服驱动单元上电控制电路

1. 电路组成

伺服驱动单元上电控制电路如图 9-2-2 所示。

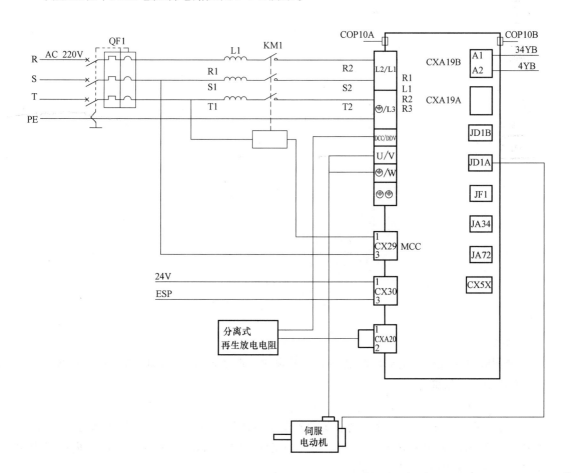

图 9-2-2　伺服驱动单元上电控制电路图

伺服驱动单元上电控制电路由断路器 QF1、电抗器 L1、交流接触器 KM1、伺服驱动单元、伺服电动机、再生放电电阻等组成。

2．工作原理分析

1）合上断路器 QF1，三相 200V 交流电源 R/S/T 经过断路器 QF1、电抗器 L1 传输到交流接触器 KM1 主触点。

2）24V 电源输入伺服驱动单元 CXA19B 端口，伺服驱动单元检测电路得电，伺服驱动单元自检，伺服驱动单元无故障自检通过，CX29（MCC）内部继电器触点接通，电流从 R1 经过 MCC 触点、KM1 线圈、T1 形成回路，交流接触器 KM1 吸合，KM1 主触点闭合，三相 200V 交流电源输入伺服驱动器 L1/L2/L3，伺服驱动单元上强电待机。

三、数控机床 Z 轴伺服电动机制动控制电路

机床上的垂直轴（Z 轴）和斜轴所配置的伺服电动机需带抱闸制动。抱闸制动电路原理如图 9-2-3 所示。

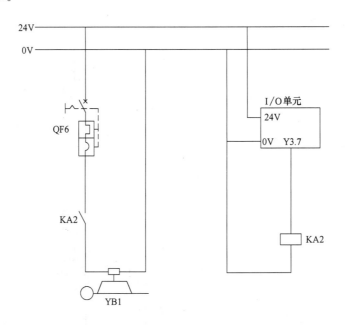

图 9-2-3　Z 轴伺服电动机抱闸制动控制电路

1．电路组成

Z 轴伺服电动机抱闸制动控制电路由 24V 电源、断路器 QF6、继电器 KA2、Z 轴抱闸器 YB1、I/O 单元等组成。

2．工作原理分析

1）控制系统上电自检正常，伺服驱动器输出电源控制伺服电动机、I/O 单元 Y3.7 输出 24V 电源，继电器 KA2 得电吸合，继电器 KA2 触点吸合，YB1 抱闸线圈得电，电磁吸力制动片自动打开，Z 轴电动机靠电磁制动。

2）当系统急停报警或断电时，伺服电动机停止运作、I/O 单元 Y3.7 断路，YB1 抱闸线圈断电，YB1 电磁吸力制动片在弹簧作用下对电动机轴进行制动。

四、电路的故障检测及维修方法

1. 电路故障的原因

机床电气故障，究其原因，大多有两种情况，一是自然故障，二是人为故障。自然故障是在机床运行中各种元器件老化引起的功能失效、机床电路接触不良等诸多因素所引起的。人为故障则是在机床运行过程中操作人员使用不当，或维修人员在检修过程中造成的扩大性故障等。

2. 电路故障的类别

（1）短路故障　电路中不同电位的两点被导体短接起来，导致电路无法正常工作称为短路故障。造成机床短路故障的原因可能有很多方面，比如操作不当、缺乏保养或者设备本身存在质量问题等。

（2）断路故障　断路故障指电路中出现由于断路，电流不能正常流通的故障。若出现断路现象，会使系统断电，导致机床中的用电设备停止工作。出现断路的原因主要是机床没有及时检修和保养，电路中一些导线存放环境不好或者时间太久被腐蚀而断裂，或者因为工作时的振动造成电路连接点处的导线脱落等。

（3）接地故障　接地故障指电路与地面接触引起的故障，包括单相接地故障、两相接地故障和三相接地故障。此类故障多数为单相接地故障，机床使用时间过长，缺乏及时、合理的检修和维护是这种故障产生的主要原因。其具体发生时是绝缘体的绝缘能力出现问题，最终导致金属线接触其他接地物。如果产生的接地故障为两相接地故障，其结果可能是用电设备因为接地后电压过低或断电而无法工作。

（4）其他故障　其他故障一般出现在调试阶段，比如电路参数不匹配而出现的故障，电气控制电路中由于元器件接错顺序而出现连接故障，在连接电路时接反直流电源的正负极或交流电路的同名端出现的极性故障。这些故障的出现都将大大影响电路的正常工作。

3. 电路故障的检测方法

机床电气故障诊断分为故障检测、故障判断及隔离和故障定位3个阶段。第1阶段故障检测就是对机床进行测试，判断是否存在故障；第2阶段是判定故障性质，并分离出故障的部件或模块；第3阶段是将故障定位到可以更换的元器件或线路上，从而达到快速确定故障所在部位并能及时排除故障的目的。一般故障检测可以采用以下的诊断方法。

（1）观察法　根据故障外部表现判断故障的方法。

1）调查故障情况，既故障大概部位，发生故障时的周围环境，是否有人修理过等。

2）电气元件外部有无损坏、连线有无断路、绝缘有无烧焦、熔断器有无熔断、电器有无进水、开关位置是否正确等。

3）初步检查后，确认故障不会进一步扩大，可进行初步试车，如有异常要及时停机。

4）根据试车情况，结合电路工作原理，分析故障区域及故障点。

（2）电压法　利用仪表测量线路上的电压值来确定机床电气故障点的范围或故障元器件的方法，叫电压法或电压测量法。

在维修检测电子电器设备的各种方法中，电压测量法是其中最常用、最基本的方法。电压测量法主要用在测量机床的主电路电气故障上。用此法检测机床电路的故障点具有简单、直观的特点。需要注意的是，要根据电路工作电压，正确选择好万用表的量程，及时调整量程，并注意交直流的区别，以免烧坏万用表。使用电压法测量机床电气故障的方法具体有分阶测量、分段测量和对地测量 3 种。分阶测量法是以电路中某公共点作为参考点，逐阶测量出各处相对于参考点的电压值，若任意相邻两点之间的电压值差别过大，即可确定该点为故障点。分段测量法是分别测量同一条支路上所有电气元件两端的电压值，若测量得出某段的电压值等于电源电压，则可确定该处为故障点。若机床使用 220V 电压，并且零线直接接在机床床身上，可采用对地测量法，测量过程中，若测到某点电压值为 220V，即可判断该点前的元件为故障点。

（3）电阻测量法　利用仪表测量线路上某点或某个元器件的通和断来确定机床电气故障点的方法，叫电阻测量法。使用电阻测量法时特别要注意一定要切断机床电源，且被测电路没有其他支路并联。电阻测量法有分阶电阻测量法和分段电阻测量法 2 种。用分阶电阻测量法测量某相邻两阶电阻值时，其值突然增大，则可判断该跨接点为故障点。用分段电阻测量法测量到某相邻两点间的电阻值很大时，则可判断该两点间是故障点。

任务实施

根据电路故障现象，分析故障原因，写出故障检修方法和步骤。

一、按下起动按钮，数控系统无法起动

1. 故障分析

根据电路控制原理分析，系统无法起动的原因主要如下。

1）电路电源断路。

2）起动按钮损坏。

3）继电器损坏。

4）连接控制电路的电线断路。

2. 检修步骤

1）切断电路电源，观察电路，看是否有损坏的器件及脱落的电线。

2）接通电路电源，将万用表档位调到直流电压档 50V。

3）用万用表测量控制电路 24V1 与 0V11 之间的电压，应为 24V。

4）用万用表黑表笔连接 0V11 号线，红表笔连接 3 号线，按下起动按钮，电压应为 0V。

5）切断电源，用螺钉旋具拆下按钮 SB2。

6）将万用表调到电阻档 R×1 档，测量按钮常开端，反复按下 SB2 按钮，电阻无变化，证明 SB2 按钮触点损坏。

7）更换 SB2 按钮，通电测试系统正常起停，故障排除。

二、伺服电动机无法正常运行

1. 故障分析

根据电路控制原理分析，电动机无法起动的原因主要有：

1）伺服电源 DC24V 或 AC220V 断路。

2）交流接触器 KM1 损坏。

3）断路器 QF1 损坏。

4）伺服驱动单元损坏。

5）伺服驱动单元 CX29（MCC）接口损坏。

2. 检修步骤

1）切断电路电源，观察电路，看是否有损坏的器件及脱落的电线。

2）机床上电起动系统，系统起动正常无报警，观察交流接触器 KM1 不吸合。

3）把万用表调到交流电压档 AC500V，分别测量三相电源 R1/S1/T1 间的电压，为 220V。

4）把万用表调到直流电压档 DC50V，测量伺服驱动器 CX19B 两端电压，为 DC24V。

5）把万用表调到交流电压档 AC500V，用万用表测量交流接触器 KM1 线圈两端电压，为 AC220V。

6）切断机床电源，拆下交流接触器 KM1。

7）把万用表调到电阻档 R×10 档，测量接触器线圈，电阻为零。

8）更换相同规格型号的交流接触器。

9）通电起动机床，交流接触器 KM1 吸合，伺服电动机按操作指令运行，故障排除。

问题探究

1. 检修电路时要注意哪些安全事项？

2. 在电路检修中，什么时候用电压法测量，什么时候用电阻法测量？

任务3　电气柜中配电板的拆卸与装配

任务描述

在机床设备使用中，有时由于生产需要，需要对机床进行功能性扩展，这时需要利用原机床电气柜的配电板进行设计、安装、连接，并与原机床控制电路联机，形成新的功能，满足机床使用要求。

通过对机床控制电路制作相关知识的学习，了解机床电气控制电路的电气元件及导线、电缆线的规格选型、电气元器件的安装连接与调试、排除电气装配与调试中出现的故障的方法。

学前准备

1. 查阅资料了解机床控制电路的组成。

2. 查阅资料了解机床控制电路常用电气元件及导线、电缆线的规格选型方法。

3. 查阅资料了解机床控制电路的安装、连接调试的方法。

学习目标

1. 掌握常用电气元件及导线、电缆线的规格选型方法。

2. 熟悉机床配电板的装配工艺。

3. 掌握配电板各电气元器件的连接方法，能解决配线中出现的问题。

实训设备、工量具、耗材清单

序号	设备名称	规格型号	数量
1	排屑电动机	380V/1KW、三相异步电机、4 级	1 台
2	空气开关	DZ47-D12	1 只
		DZ108-20（2～3.2A）	1 只
		DZ47-D2	1 只
3	交流接触器	CJX1-12	2 只
4	按钮盒	NP2-E3001	1 只
5	接线端子排	TD-1525	1 根
6	导线	BVR1.0mm²、控制电路（蓝）	若干
		BVR2.5mm²、主电路（红）	
		BVR2.5mm²、接地线（黄绿）	
7	导轨	C45U 型导轨	1 米
8	线槽	PVC 30＊30 机床线槽	2 米
9	螺杆	M4×10mm、配套螺杆垫片弹簧垫	20 颗
10	资料	数控机床安全指导书及操作说明书	1 套
11	工具	活动扳手、一字和十字螺钉旋具、剥线钳、压线钳	各 1 把
12	万用表	数字万用表，精度三位半以上	1 台
13	清洁用品	棉纱布、毛刷	若干

任务学习

一、电气柜的制作工艺要求

1）电气柜的制作要符合图样技术要求，外观无变形，标识清晰，油漆颜色一致、厚度均匀，附件齐全，防护等级符合要求。

2）电气柜及接线盒使用 2mm 以上的铁/钢板；电气柜内附设安装板，柜体外观不得凸出螺钉。

3）电气柜内须设空气滤口，配置冷却装置，大型方柜体上方须另附吊耳，各柜体均附门开关，且不得干涉，必须用拉杆同时锁住门的上、下两端。

4）电气柜内门须设操作、维护手册放置盒，必要时配置笔记本式计算机托架（当配置笔记本式计算机托架时，柜门打开 90°时需有柜门固定机构）。

5）若柜活动门或面板处安装有元件，必须在面板元件开孔之间安排足够的线槽安装筋，以方便面板线槽的可靠固定和标准化的接线。

6）所有玻璃都采用钢化玻璃，严禁使用硅胶或双面胶粘贴。

7）电设备应有足够的电气间隙及爬电距离，以保证设备安全可靠地工作。盘、柜内两导体间、导体与裸露的不带电的导体间允许最小电气间隙及爬电距离，见表9-3-1。

表 9-3-1　导体间最小电气间隙及爬电距离

额定电压/V	电气间隙/mm		爬电距离/mm	
	额定工作电流		额定工作电流	
	≤63A	>63A	≤63A	>63A
≤60	3.0	5.0	3.0	5.0
60<U≤300	5.0	6.0	6.0	8.0
300<U≤500	8.0	10.0	10.0	12.0

二、配电板的元件安装布局

1）力求连接导线最短。

2）各电器的安装顺序应符合其动作的规律。

3）总电源开关应安装于电气柜右侧上方不易触碰到的角落里。

4）总熔断器及分路熔断器安排在配电板的上方，以下依次安排主接触器、其他接触器、继电器等。

5）接线端子板安排在最下面或侧边。

6）各元件的安装位置应整齐、匀称、间距合理，便于元件的更换。

7）安装的元件要求质量良好，型号、规格符合设计要求，外观应完好，且附件齐全，排列整齐，固定牢固，密封良好。

8）电气元件及其组装板的安装结构应尽量考虑正面拆装。元件的安装紧固件应做成能在正面紧固及松脱。

9）各电气元件应能单独拆装更换，而不影响其他元件及导线束的固定。

10）不同电压等级的电气元件要分开布置，不能交错混合排列。

11）柜内的PLC等电子元件的布置要尽量远离主回路、开关电源及变压器，不得直接放置或靠近柜内其他发热元件的对流方向。

12）强弱电端子应分开布置。当布置有困难时，应有明显标志并设空端子隔开或设加强绝缘的隔板。

13）端子应有序号，端子排应便于更换且接线方便，离地高度宜大于350mm。

14）线槽敷设应平直整齐，允许水平或垂直偏差为其长度的2‰。线槽应无扭曲变形，内壁应光滑、无毛刺。

15）线槽的连接应连续无间断。线槽接口应平直、严密，槽盖应齐全、平整、无翘角，端面角度垂直，间隙控制在2mm以内。

16）每节线槽的固定点不应少于2个，在转角、分支处和端部均应有固定点，固定或连接线槽的螺钉或其他紧固件，紧固后其端部应与线槽内表面光滑连接。

17）控制端子与线槽的直线距离、中间继电器和其他控制元件与线槽的直线距离应大于或等于20mm。

18）PLC、断路器、接触器、热继电器等其他载流元件的接线端子与线槽的直线距离应大于或等于30mm。动力端子与线槽的直线距离应大于或等于30mm。

19）当连接元件的铜接头过长时，应适当放宽元件与线槽间的距离。用于连接电气柜进线的开关或熔座的排版位置要考虑进线的转弯半径。

20）电气元件的安装应符合产品使用说明书的规定。低压断路器宜垂直安装，其倾斜度不应大于5°。具有电磁式活动部件或借重力复位的电气元件，如各种接触器及继电器，其安装方式应严格按照产品说明书的规定，以免影响其动作的可靠性。

21）电气元件的紧固应设有防松装置，一般应放置弹簧垫圈及平垫圈。紧固件应采用镀锌制品，并应采用标准件，螺栓规格应选配适当，电器的固定应牢固、平稳。安装时，除特殊部件外，均应以螺孔攻螺纹拧入。对用螺钉安装的，安装板上也应攻螺纹。

22）采用在金属底板上攻螺纹紧固时，螺栓旋紧后，其螺纹部分的长度应不小于螺栓直径的80%，以保证强度。

23）对36V以上、手掌能直接接触到的裸露带电体（如铜排等），应加装绝缘防护板，并贴附警示标记。绝缘防护板固定应牢固、平稳，且有一定的强度。防护板安装螺钉不能带电。

24）电气柜施工完成后，应对箱体内进行清理，除去杂物和灰尘，箱体表面应擦拭干净，并套好塑料包装袋，防尘、防潮。

三、电气柜及配电板的标记要求

1）柜内元件安装完毕后，应按照原理图进行正确的元器件标签粘贴，标签代号与原理图的元件代号应一致。柜内的任何标记（包括元器件编号、端子编号）均要求采用打印字字体，字体统一，不得采用手写标签。

2）元器件标签应贴在每个电气元件上（或者易于观察到的元器件周围）以及该元器件上方的线槽盖板上。在元器件上粘贴标签应尽量不遮盖主要型号及参数，且不靠近人员操作位置。在线槽盖板上粘贴标签时，如遇到标签位置过挤，可以分成两行错位粘贴，当粘贴成一行时，要求上下高度一致。

3）元器件标签应为黄底黑字或白底黑字，英文字母数字字体采用Times New Roman，汉字采用宋体，字体大小适中，易于辨识。当采用打号机制作标签时，应按打号机标准，但字体也必须大小适中，易于辨识。

4）面板上的铭牌和标牌应正确、清晰，易于识别，安装牢固，行距和间距一致，字体大小一致。

四、电气柜接线要求

1）导线的颜色与最小线径（当设计图样中没有特别指明时）按表9-3-2制作。

表 9-3-2　导线颜色与最小线径

描述		导线颜色（柜内）	电缆线芯颜色（柜外）	电缆护套颜色（柜外）	记号管颜色	记号管上字体颜色	最小线径/mm²
三相动力线	A 相	黄色	黄色	黑色	白色	黑色	1.5
	B 相	绿色	绿色		白色	黑色	1.5
	C 相	红色	红色		白色	黑色	1.5
	零相	蓝色			白色	黑色	1.5
	地线	黄绿双色	黄绿双色		白色	黑色	2.5
AC110~240V控制回路	A 相	黑色		黑色	白色	黑色	1.5
	零相	黑色			白色	黑色	1.5
	地线	黄绿双色	黄绿双色		白色	黑色	2.5

2）应根据不同的载流量来选择导线截面积，参见表 9-3-3。

表 9-3-3　导线截面积选择

环境温度/℃	配用端子额定电流/A	最大允许载流量/A	导线截面积/mm²
25	10	0.7	0.3
25	10	1.5	0.5
25	10	4	0.75
25	20	6	1.0
25	20	9	1.5
25	30	14	2.5
25	30	19	4

3）导线应严格按照图样，正确地接到指定的接线柱上。接线应排列整齐、清晰、美观，导线绝缘良好、无损伤。

4）柜内 PLC 输入回路的布线尽量不与主回路及其他电压等级回路的控制线同线槽敷设。

5）电气柜内所有接线柱除专用接线设计外，必须用标准压接钳和符合标准的铜接头（冷压端头）连接。导线与电气元件间采用螺栓连接、插接、焊接或压接等，均应牢固可靠。

6）导线的末端使用冷压端头，不能中途连接。冷压端头应适应导线和拧紧螺钉，1 个冷压端头原则上只能连接 1 根导线。

7）1 个接线端子（端子台）最多连接 2 根配线。

8）应根据不同的线径和接线器件选择不同的冷压端头。动力回路全部采用 O 型冷压端头，控制回路采用 U 型或针型冷压端头，接地线采用 O 型冷压端头。冷压端头处应套上适当的记号管（号码套管）。

9）导线的剥离长度以及夹头出线长度、裸露线伸出夹头部分应不小于 1mm。

10）剥除导线绝缘层时应采用专用剥线工具，不得损伤线芯，也不得损伤未剥除的绝缘层，切口应平整。

11）记号管（号码套管）的制作：动力回路 4mm² 以上电线采用色标标识；动力回路 4mm² 以下（含 4mm²）和控制回路线选取相应白色号码管打印黑色字符线号进行标识。记号管（号码套管）的字体应清晰，且不宜褪色，其长度应与所打印标识字体两端各留 2~3mm。

12）记号管（号码套管）的文字方向应从左侧或下侧读起。

13）导线的规格和数量应符合设计规定，当无规定时，包括绝缘层在内的导线总横截面积不应大于线槽横截面积的 80%。导线线束在线槽内应尽量避免交叉层叠，在接线端子前不允许交叉。

14）需要进行焊接制作时，焊接前首先要对焊接部位进行清洁处理，去除油污和锈斑；选择合适的电烙铁及钎料对焊接部位先进行荡锡，然后焊接。焊接部分必须牢固，焊接部位须光滑、无毛刺，杜绝虚焊、假焊。焊接后，应对焊接部残余焊剂进行清洁。焊接后应选择适当型号、长度的热缩管对焊接部位进行处理，使热缩管紧缩于焊接部分表面。

15）外露在线槽外的柜内照明用线必须用缠绕管保护。

16）当元件本身有预制导线时，应用转接端子与柜内导线连接，尽量不使用对接方法。

17）引入盘柜的电缆应排列整齐、编号清晰、避免交叉，并应固定牢固，不得使所接的端子排受到机械力。

五、电气柜接地要求

1）接地装置的接触面均须光洁平贴，保证良好接触。接地装置的紧固应牢靠。

2）均应设有弹簧垫圈或锁紧螺母，以防松动。

3）电流互感器的二次绕组应单独可靠接地。

4）带有金属外壳的元件必须接地。柜内所有需接地元件的接地柱要单独用接地线接到接地体。元件间的接地线不得采用跨接方式连接。

5）盘、柜、台、箱的接地应牢固良好。金属面板、门和类似部件与金属箱体之间，金属箱体与底座之间应可靠接地。有拼柜时，拼柜间需要有保护接地跨接线。接地线应采用黄绿接地线或铜编织带。采用黄绿线时以螺旋方式连接，黄绿接地线最小横截面积为 4mm²。端头处使用 O 型铜接头压接。

6）保护及工作接地的接线柱螺纹的直径应不小于 6mm。柜内自制铜排上的螺纹最小直径为 6mm。

7）箱柜内的接地螺栓用铜制。如采用钢质螺栓，必须在箱柜外壳上漆前用包带可靠地将其紧密包扎，以防止油漆覆层影响接地效果。必须保证箱壳接地螺栓无锈迹。

8）面板和柜体的接地跨接导线不应缠入线束内。

9）端子台、走线槽或器件固定螺钉不得作为接地端子使用。

任务实施

利用机床控制系统与控制电路图，实现机床手动排屑功能。

步骤 1：机床手动排屑控制电路图，如图 9-3-1 所示。

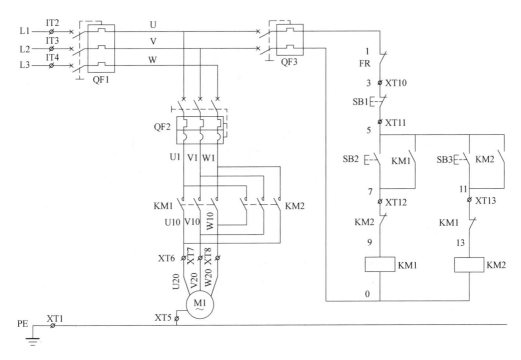

图 9-3-1　机床手动排屑控制电路图

步骤2：电气元件选型。根据已知的排屑器电动机规格对其他器件选型，见表9-3-4。

表 9-3-4　排屑器电动机规格及元器件选型

序号	元器件名称	规格型号	数量	备注
1	排屑电动机	380V/1kW	1台	三相异步电动机、4级
2	低压断路器	DZ47-D12	1只	QF1
		DZ108-20（2~3.2A）	1只	QF2
		DZ47-D2	1只	QF3
3	交流接触器	CJX1-12	2只	KM1、KM2
4	按钮盒	NP2-E3001	1只	SB
5	接线端子排	TD-1525	1根	XT
6	导线	BVR1.0mm²	各一卷	控制电路（蓝）
		BVR2.5mm²		主电路（红）
		BVR2.5mm²		接地线（黄绿）
7	导轨	C45U 型导轨	1m	
8	线槽	PVC 30mm×30mm 机床线槽	2m	
9	螺杆	M4×10	20颗	配套螺杆垫片弹簧垫

步骤3：配电板电路安装布局设计如图9-3-2所示，电路端口接线图如图9-3-3所示。

步骤4：安装元器件。根据电气安装相关工艺要求进行作业。

1）安装线槽。

2）安装导轨。

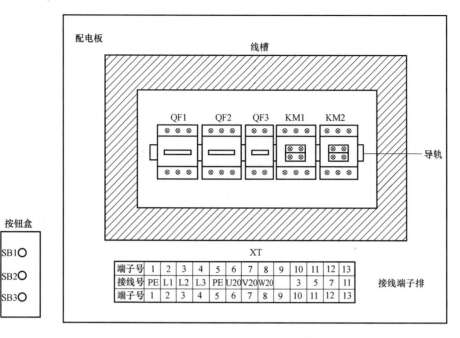

图 9-3-2　配电板电路安装布局设计

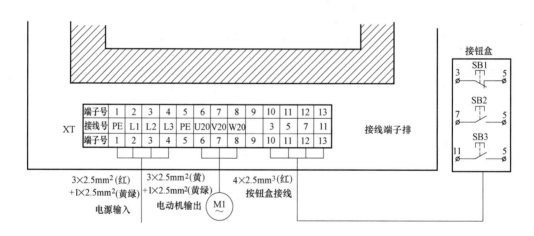

图 9-3-3　电路端口接线图

3）安装接线端子排。

4）安装低压断路器、熔断器、接触器、热继电器、按钮盒。

步骤 5：贴标签。

1）根据电路图元器件的标号打印标签。

2）在相应的元器件上方线槽处粘贴标签。

步骤 6：制作连接导线。

1）根据电气原理图的标号，打印号码管。

2）根据元器件安装位置确定电线走向并裁剪电线。

3）电线套号码管，并压接冷压端头。

步骤7：电路连接。根据原理图及相关工艺要求连接电路。

步骤8：电路检测。

1）用万用表检测电路连接是否牢靠、正确。

2）检测电路有否短路。

3）检测电路有否开路。

步骤9：通电检测电路。检测电路的启动、停止、自锁、互锁、电动机运行等功能是否正常。

问题探究

1. 机床电路安装工艺要求主要有哪些？

2. 制作机床电路的步骤是什么？

项目小结

1. 每个人写出机床电路中3种元器件的检测、维修、更换方法。

2. 每个人写出机床手动排屑控制电路的故障检测及维修流程。

3. 学生分组分工合作，设计一个按钮接触器双重互锁的机床手动排屑电路，包括设计电路的原理图、列出电路的元器件选型表、设计电路的安装布局图、电路的端子排接线图，并列出电路的安装、检测、调试方法及步骤。

4. 分组讨论：结合课程内容，谈谈您对关于"推进教育数字化，建设全民终身学习的学习型社会、学习型大国"精神的理解。

附录 项目学习工作任务综合评价表

实训任务号:		姓名:		任务总分:（评分1+评分2）：_____			

评分1：质量考核评分（70%）

序号	项目内容及要求	配分	评分标准	学生 检查结果	教师 检查结果	检查结果 差异扣分	单项最终得分
1							
2							
3							
4							
5							
6							
7							
8							
9							
10							

评分1考核得分：（质量考核评分×70%）_____

评分2：职业素养考核（30%）

序号	考核内容	评分标准	得分
1	出勤考核	全勤（10分）、事假（8分）、迟到/早退（5分）、旷课（0分）	
2	安全文明操作	安全操作无事故（10分）、发生安全事故（0分）	
3	设备点检	严格按照标准进行设备及工位点检，并认真填写点检表（5分），未按要求点检及填写点检表（0分）	
4	节能、绿色、环保	1. 合理使用实训耗材：是（5分）、否（0分） 2. 设备长时间不使用时关机：是（5分）、否（0分） 3. 人离开随手关灯：是（5分）、否（0分） 4. 随手关闭水龙头：是（5分）、否（0分） 5. 双面使用纸张：是（5分）、否（0分） 6. 空调温度设定≥26℃：是（5分）、否（0分） 7. 使用环保产品：是（5分）、否（0分） 8. 垃圾分类：是（5分）、否（0分）	